计算机系列教材

王振武 编著

数据挖掘
算法原理与实现
（第3版·微课版）

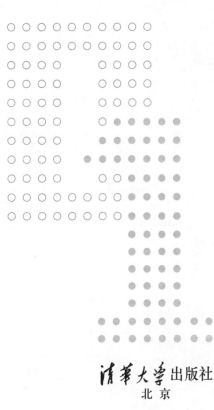

清华大学出版社
北京

内 容 简 介

本书对数据挖掘的基本算法进行了系统介绍,不仅介绍了每种算法的基本原理,而且配有大量例题以及源代码,并对源代码进行了分析。这种理论与实践相结合的方式有助于读者较好地理解和掌握抽象的数据挖掘算法。

全书共 11 章,内容涵盖了数据预处理、关联规则挖掘算法、分类算法和聚类算法,具体章节包括绪论、数据预处理、关联规则挖掘、决策树分类算法、贝叶斯分类算法、人工神经网络算法、支持向量机、K-means 聚类算法、K-中心点聚类算法、神经网络聚类算法:SOM,以及数据挖掘的发展等内容。

本书可作为高等院校数据挖掘课程的教材,也可作为从事数据挖掘工作以及其他相关工程技术工作人员的参考书。

图书在版编目(CIP)数据

数据挖掘算法原理与实现:微课版/王振武编著. —3 版. —北京:清华大学出版社,2023.9
计算机系列教材
ISBN 978-7-302-64069-1

Ⅰ.①数… Ⅱ.①王… Ⅲ.①数据采集－高等学校－教材 Ⅳ.①TP274

中国国家版本馆 CIP 数据核字(2023)第 128664 号

责任编辑:白立军 杨 帆
封面设计:常雪影
责任校对:韩天竹
责任印制:沈 露

出版发行:清华大学出版社
    网 址:https://www.tup.com.cn,https://www.wqxuetang.com
    地 址:北京清华大学学研大厦 A 座   邮 编:100084
    社 总 机:010-83470000   邮 购:010-62786544
    投稿与读者服务:010-62776969,c-service@tup.tsinghua.edu.cn
    质量反馈:010-62772015,zhiliang@tup.tsinghua.edu.cn
    课件下载:https://www.tup.com.cn,010-83470236
印 装 者:三河市铭诚印务有限公司
经 销:全国新华书店
开 本:185mm×260mm   印 张:14.5   字 数:336 千字
版 次:2015 年 2 月第 1 版   2023 年 11 月第 3 版   印 次:2023 年 11 月第 1 次印刷
定 价:49.80 元

产品编号:096963-01

前　言

　　数据挖掘涉及数据库技术、人工智能、统计学、机器学习等多学科领域,并且已经在各行各业有了非常广泛的应用。为适应我国数据挖掘的教学工作,作者在数据挖掘教学实践的基础上,参阅了多种国内外最新版本的教材,编写了本书。本书可以作为高等院校研究生的教材,也可以为相关行业的工程技术人员提供有益的参考。

　　本书在第 2 版的基础上对其中欠妥之处进行了修改,内容安排和第 2 版一致,循序渐进地对数据挖掘原理进行了通俗易懂的讲解,并更新了部分思考题、增加了微课视频,读者通过扫描二维码即可观看相关知识点的讲解,更加方便读者学习和理解。本书最大的特点是理论与实践相结合,全书几乎所有的算法都配有实例和源程序,这种理论与实践相结合的方法克服了重理论、轻实践的内容组织方式,便于读者理解和掌握其中知识。具体而言,本书 11 章内容之间的关系如下图所示。

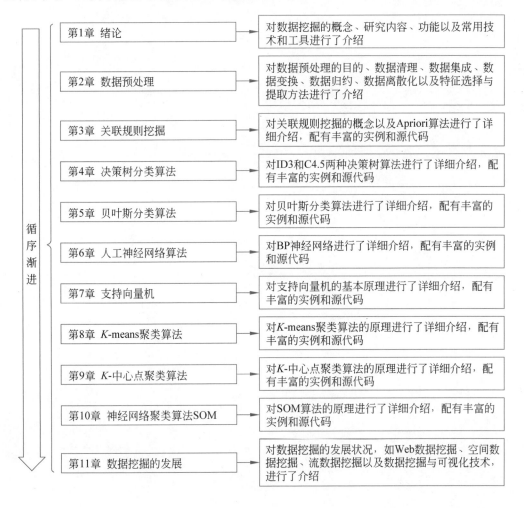

本书配有教学课件,读者可登录 www.tup.com.cn 网站自行下载。

由于编者水平有限,本书难免存在缺点和不足之处,恳请专家和读者批评指正。

编　者

2023 年 9 月

目　　录

第1章 绪 论

1.1 数据挖掘的概念

数据挖掘(Data Mining,DM)又称数据库中的知识发现(Knowledge Discovery in Database,KDD),是涉及机器学习、人工智能、数据库理论以及统计学等学科的交叉研究领域。数据挖掘就是从数据库的大量数据中挖掘出有用的信息,即从大量的、不完全的、有噪声的、模糊的、随机的实际应用数据中,发现隐含的、规律性的、人们事先未知的,但又是潜在有用的并且最终可理解的信息和知识的非平凡过程。数据挖掘所挖掘的知识类型包括模型、规律、规则、模式、约束等。事先未知的信息是指该信息是预先未曾预料到的,即信息的新颖性。数据挖掘就是要发现那些不能靠直觉发现的,甚至是违背直觉的信息或知识,挖掘出的信息越是出乎意料就可能越有价值。潜在有用性是指发现的知识将来有实际效用,即这些信息或知识对于所讨论的业务或研究领域是有效的、有实用价值的和可实现的,一般而言常识性的结论或已被人们掌握的事实或无法实现的推测都是没有意义的。最终可理解性要求发现的模式能被用户理解,目前它主要体现在简洁性上,即发现的知识要可接受、可理解、可运用,最好能用自然语言表达所发现的结果。非平凡通常是指数据挖掘过程不是线性的,在挖掘过程中有反复,有循环,所挖掘的知识往往不容易通过简单的分析就能够得到,这些知识可能隐含在表面现象的内部,需要经过大量数据的比较分析,必要时要应用一些专门处理大数据量的数据挖掘工具。数据挖掘是一种决策支持过程,它主要基于人工智能、机器学习、模式识别、统计学、数据库、可视化技术等,高度自动化地分析企业的数据,做出归纳性的推理,从中挖掘出潜在的模式,帮助决策者调整市场策略,减少风险,做出正确的决策。

数据挖掘主要有数据准备、规律寻找和规律表示3个步骤。数据准备是从相关的数据源中选取所需的数据并整合成用于数据挖掘的数据集,规律寻找是用某种方法将数据集所含的规律找出来,而规律表示是尽可能以用户可理解的方式(如可视化)将找出的规律表示出来。

并非所有的信息发现任务都被视为数据挖掘。例如,使用数据库管理系统查找个别的记录,或通过因特网的搜索引擎查找特定的 Web 页面,则是信息检索(Information Retrieval)领域的任务。虽然这些任务是重要的,可能涉及使用复杂的算法和数据结构,但是它们主要依赖传统的计算机科学与技术和数据的明显特征来创建索引结构,从而有效地组织和检索信息。尽管如此,数据挖掘技术也被用来增强信息检索系统的能力。

1.2 数据挖掘的历史及发展

数据挖掘的发展是建立在相关学科发展的基础上的。随着数据库技术的发展及数据应用,人们积累的数据越来越多。激增的数据背后隐藏着许多重要信息,简单地查询和统计已经无法满足商业的需求,需要有一种挖掘数据背后隐藏知识的手段。

同时,计算机技术的另一领域——人工智能(Artificial Intelligence,AI),自 1956 年诞生之后就取得了重大进展。经历了博弈时期、自然语言理解、知识工程等阶段,目前的热点是机器学习。用数据库管理系统来存储数据,用机器学习的方法来分析数据,挖掘大量数据背后的知识,二者的结合促成了 KDD 的产生。KDD 是一门交叉性学科,涉及机器学习、模式识别、统计学、智能数据库、知识获取、数据可视化、高性能计算、专家系统等多个领域。从数据库中发现的知识可以用在信息管理、过程控制、科学研究、决策支持等许多方面。

1989 年 8 月,在美国底特律召开的第 11 届国际人工智能联合会议的专题讨论会上首次出现 KDD 这个术语。此后,由美国人工智能协会主办的 KDD 国际研讨会已经召开了几十次,规模由原来的专题讨论会发展到国际学术大会,研究重点也逐渐从发现方法转向系统应用,注重多种发现策略和技术的集成,以及多种学科之间的相互渗透。

数据挖掘是 KDD 最核心的部分。1998 年,在第四届知识发现与数据挖掘国际学术会议上不仅进行了学术讨论,而且有 30 多家软件公司展示了他们的数据挖掘软件产品,不少软件已在北美、欧洲等国得到了应用。数据挖掘经历了 20 多年的发展,现在已经成为一个自成体系的应用学科。

数据挖掘数学理论基础的发展,与统计学的发展密不可分。稳健性是数据分析中十分重要的概念,可以说它与数据分析有同样悠久的历史,但百余年来只限于朴素的思想和简单的方法。直到 20 世纪 60 年代,P. J. Huber 和 F. R. Hampel 等人建立了一套理论才形成稳健统计这一年轻的分支,开创性地解决了理论分布假定有偏差的资料分析问题,推动了稳健方法的迅猛发展和广泛应用,取得的主要成果包括异常值诊断、高杠杆点诊断、对少量污染异常敏感的回归诊断、M-estimator 等稳健估计量。其主要意义在于,基于正态假定的理论框架正被打破,它常以衡量某个确定的参数模型(如正态)的优良性(例如,估计量的方差、方均误差、检验的水平和功效等)来判别一个统计方法的好坏。然而对于实际问题,一般不可能找到描述它的严格模型,常用的参数模型只是一种近似的描述。换句话说,对每组数据常存在许多可作为其近似描述的模型。稳健性估计为数据挖掘的统计分布描述提供新方向,但其中也存在一定的失误,主要在寻找稳健估计量上花费了太多时间。

20 世纪 70 年代早期,一些学者提出探索性资料分析,John Tukey 提出统计建模应结合资料的真实分布情况,其主要观点:①数据分析应从数据特征出发研究发现有用信息,而并非从理论分布假定出发构建模型;②重新提出描述统计在资料分析中的重要性。

描述统计是描绘(Describe)或总结(Summarize)观察量基本情况的统计总称。描述统计学研究如何取得反映客观现象的数据,并通过图表形式对所收集的数据进行加工处理和显示,进而通过综合概括与分析得出反映客观现象的规律性数量特征。通过对数据资料进行图像化处理,将资料摘要变为图表,可以直观了解整体资料分布的情况。通常使用的工具是频数分布表(Frequency Distribution Table)与图示法,如多边图(Polygon)、直方图(Histogram)、饼图(Piechart)、散点图(Scatterplot)等。其重要意义是为统计学指明了与资料相结合的发展方向,但其中也有很多不足,主要是注重完善理论,并未关注信息领域对数据分析工具的需求。进入 20 世纪 70 年代后期,在数据挖掘领域取得了下面两个主要成就。

(1) 广义线性模型。广义线性模型是线性模型在研究响应值的非正态分布以及非线性模型的简洁直接的线性转化时的一种发展。其最大的作用就是将看似零碎的统计研究的多方面的贡献统一起来,概括了基于正态理论以外的线性模型的研究。

(2) 最大期望(Expectation Maximization,EM)算法。EM 算法是 Dempster Laind Rubin 于 1977 年提出的一种求参数极大似然估计(Maximum Likelihood Estimate, MLE)的方法,它可以从非完整数据集中对参数进行 MLE,是一种非常简单实用的学习算法。这种方法可以广泛地应用于处理缺损数据、截尾数据、带有噪声等不完全数据(Incomplete Data),其重要作用是解决不完整数据估计问题的数值方法,即使数据完整,缺失值在最优估计的计算中也有用。

20 世纪 80 年代及以后,资料模拟及非参统计的发展使得数据挖掘技术进入崭新的阶段,支持向量机(Support Vector Machine,SVM)、神经网络(Neural Network)和 Bootstrap 的提出,以及处理变量非线性关系的核光滑(Kernel Smoothing)法增强了数据挖掘的模式识别能力。

(1) SVM。SVM 是 Cortes 和 Vapnik 于 1995 年首先提出的,它在解决小样本、非线性及高维模式识别中表现出许多特有的优势,并能够推广应用到函数拟合等其他机器学习问题中。

(2) 神经网络。20 世纪 80 年代初期,模拟与数字混合的超大规模集成电路制作技术提高到了新的水平,完全实现了实用化,此外,数字计算机的发展在若干应用领域遇到困难。这一背景和 1984 年在美国科学院院刊上发表的两篇关于人工神经网络的研究论文,引起了科学界的巨大反响,人们重新认识到神经网络的威力以及付诸应用的现实性。随即一大批学者和研究人员围绕着 Hopfield 提出的人工神经网络模型展开了进一步的工作,推动了人工神经网络的发展。

(3) Bootstrap。1970 年,Efron 等人发表了一系列的论文作为 Bootstrap 法诞生的标志,即在已知数据的基础上,通过用计算机来模拟 N 趋近于无穷大时的情况,把已知的数据不断地重新抽样,从而在新的数据中得出原始数据的信息。更简单地讲就是有 100 个数据,但是它们没办法真实反映样本的全貌,则对这 100 个数据重新随机地抽样 1000 次,这样就得到了 100×1000 个数据点,样本量就会增大很多。这个方法把统计学的发展大大推进了一步,和计算机的结合又紧密了很多。

(4) 核光滑。20 世纪 80 年代后期,在非参数领域中,核光滑方法以局部估计的特点展示了统计在处理变量的非线性关系中的能力。到 20 世纪 90 年代,由于许多应用问题和统计问题都存在对象复杂和难以正确识别模型结构的困难,这些问题推动了统计技术的研究,例如,通过马尔可夫链蒙特卡洛方法(Markov Chain Monte Carlo,MCMC)模拟解决复杂性问题。

当然,数据挖掘中还存在许多问题有待进一步研究,包括下列 10 个研究方向。

(1) 算法效率和可伸缩性。目前,数据库中数据的规模呈指数增长。在商业数据库中,GB 和 TB 规模的数据库也已经非常普遍。PB 规模的数据库也大量出现,例如,

NASA 轨道卫星上的地球观测系统(Earth Observing System,EOS)每小时会向地面发回大量图像数据,大型天文望远镜每年会产生不少于10TB的数据等。据统计,数据和计算资源的增长速度符合摩尔定理,每18个月翻一番,海量数据挖掘的最大挑战不仅仅在于数据库中数据的绝对规模,还在于数据挖掘系统是否能够处理这些持续增长的数据集合。传统数据分析算法假设数据库中的记录数比较少,然而,现在许多数据库大到内存无法装下整个数据库。由于从磁盘中获得数据明显比从内存中存取数据慢,因此为了保证高效率,运用到大型数据库中的数据挖掘算法应该是高度可伸缩性的,即如果给出一个固定的内存大小,算法的运行时间随着输入数据库的记录数呈线性递增,就说该算法是可伸缩的。假设现在使用一个计算复杂度为 $O(n^3)$ 的算法,根据摩尔定理,在10年后一个同样的数据挖掘任务将需要现在时间的10 000倍。其原因是在这段时间内,数据的规模和计算速度将大约增长100倍,而计算的复杂度将增加1 000 000倍。也就是说,如果一个数据挖掘任务现在需要1小时完成,10年后,它的运行时间将超过一年。因此,运行海量数据挖掘的算法最好具有线性的计算复杂度 $O(n)$,必须能有效地处理海量数据,其算法必须是高效率和可伸缩的。

(2)处理不同类型的数据和数据源。目前,数据挖掘系统处理的数据库大多是关系数据库。随着数据库应用范围和规模的扩大、功能的日益完善,数据库中将包含大量复杂的数据类型。如非结构化和半结构化的数据、复杂的数据对象、混合文本、多媒体数据、时空数据、事务数据及历史数据等,甚至出现新的数据库模型。因此,保证数据挖掘系统能有效地处理不同类型的数据库中的数据是至关重要的。

(3)数据挖掘系统的交互性。数据挖掘中操作者的适当参与能加速数据挖掘的过程。一方面,交互界面接收用户的检索、查询要求和数据挖掘策略,为用户表达要求和策略提供了方便;另一方面,交互界面又把生成结果传递给用户,由于生成的结果可以是多种多样的。因此,能友好、准确而直观地描述挖掘结果的用户界面一直是研究的重要课题之一。

(4)Web数据挖掘。由于Web上存有大量信息,并且Web在当今社会扮演越来越重要的角色,因此,Web数据挖掘将成为数据挖掘中一个重要和繁荣的子领域。

(5)数据挖掘中的信息保护与数据安全。数据挖掘能从不同的角度、不同的抽象层上看待数据,这将潜在地影响数据的私有性和安全性。随着计算机网络的日益普及,研究数据挖掘可能导致的非法数据入侵是实际应用中需要解决的问题之一。

(6)探索新的应用领域。数据挖掘的应用领域在不断扩大。由于通用数据挖掘系统在处理特定应用问题时有其局限性,因此,目前的一种趋势是开发针对特定应用的数据挖掘系统。

(7)标准的数据挖掘语言或相关方面的标准化工作将有助于数据挖掘系统的研究和开发,有利于用户学习和使用数据挖掘系统。

(8)数据挖掘结果的可用性、确定性及可表达性。数据挖掘所发现的知识需精确地描述数据库中数据的内容,并对已明确的应用是有用的。对于非精确的结果需借助不确定方式来表达,以相似的规则或多个规则来描述,同时,噪声及应去除的数据在数据挖掘系统中应被仔细处理。

(9)各种数据挖掘结果的表达。数据挖掘可以发现不同种类的知识,既可以从不同的角度来检验发现的知识,也可以用不同的形式来表示这些知识,这就要求既要表达对数据挖掘的要求,也要以高级语言或图形用户界面来表达发现的知识,使其容易被用户理解和运用。

（10）可视化数据挖掘。可视化数据挖掘是从大量数据中发现知识的有效途径,系统研究和开发可视化数据挖掘技术将有助于推进数据挖掘作为数据分析的基本工具。

1.3 数据挖掘的研究内容及功能

1.3.1 数据挖掘的研究内容

随着数据挖掘研究逐步走向深入,已经形成了3根强大的技术支柱:数据库、人工智能和数理统计。因此,KDD大会程序委员会曾经由这3个学科的权威人物同时来任主席。目前,数据挖掘的主要研究内容包括基础理论、发现算法、数据仓库、可视化技术、定性定量互换模型、知识表示方法、发现知识的维护和再利用、半结构化和非结构化数据中的知识发现以及Web数据挖掘等。数据挖掘所发现的知识最常见的有以下5类。

1. 广义知识

广义知识(Generalization)指类别特征的概括性描述知识,是根据数据的微观特性发现其表征的、带有普遍性的、较高层次概念的、中观和宏观的知识,反映同类事物共同性质,它是对数据的概括、精练和抽象。

广义知识的发现方法和实现技术有很多,如数据立方体、面向属性的归约等。数据立方体还有其他一些别名,如多维数据库、实现视图、联机分析处理(Online Analytical Processing,OLAP)等。该方法的基本思想是实现某些常用的代价较高的聚集函数的计算,诸如计数、求和、平均、最大值等,并将这些实现视图存储在多维数据库中。既然很多聚集函数需经常重复计算,那么在多维数据立方体中存放预先计算好的结果将能保证快速响应,并可灵活地提供不同角度和不同抽象层次上的数据视图。另一种广义知识发现方法是加拿大Simon Fraser大学提出的面向属性的归约方法。这种方法以类结构查询语言(Structure Query Language,SQL)表达数据挖掘的查询操作,收集数据库中的相关数据集,然后在相关数据集上应用一系列数据推广技术,包括属性删除、概念树提升、属性阈值控制、计数及其他聚集函数传播等。

2. 关联知识

关联知识(Association)反映一个事件和其他事件之间依赖或关联的知识,又称依赖(Dependency)关系。这类知识可用于数据库中的归一化、查询优化等。如果两项或多项属性之间存在关联,那么其中一项的属性值就可以依据其他属性值进行预测。最为著名的关联规则发现方法是R. Agrawal提出的Apriori算法。关联规则的发现可分为两步:第一步是迭代识别所有的频繁项集,要求频繁项集的支持率不低于用户设定的最低值;第二步是从频繁项集中构造可信度不低于用户设定的最低值的规则。识别或发现所有频繁项集是关联规则发现算法的核心,也是计算量最大的部分。

3. 分类知识

分类知识(Classification&Clustering)反映同类事物共同性质的特征型知识和不同事物之间的差异型特征知识,用于反映数据的汇聚模式或根据对象的属性区分其所属类别。最为典型的分类方法是基于决策树的分类方法,它从实例集中构造决策树,是一种有指导的学习方法。该方法先根据训练子集(又称窗口)形成决策树,如果该树不能对所有对象给出正确的分类,那么选择一些例外加入窗口中,重复该过程一直到形成正确的决策集。最终结果是一棵树,其叶节点是分类名称,中间节点是带有分支的属性,该分支对应该属性的某一可能值。最为典型的决策树学习系统是 ID3,它采用自顶向下不回溯策略,能保证找到一棵简单的树。算法 C4.5 和 C5.0 都是 ID3 的扩展,它们将分类领域从类别属性扩展到数值型属性。

数据分类还有统计、粗糙集(Rough Set)等方法,线性回归和线性辨别分析是典型的统计模型,为降低决策树生成代价,人们还提出了一种区间分类器,也有人研究使用神经网络方法在数据库中进行分类和规则提取。

4. 预测型知识

预测型知识(Prediction)根据时间序列型数据,由历史和当前数据推测未来数据,也可以认为是以时间为关键属性的关联知识。目前,时间序列预测方法有经典的统计方法、神经网络和机器学习等。1968 年,Box 和 Jenkins 提出了一套比较完善的时间序列建模理论和分析方法,这些经典的数学方法通过建立随机模型,如自回归模型、自回归滑动平均模型、求和自回归滑动平均模型和季节调整模型等,进行时间序列的预测。由于大量的时间序列是非平稳的,其特征参数和数据分布随着时间的推移而发生变化。因此,仅仅通过对某段历史数据的训练,建立单一的神经网络预测模型,还无法完成准确的预测任务。为此,人们提出了基于统计学和基于精确性的再训练方法,当发现现存预测模型不再适用于当前数据时,对模型重新训练,获得新的权重参数,建立新的模型。另外,也有许多系统借助并行算法的计算优势进行时间序列预测。

5. 偏差型知识

偏差型知识(Deviation)是对差异和极端特例的描述,揭示事物偏离常规的异常现象,如标准类外的特例,数据聚类外的离群值等。所有这些知识都可以在不同的概念层次上被发现,并随着概念层次的提升,从微观到中观、到宏观,以满足不同用户、不同层次决策的需要。

1.3.2 数据挖掘的功能

数据挖掘
的功能

数据挖掘用于在指定数据挖掘任务中找到模式类型,数据挖掘任务一般可以分为两类:描述和预测。描述性挖掘任务刻画数据库中数据的一般特性;预测性挖掘任务在当前数据中进行推测和预测。用户有时不知道他们的数据中什么类型的模式是有趣的,因此数据挖掘系统要能够并行地挖掘多种类型的模式,以适应不同的用户需要或不同的应用。此外,数据挖掘系统应当能够发现各种粒度(即不同的抽象层次)的模式。数据挖掘系统应当允许用户给出提示,指导或者聚焦有趣模式的搜索。由于有些模式并非对数据库中的所有数据都成立,通常每个被发现的模式需要带上一个确定性或可信性量度。数据挖掘的功能主要体现在以下 6 个方面。

1. 类/概念描述:特征化和区分

数据可以与类或概念相关联。一个概念常常是对一个包含大量数据的数据集合总体情况的概述。对含有大量数据的数据集合进行描述性的总结并获得简明、准确的描述,这种描述就称为类/概念描述(Class/Concept Description)。这种描述可以通过以下方法得到。

(1) 数据特征化,一般地汇总所研究类(称为目标类(Target Class))的数据。

(2) 数据区分,将目标类与一个或者多个比较类(常称为对比类(Contrasting Class))比较。

(3) 数据特征化和比较。

数据特征化(Data Characterization)是目标类数据的一般特征或特性的汇总。通常,用户指定类的数据通过数据库查询收集。例如,为研究上一年销售增加 10% 的软件产品的特征,可以通过执行一个 SQL 查询收集关于这些产品的数据。

有许多有效的方法可以将数据特征化和汇总。例如,基于数据立方体的 OLAP 上卷操作可以用来执行用户控制的、沿着指定维的数据汇总。一种面向属性的归纳技术可以用来进行数据的概化和特征化,而不必一步步地与用户进行交互。

数据特征可以通过多种形式输出,包括饼图、条图、曲线、多维数据立方体和包括交叉表在内的多维表。结果描述也可以由概化关系(Generalized Relation)或规则形式(称为特征规则)提供。

数据区分(Data Discrimination)是将目标类对象的一般特性与一个或多个对比类对象的一般特性进行比较。目标类和对比类由用户指定,而对应的数据通过数据库查询检索。例如,用户可能希望将上一年销售增加 10% 的软件产品与同一时期销售至少下降30% 的那些产品进行比较。用于数据区分的方法与用于数据特征化的方法类似。

区分描述的输出形式类似于特征描述,但区分描述应当包括比较量度,帮助区分目标类和对比类。用规则表示的区分描述称为区分规则(Discriminant Rule)。用户应当能够对特征和区分描述的输出进行操作。

2. 关联分析

关联分析(Association Analysis)就是从给定的数据集中发现频繁出现的项集模式知识,又称关联规则(Association Rules)。关联分析广泛应用于市场营销、事务分析等领域。

通常关联规则具有 $X \Rightarrow Y$ 的形式即"$A_1 \wedge A_2 \wedge \cdots \wedge A_m \Rightarrow B_1 \wedge B_2 \wedge \cdots \wedge B_n$"的规则,

其中，$A_i(i \in \{1,2,\cdots,m\})$，$B_j(j \in \{1,2,\cdots,n\})$均为属性-值的形式。关联规则 $X \Rightarrow Y$ 表示"数据库中满足 X 中条件的记录（元组（Tuples））也一定满足 Y 中的条件"。

3. 分类和预测

分类（Classification）就是找出一组能够描述数据集合典型特征的模型（或函数），以便能够分类识别未知数据的归属或类别（Class），即将未知事例映射到某种离散类别之一。分类模式（或函数）可以通过分类挖掘算法从一组训练样本数据（其类别归属已知）中学习获得。

分类挖掘所获得的分类模型可以采用多种形式加以描述输出。其中，主要的表示方法有分类规则（IF-THEN）、决策树（Decision Trees）、数学公式（Mathematical Formulate）和神经网络。分类规则容易由判定树转换而成。决策树是一个类似于流程图的树结构，每个节点代表一个属性值上的测试，每个分支代表测试的一个输出，叶子代表类和类分布。神经网络在用于分类时是一组类似神经元的处理单元，单元之间加权连接。

分类可以用来预测数据对象的类标记。然而，在某些应用中，人们可能希望预测某些空缺或未知的数据，而不是类标记。当被预测的值是数据数值时，通常称为预测（Prediction）。尽管预测可以涉及数据预测和类标记预测，但预测通常是指值预测，并不同于分类。预测同时也包含基于可用数据的分布趋势识别。

相关分析（Relevance Analysis）可能需要在分类和预测之前进行，它试图识别对分类和预测无用的属性，这些属性应当排除。

4. 聚类分析

聚类分析（Clustering Analysis）与分类和预测方法的明显不同之处在于，后者学习获得分类和预测模型所使用的数据是已知类别属性（Class-Labeled Data），属于有监督学习方法，而聚类分析（无论是在学习还是在归类预测时）所分析处理的数据均是无（事先确定）类别归属的。类别归属标志在聚类分析处理的数据集中是不存在的，聚类也便于将观察到的内容分类编制（Taxonomy Formation）成类分层结构，把类似的事件组织在一起。

5. 孤立点分析

数据库中可能包含一些与数据的一般行为或模型不一致的数据对象，这些数据对象被称为孤立点（Outlier）。大部分数据挖掘方法将孤立点视为噪声或异常而丢弃，然而在一些应用场合，如各种商业欺诈行为的自动检测中，小概率发生的事件（数据）往往比经常发生的事件（数据）更有挖掘价值，孤立点数据分析通常称为孤立点挖掘（Outlier Mining）。

孤立点可以使用统计试验检测。它假定一个数据分布或概率模型，并使用距离进行量度，到其他聚类的距离很大的对象被视为孤立点。基于偏差的方法通过考察一群对象的主要特征上的差别来识别孤立点，而不是使用统计或距离量度。

6. 演变分析

演变分析(Evolution Analysis)就是对随时间变化的数据对象的变化规律和趋势进行建模描述。这一建模手段包括概念描述、对比概念描述、关联分析、分类分析、时间相关(Time-Related)数据分析。时间相关数据分析又包括时序数据分析、序列或周期模式匹配以及基于相似性的数据分析等。

1.4　数据挖掘的常用技术及工具

1.4.1　数据挖掘的常用技术

1. 预测技术

为了科学、详细地了解某企业(某生产部门)的业务发展情况和今后的走势,可采用预测技术对其生产有利的条件进行科学论证和判断。一般在预测过程中,可以根据目标范围的不同,将其分为宏观预测和微观预测。例如,宏观经济预测是指对整个国民经济或一个地区、一个部门的经济发展前景的预测;而微观经济预测是以单个经济单位的经济活动前景作为考察对象的。按预测期限长短不同,可分为长期预测、中期预测和短期预测。按预测结果的性质不同,可分为定性预测与定量预测,有时也采用混合预测方法。

2. 关联规则技术

关联规则技术主要应用在从大型数据库中找到潜在的属性相关的知识上。例如,通过调研发现,客户在许多的汽车修理部门修理汽车的同时,也存在着购买汽车椅垫和其他零部件的可能,如果将这些相关的物品和零部件都放在汽车修理部门中,则会发现三者的效率会同时上升。目前,利用关联属性技术进行数据挖掘的研究非常盛行,著名的Apriori算法属于目前关联属性挖掘的较好算法模型之一,已经被应用在不同的研究领域中。

3. 聚类分析技术

聚类分析是根据事物的特征对其进行聚类或分类,通过聚类或分类发现其中的规律和模式。聚类或分类以后,样本数据集就转化为类集。同一类的样本数据具有相似的变量值,不同类的样本数据的变量值不具有相似性。

4. 粗糙集技术

粗糙集(Rough Sets)技术采用的理论是粗糙集理论,将约简技术应用在不确定数据的泛化和数据挖掘中。粗糙集理论是波兰 Pawlak Z 教授在 1982 年提出的一种智能决策分析工具,它是一种刻画不完整性和不确定性的数学工具,能有效地分析不精确、不一致、不完整等各种不完备的信息,并且能够将不确定数据分析的结果(即不确定和不精确的知识)用已知的知识库来近似刻画和处理。利用粗糙集理论可以解决的实际问题有不确定(不精确)数据的简化、不确定(不精确)数据的关联性发现、不确定(不精确)数据所产生的决策模型、不确定(不精确)数据所产生的泛化、基于不确定(不精确)数据的知识发现等。

5. 进化计算技术

进化计算(Evolutionary Computation,EC)技术是基于生物界的自然选择和自然遗传机制的计算方法,如遗传算法(Genetic Algorithm,GA)、进化策略(Evolutionary Strategy,ES)和进化规则(Evolutionary Programming,EP)等方法,在科研和实际问题中的应用越来越广泛,并取得了较好的成果。这些方法都是基于生物进化的基本思想来设计、控制和优化人工系统的,一般将这类计算方法统称为进化计算,而将相应的算法统称为进化算法或者进化程序。这些方法可以在可以承受的计算时间内,很好地解决复杂的非线性优化问题,克服具有多个局部极值的非线性最优化问题,找到全局最优解,也可以解决复杂的组合规划或者整数规划问题。

6. 灰色系统技术

灰色系统(Grey System)是通过对原始数据的收集与整理来寻求其发展变化规律的。客观系统所表现出来的现象尽管烦琐,但其发展变化有着自己的客观逻辑规律,是系统整体各功能间的协调统一。因此,如何通过散乱的数据序列寻找其内在的发展规律就显得特别重要。灰色系统理论认为,一切灰色序列都能通过某种生成弱化其随机性而呈现本来的规律,微分方程能较准确地反映事件的客观规律,也就是通过灰色数据序列建立系统反应模型,并通过该模型预测系统的可能变化状态。

7. 模糊逻辑技术

模糊数学是继经典数学、统计数学之后,在数学上的又一新的发展。在数据挖掘领域,基于模糊逻辑(Fuzzy Logic)技术可以实现模糊综合判别、模糊聚类分析等多种数据挖掘模型。

8. 人工智能技术

人工智能研究计算和知识之间的关系。用机器去模拟人的智能,使机器具有类似人的智能,其本质是研究如何构造智能机器或智能系统,以模拟、延伸、扩展人类的智能。人工智能技术包括推理技术、搜索技术、知识表示与知识库技术、归纳技术、联想技术、分类技术、聚类技术等,其中最基本的3种技术即知识表示、推理和搜索都在数据挖掘中得到了体现。

9. 决策树技术

决策树技术主要指的是针对给定的一组样本数据,根据其对应的规则,最终选取相应的一组动作。决策树方法是利用训练集生成一个测试函数,根据不同的取值建立树的分支;在每个分支子集中重复建立下层节点和分支。这样便生出一棵决策树,然后对决策树进行剪枝处理,最后把决策树转化为规则。决策树方法主要用于分类挖掘。国际上最早、也是最有影响的决策树方法是在 1986 年由 Quinlan 提出的 ID3。

10. 统计分析方法

统计学在数据样本选择、数据预处理、数据挖掘过程及评价抽取知识的步骤中有着非常重要的作用。许多统计学的工作是针对数据和假设检验的模型进行评价的,也包括评价数据挖掘的结果。在数据预处理步骤中,统计学提出了估计噪声参数过程中要用的光滑处理技术,一定程度上补足丢失数据和消除奇异值对结果的负面影响。数据总结的最简单的方法就是传统的统计方法,还可利用图形工具,将结果直观地提供给分析者。多元统计分析(Statistical Analysis)能在一定程度上达到数据挖掘的目的,在数据挖掘的数据收集、清理环节发挥作用。

11. 知识获取、知识表示、知识推理和知识搜索技术

知识获取(Knowledge Acquisition)是指从数据中提取知识和信息的过程,并将这些信息转化为可理解和可应用的知识形式。知识表示(Knowledge Representation)是指在计算机中对知识的一种描述,是一种计算机可以接收的用于描述知识的数据结构。知识推理(Knowledge Reasoning)技术从已知的事实出发,运用已掌握的知识,或归纳出新的知识。知识搜索(Knowledge Search)是根据问题的实际情况不断寻找可利用的知识,从而构造一条代价较小的推理路线的。

12. 决策与控制理论

传统的决策支持系统(Decision Support System,DSS)通常是在某个假设的前提下通过数据查询和分析来验证或否定这个假设,而数据挖掘技术则能够自动分析数据,进行归纳整理,从中发现潜在的模式,或产生联想,建立新的业务模型,帮助决策者调整市场策略并找出正确的决策。数据挖掘的出现使决策支持工具跨入了一个新阶段。数据挖掘技术的兴起为智能决策支持系统(Intelligent Decision Support System,IDSS)的研究指明了一个新的方向,即基于数据挖掘的 IDSS。

13. 可视化技术

可视化技术(Visual Technology)采用直观的图形图表方式将挖掘出来的模式加以表现,数据可视化大大扩展了数据的表达能力从而也便于用户的理解。因此,数据挖掘中的可视化技术得到数据挖掘研究人员日益广泛的重视。

14. 并行处理技术和海量存储

强大的并行处理计算机可以提高数据挖掘的应用,因为并行处理技术(Parallel Processing Technology)可以将一个复杂的查询分解成多个子查询,每个子查询交给不同的处理器,这一处理过程是并行执行的。因此,并行处理技术可以大大加速数据挖掘的过程。

现在的数据仓库存储的数据量是 GB～TB 级别,随着时间的推移,可能会扩展几百倍,因此,廉价可行的存储技术对于数据挖掘来说变得非常重要。目前,普遍采用的是二级存储技术,即磁盘(磁光盘)—主存两级存储,由于缺乏快速的访问和存储磁盘技术,随着存储容量的增长、数据挖掘查询越来越复杂以及并行处理器速度的加快,存储技术可能会成为数据挖掘的新瓶颈。

综上所述,数据挖掘的常用技术,如图 1-1 所示。

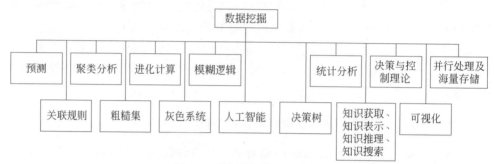

图 1-1　数据挖掘的常用技术

1.4.2　数据挖掘的工具

1. 基于神经网络的工具

神经网络用于分类、特征挖掘、预测和模式识别。人工神经网络仿真生物神经网络,本质上是一个分散型或矩阵结构,它通过训练数据的挖掘,逐步计算网络连接的加权值,由于对非线性数据具有快速建模能力,基于神经网络的数据挖掘工具现在越来越流行。其开采过程基本上是将数据聚类,然后分类计算权值。神经网络很适合分析非线性数据和含噪声数据,所以在市场数据库的分析和建模方面应用广泛。

2. 基于规则和决策树的工具

大部分数据挖掘工具采用规则发现或决策树分类技术来发现数据模式和规则,其核心是某种归纳算法。这类工具通常是对数据库的数据进行开采,产生规则和决策树,然后对新数据进行分析和预测。其主要优点:规则和决策树都是可读的。

3. 基于模糊逻辑的工具

该方法应用模糊逻辑进行数据查询、排序等。它使用模糊概念和最近搜索技术的数据查询工具,可以让用户制定目标,然后对数据库进行搜索,找出接近目标的所有记录,并对结果进行评估。

4. 综合多方法的工具

不少数据挖掘工具采用了多种开采方法,这类工具一般规模较大,适用于大型数据库(包括并行数据库)。这类工具开采能力很强,但价格昂贵,并要花很长时间进行学习。

1.5　数据挖掘的应用热点

数据挖掘技术源于商业的直接需求,并在各种领域都有广泛的使用价值。数据挖掘已在金融、零售、医药、通信、电子工程、航空、旅馆等具有大量数据和深度分析需求、易产生大量数字信息的领域得到广泛使用,并带来了巨大的社会效益和经济效益。它既可以检验行业内长期形成的知识模式,也能够发现隐藏的新规律。将数据挖掘用于企业信息管理,虽然面临着很大的挑战和许多亟待解决的问题,但有充分的理由相信,这些问题将随着各应用领域的信息化推进逐步得到解决,数据挖掘应用前景十分乐观。

1. 金融领域的应用

在金融方面,银行和金融机构往往持有大量关于客户的、各种服务的以及交易事务的数据,并且这些数据通常比较完整可靠和高质量,这大大方便了系统化的数据分析和数据挖掘。在银行业中,数据挖掘被用来建模、预测,识别伪造信用卡,估计风险,进行趋势分析、效益分析、顾客分析等。在此领域运用数据挖掘,可以进行贷款偿付预测和客户信用政策分析以调整贷款发放政策,降低经营风险。信用卡公司可以应用数据挖掘中的关联规则来识别欺诈。股票交易所和银行也有这方面的需要。对目标客户群进行分类及聚类,以识别不同的客户群,为不同的客户提供更好的服务,以推动市场。此外,还可以运用数据分析工具找出异常模式,以侦破洗钱和其他金融犯罪活动。智能数据挖掘利用了广泛的高质量的机器学习算法,能够在应付大量数据的同时保证理想的响应时间,使得市场分析、风险预测、欺诈管理、客户关系管理和竞争优势分析等应用成为可能。

2. 网络金融交易方面

从网络金融角度来看,网络金融是指通过互联网进行的金融交易。这种交易具有速度快、交易量大、交易次数多、交易人所在地分散的特点。这种基于生产力水平的加速常常超出生产力本身的发展速度,使人类进入脆弱的虚拟经济时代。在股市交易中,人们的兴趣在于预测股市起伏,并且各种各样的算法都曾经被使用过。有的算法在一种情况下有效或在一段时间内有效,有的算法更能捕捉转瞬即逝的个股买卖点或在众多股票中选出应买卖的股票。金融时序数据是一种常见的数据结构,在这方面,已有不少学者研究了对其进行挖掘的一般性问题或框架。对股市进行动态数据挖掘,可以随时掌握由大量数据所反映的金融市场暗流。此外,还可以将监管搜索范围完全扩大到一般的网页上,借助一定的文字分析技术提高准确率。

另一方面的应用是研究股市炒作的快速检测算法和技术。电子交易每天产生的海量数据已超出人工处理的能力,但这正使得应用计算机算法进行智能自动监控成为可能。

从证监会的角度看,可以通过各种交易数据发现异常现象和相应的操作,识别出哪些是合法炒作,哪些是非法炒作。

3. 零售业务应用

在零售业方面,计算机使用率越来越高,大型超市基本配备了完善的计算机及数据库系统。零售业积累的大量销售数据、顾客购买历史记录、货物进出与服务记录等数据中真正有价值的信息是哪些?这些信息之间有哪些关联?回答这些问题就需要对大量的数据进行深层分析,从而获得有利于商业运作、提高竞争力的信息。数据挖掘技术有助于识别顾客购买行为,发现顾客购买模式和趋势,改进服务质量,取得更高的顾客保持力和满意程度,降低零售业成本。

通常企业所掌握的客户信息特别是以前购买行为的信息中,可能正包含着这个客户决定他下一个购买行为的关键信息,甚至是决定性因素。这时数据挖掘的作用就体现为它可以帮助企业寻找到那些影响顾客购买行为的信息和因素。对这些丰富数据资源的挖掘,有助于识别顾客购买行为,发现顾客购买模式和趋势,改进服务质量,从而取得更高的顾客满意度,提高销量。

还有一个问题就是研究超市顾客的购买行为,这是一种典型的时间序列挖掘问题,在零售业中,直接给潜在的顾客推送广告是一种常见的办法。通过分析人们的购买模式,估计他们的收入和孩子数目,作为潜在的市场信息。在庞大的数据集中找出哪些人适合推送广告或折扣券,哪些人会喜欢哪一类的折扣券,哪些人应给予的折扣多些,哪些产品摆在一起会比分别放在各自的类中卖得更快、更多,这都成了数据挖掘的任务。

零售业中数据挖掘的成功应用:①对销售、顾客、产品、时间和地区的多维分析;②对促销活动有效性的分析,以此提高企业利润;③对顾客忠诚度的分析,以留住老客户,吸引新客户;④挖掘关联信息,以形成购买推荐和商品参照,帮助顾客选择商品,提高销量。

4. 医疗、电信领域应用

在医疗领域中,成堆的电子数据可能已放在那里很多年了,如病人、症状、发病时间、发病频率,以及当时的用药种类、剂量、住院时间等。在药物实验中,可能有很多这种方法已经被许多大的制药公司所采用。生物医学的大量研究大都集中在 DNA 数据的分析上,人类大约有 10^5 个基因,几乎不计其数。因此,数据挖掘成为 DNA 分析中的强大工具,如对 DNA 序列时间的相似搜索和比较;应用关联分析对同时出现的基因序列的识别;应用路径分析发现在疾病不同阶段的致病基因等。

电信业已经迅速从单纯的提供市话和长话服务演变为综合电信服务,如语音、传真、移动电话、图形、电子邮件、互联网接入服务等。电信市场的竞争也变得越来越激烈和全方位化。利用数据挖掘来帮助理解商业行为、对电信数据的多维分析、检测非典型的使用模式以寻找潜在的盗用者、分析用户一系列的电信服务使用模式来改进服务、根据地域分布疏密性找出最急需建立网点的位置、确定电信模式、捕捉盗用行为、更好地利用资源和提高服务质量是非常必要的。借助数据挖掘,可以减少很多损失,保住顾客。

数据挖掘在电信业的应用：①对电信数据的多维分析；②检测非典型的使用模式，以寻找潜在的盗用者；③分析用户一系列的电信服务使用模式来改进服务；④搅拌分析；等等。

1.6 小结

数据库技术已经从原始的数据处理发展到开发具有事务处理能力的数据库管理系统。进一步的发展导致越来越需要有效的数据分析、数据挖掘和数据理解工具，这种需求是各种应用(如商务管理、行政管理以及环境控制等)收集的数据爆炸性增长的必然结果。本章详细分析了数据挖掘中的一些基本概念，阐述了数据挖掘技术的历史和发展，总结了数据挖掘的内容和功能，分析了现有数据挖掘技术和工具，同时介绍了数据挖掘的应用热点。

思考题

   1.什么是数据挖掘？
   2.简述数据挖掘所发现的最常见的 5 类知识。
   3.定义下列数据挖掘功能：特征化、区分、关联、分类、预测、聚类、孤立点和演变分析。
   4.列举数据挖掘的相关技术。

第 2 章　数据预处理

2.1　数据预处理的目的

数据预处理
理的目的

数据预处理(Data Preprocessing)是指在对数据进行数据挖掘的主要处理以前,先对原始数据进行必要的清理、集成、转换、离散和归约等一系列的处理工作,以达到挖掘算法进行知识获取的目的,并研究所要求的最低规范和标准。

数据挖掘的对象是从现实世界采集到的大量的各种各样的数据。由于现实生产和实际生活以及科学研究的多样性、不确定性、复杂性等,导致人们采集到的原始数据比较散乱,它们是不符合挖掘算法进行知识获取研究所要求的规范和标准的,主要具有以下特征。

(1) 不完整性。不完整性指的是数据记录中可能会出现有些数据属性的值丢失或不确定的情况,还有可能缺失必需的数据。这是由于系统设计时存在的缺陷或者使用过程中一些人为因素所造成的,如有些数据缺失只是因为输入时认为是不重要的,相关数据没有记录可能是由于理解错误,或者因为设备故障,与其他记录不一致的数据可能已经删除,历史记录或修改的数据可能被忽略等。

(2) 含噪声。含噪声指的是数据具有不正确的属性值,包含错误或存在偏离期望的离群值。产生的原因很多,如收集数据的设备可能出故障,人或计算机的错误可能在数据输入时出现,数据传输中也可能出现错误等。不正确的数据也可能是由命名约定或所用的数据代码不一致,或输入字段(如时间)的格式不一致而导致的。实际使用的系统中,还可能存在大量的模糊信息,有些数据甚至还具有一定的随机性。

(3) 杂乱性(不一致性)。原始数据是从各个实际应用系统中获取的,由于各应用系统的数据缺乏统一标准的定义,数据结构也有较大的差异,因此各系统间的数据存在较大的不一致性,往往不能直接使用。同时,来自不同的应用系统中的数据由于合并还普遍存在数据的重复和信息的冗余现象。

因此,存在不完整的、含噪声的和不一致的数据是现实世界大型的数据库或数据仓库的共同特点。一些比较成熟的算法对其处理的数据集合一般都有一定的要求,如数据完整性好、数据的冗余性少、属性之间的相关性小。然而,实际系统中的数据一般都不能直接满足数据挖掘算法的要求,因此必须对数据进行预处理,以提高数据质量,使其符合挖掘算法的规范和要求。常见的数据预处理方法有数据清理、数据集成、数据变换和数据归约。图 2-1 给出了数据预处理的方法。

(1) 数据清理(Data Cleaning):数据清理通常包括填充缺失值、光滑噪声数据、识别或除去异常值以及解决不一致问题。

(2) 数据集成(Data Integration):将来自多个数据源的数据合并到一起,形成一致的数据存储,如将不同数据库中的数据集成到一个数据仓库中存储。有时数据集成之后还需要进行数据清理以便消除可能存在的数据冗余。

（3）数据变换（Data Transformation）：主要是将数据转换成适合于挖掘的形式，如将属性数据按比例缩放，使之落入一个比较小的特定区间，这一点对那些基于距离的挖掘算法尤为重要。数据变换的具体方法包括光滑处理、聚集处理、数据泛化处理、规格化、属性构造。

（4）数据归约（Data Reduction）：在不影响挖掘结果的前提下，通过数值聚集、删除冗余特性的办法压缩数据，提高挖掘模式的质量，降低时间复杂度。

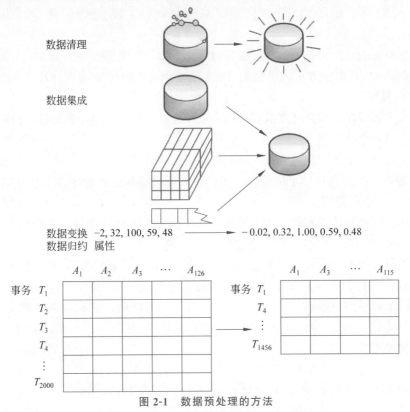

图 2-1 数据预处理的方法

以上数据预处理并不互斥，例如，冗余数据的删除既是数据清理，也是数据归约。数据预处理流程如图 2-2 所示。

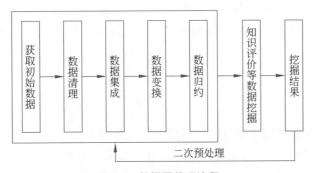

图 2-2 数据预处理流程

2.2 数据清理

2.2.1 填充缺失值

填充缺失值

很多数据都有缺失值。例如，银行房屋贷款信用风险评估中的客户数据，其中的一些属性可能没有记录值，如客户的家庭月总收入。填充缺失值，可以用下面的方法。

（1）忽略元组：当缺失类标号时通常这样做（假定挖掘任务涉及分类）。除非元组有多个属性缺失值，否则该方法就不是很有效，当每个属性缺失值的百分比变化很大时，它的性能就特别差。

（2）人工填写缺失值：此方法很费时，特别是当数据集很大、缺失很多值时，该方法可能不具有实际的可操作性。

（3）使用一个全局常量填充缺失值：将缺失的属性值用同一个常数（如 Unknown）替换。但这种方法因为大量地采用同一个属性值可能会误导挖掘程序得出有偏差甚至错误的结论，因此要小心使用。

（4）用属性的均值填充缺失值：例如，已知重庆市某银行的贷款客户的平均家庭月总收入为 9000 元，则使用该值替换客户收入中的缺失值。

（5）用同类样本的属性均值填充缺失值：例如，将银行客户按信用度分类，就可以用信用度相同的贷款客户的家庭月总收入替换家庭月总收入中的缺失值。

（6）使用最可能的值填充缺失值：可以用回归、贝叶斯形式化的基于推理的工具或决策树归纳确定。例如，利用数据集中其他客户的属性，可以构造一棵决策树来预测家庭月总收入的缺失值。

需要注意的是，在某些情况下缺失值并不意味数据有错误。例如，在申请信用卡时，可能要求申请人提供驾驶执照号，而没有驾驶执照的申请者自然使该字段为空。表格应当允许填表人使用诸如"无效"等值，软件程序也可以用来发现其他空值，如"不知道"、"？"或"无"。理想情况下，每个属性都应当有一个或多个关于空值条件的规则。这些规则可以说明是否允许空值，并且说明这样的空值应当如何处理或转换。字段也可能故意留下空白，如果它们在商务处理的最后一步未提供值。因此，尽管可以在得到数据后尽最大努力进行数据清理，但数据库和数据输入的良好设计将有助于在第一现场最小化缺失值或错误的数量。

2.2.2 光滑噪声数据

光滑噪声
数据

噪声（Noise）是指被测量变量的随机误差或方差。给定一个数值属性，如 Price，怎样才能"光滑"数据去掉噪声？常见的光滑噪声数据技术包含如下 3 种。

（1）分箱（Binning）：分箱方法通过考察数据的"近邻"（即周围的值）来光滑有序数据值，有序数据值分布到一些"桶"或箱中。由于分箱方法考察近邻的值，因此可用来进行局部光滑。一般来说,宽度越大,光滑效果越大,箱也可以是等宽的,即每个箱值的区间范围是个常量。

【例 2.1】 某课程成绩 score 排序后的数据为 61,66,68,73,77,78,85,88,91。

将上述排序的数据划分为等深(深度为 3)的箱(桶),如下所示:

箱 1:61, 66, 68

箱 2:73, 77, 78

箱 3:85, 88, 91

采用分箱光滑技术后,用平均值光滑得到如下结果:

箱 1:65, 65, 65

箱 2:76, 76, 76

箱 3:88, 88, 88

用边界值光滑得到如下结果:

箱 1:61, 68, 68

箱 2:73, 78, 78

箱 3:85, 85, 91

(2) 回归:可以用一个函数(如回归函数)进行数据拟合来达到光滑噪声数据的目的。线性回归涉及找出拟合两个属性(或变量)的最佳线,使得一个属性可以用来预测另一个属性。多元线性回归是线性回归的扩展,其中涉及的属性多于两个,并且数据拟合到一个多维曲面。

(3) 聚类:可以通过聚类检测离群点,将类似的值组织成群或簇。直观地,落在簇集合之外的值视为离群点。许多数据光滑的方法也是涉及离散化的数据归约方法。例如,上面介绍的分箱技术减少了每个属性的不同值数量。对于基于逻辑的数据挖掘方法(如决策树归纳),反复地对排序后的数据进行比较,这充当了一种形式的数据归约。概念分层是一种数据离散化形式,也可以用于数据光滑。

2.2.3　数据清理过程

数据清理过程包含如下两个步骤。

(1) 偏差检测(Discrepancy Detection)。发现噪声、离群点和需要考察的不寻常的值时,可以使用已有的关于数据性质的知识。这种知识或"关于数据的数据"称为元数据。考察每个属性的定义域和数据类型、每个属性可接收的值、值的长度范围;考察是否所有的值都落在期望的值域内、属性之间是否存在已知的依赖;把握数据趋势和识别异常,如远离给定属性均值超过两个标准差的值可能标记为潜在的离群点。另一种错误是源编码使用的不一致问题和数据表示的不一致问题(如日期 2009/09/25 和 25/09/2009)。字段过载(Field Overloading)是另一类错误源。考察数据还要遵循唯一性规则、连续性规则和空值规则。可以使用其他外部材料人工地加以更正某些数据不一致。如数据输入时的错误可以使用纸上的记录加以更正,但大部分错误需要数据变换。

(2) 偏差纠正(Discrepancy Correction)。也就是说,一旦发现偏差,通常需要定义并使用一系列变换来纠正它们。商业工具可以支持数据变换步骤,但这些工具只支持有限的变换,因此,人们常常可能选择为数据清理过程的这一步编写定制的程序。

偏差检测和偏差纠正这两步过程迭代执行。随着人们对数据的了解的增加,重要的是要不断更新元数据以反映这种知识,这有助于加快对相同数据存储的未来版本的数据清理速度。

2.3 数据集成和数据变换

数据集成

2.3.1 数据集成

数据分析任务大多涉及数据集成。数据集成合并多个数据源中的数据,存放在一个一致的数据存储(如数据仓库)中。这些数据源可能包括多个数据库、数据立方体或一般文件,在数据集成时,有许多问题需要考虑。

(1) 模式集成和对象匹配问题。来自多个信息源的现实世界的等价实体匹配涉及实体识别问题,例如,如何判断一个数据库中的 Customer_ID 与另一个数据库中的 Cust_Number 是不是相同的属性。每个属性的元数据可以用来帮助避免模式集成的错误,元数据还可以用来帮助变换数据。

(2) 冗余问题。一个属性如果能由另一个或另一组属性"导出",那么该属性是冗余的,另外,属性的不一致也可能导致结果数据集中的冗余。有些冗余可以被相关分析方法检测到。假设给定两个属性,通过这种相关分析方法,可以根据可用的数据来度量一个属性能在多大程度上蕴含另一个属性。对于数值属性,通过计算属性 A 和 B 之间的相关系数来估计这两个属性的相关度 $r_{A,B}$,即

$$r_{A,B} = \frac{\sum\limits_{i=1}^{N}(a_i - \overline{A})(b_i - \overline{B})}{N\sigma_A\sigma_B} = \frac{\sum\limits_{i=1}^{N}(a_ib_i) - N\,\overline{AB}}{N\sigma_A\sigma_B} \tag{2-1}$$

其中,N 是数据元组的个数;a_i 和 b_i 分别是元组 i 中 A 和 B 的值;$\overline{A}$ 和 $\overline{B}$ 分别是 A 和 B 的均值,σ_A 和 σ_B 分别是 A 和 B 的标准差,而 $\sum a_ib_i$ 是 AB 叉积的和(即对于每个元组,A 的值乘以该元组 B 的值)。注意,$-1 \leqslant r_{A,B} \leqslant 1$。如果 $r_{A,B}$ 大于 0,则 A 和 B 是正相关的,该值越大,相关性就越强(即每个属性蕴含另一个的可能性越大)。因此,一个较高的 $r_{A,B}$ 值表明 A(或 B)可以作为冗余而被去掉。如果结果值等于 0,则 A 和 B 是独立的,不存在相关。如果结果值小于 0,则 A 和 B 是负相关的,一个值随另一个的减少而增加。这意味每个属性都阻止另一个出现。

注意:相关并不意味因果关系。也就是说,如果 A 和 B 是相关的,这并不意味 A 导致 B 或 B 导致 A。对于分类(离散)数据,两个属性 A 和 B 之间的相关联系可以通过 χ^2(卡方)检验发现。

设 A 有 c 个不同值 $a_1, a_2, \cdots, a_c$;B 有 r 个不同值 $b_1, b_2, \cdots, b_r$。A 和 B 描述的数据元组可以用一个相依表显示,其中 A 的 c 个值构成列,B 的 r 个值构成行。令 (A_i, B_j)

表示属性 A 取值 a_i、属性 B 取值 b_j 的事件,即 $(A=a_i,B=b_j)$。每个可能的 (A_i,B_j) 联合事件都在表中有自己的单元(或位置)。χ^2 值(又称皮尔逊 χ^2 统计量)可以用下式计算:

$$\chi^2 = \sum_{i=1}^{c} \sum_{j=1}^{r} \frac{(o_{ij}-e_{ij})^2}{e_{ij}} \tag{2-2}$$

其中,o_{ij} 是联合事件 (A_i,B_j) 的观测频度(即实际计数);而 e_{ij} 是 (A_i,B_j) 的期望频度(即望计数),可以用下式计算:

$$e_{ij} = \frac{c(A=a_i) \times c(B=b_j)}{N} \tag{2-3}$$

其中,N 是数据元组的个数;$c(A=a_i)$ 是 A 具有值 a_i 的元组个数;$c(B=b_j)$ 是 B 具有值 b_j 的元组个数。式(2-2)中的和在所有 $r \times c$ 个单元上计算。对 χ^2 值贡献最大的单元是其实际计数与期望计数很不相同的单元。

χ^2 统计检验假设 A 和 B 是独立的。检验基于显著水平,具有 $(r-1) \times (c-1)$ 的自由度。如果可以拒绝该假设,则说 A 和 B 是统计相关的或关联的。

除了检测属性间的冗余外,还应当在元组级检测重复。去规范化表的使用也可能导致数据冗余。不一致通常出现在各种不同的副本之间,由于不正确的数据输入,或者由于更新了数据的部分出现,但未更新所有的出现。

(3)数据冲突的检测与处理。例如,对于现实世界的同一实体,来自不同数据源的属性值可能不同。这可能是因为表示、比例或编码不同。例如,重量属性可能在一个系统中以公制单位存放,而在另一个系统中以英制单位存放。对于连锁旅馆,不同城市的房价不仅可能涉及不同的货币,而且可能涉及不同的服务(如免费早餐)和税。

在一个系统中记录的属性的抽象层可能比另一个系统中相同的属性低。数据集成中将一个数据库的属性与另一个匹配时,要考虑数据的结构用来保证原系统中的属性函数依赖和参照约束与目标系统中的匹配。数据语义的异构和结构给数据集成带来了巨大挑战,由多个数据源小心地集成数据能够帮助降低和避免结果数据集中的冗余和不一致,从而提高其后挖掘过程的准确率和速度。

数据变换

2.3.2　数据变换

数据变换的目的是将数据转换或统一成适合挖掘的形式,数据变换主要涉及以下内容。

1. 光滑

光滑即去掉数据中的噪声,包括分箱、回归和聚类等。

2. 聚集

对数据进行汇总或聚集。例如,可以聚集日销售数据,计算月和年销售量。通常,这一步用来为多粒度数据分析构造数据立方体。

3. 数据泛化

使用概念分层,用高层概念替换低层或原始数据。例如,对于年龄这种数值属性,原始数据可能包含 20、30、40、50、60、70 等,可以将上述数据映射到较高层的概念,如青年、中年和老年。

4. 规范化

将属性数据按比例缩放,使之落入一个小的特定区间,如−1.0~1.0 或 0.0~1.0。规范化可以消除数值型属性因大小不一而造成的挖掘结果偏差。对于分类算法,如涉及神经网络的算法或诸如最近邻分类和聚类的距离量度分类算法,规范化特别有用。如果使用神经网络后向传播(Back Propagation,BP)算法进行分类挖掘,训练样本的规范化能够提高学习的速度。有许多数据规范化的方法,常用的有 3 种:最小-最大规范化、z-score 规范化和小数定标规范化。

(1)最小-最大规范化:假定 m_A 和 M_A 分别为属性 A 的最小值和最大值。最小-最大规范化通过式(2-4)计算,即

$$v' = \frac{v - m_A}{M_A - m_A}(\text{new\_}M_A - \text{new\_}m_A) + \text{new\_}m_A \tag{2-4}$$

将属性 A 的值 v 映射到区间 $[\text{new\_}m_A, \text{new\_}M_A]$ 中的 v'。

最小-最大规范化对原始数据进行线性变换,保持原始数据之间的联系。如果今后的输入落在 A 的原始数据值域之外,该方法将面临越界错误。

【例 2.2】 假定某属性的最小值与最大值分别为 8000 元和 14 000 元。要将其映射到区间[0.0,1.0]。按照最小-最大规范化方法对属性值进行缩放,则属性值 12 600 元将变为

$$\frac{12\,600 - 8000}{14\,000 - 8000} \times (1.0 - 0.0) = 0.767$$

(2)z-score 规范化(零均值规范化):把属性 A 的值 v 基于 A 的均值和标准差规范化为 v',由式(2-5)计算,即

$$v' = (v - \overline{A})/\sigma_A \tag{2-5}$$

其中,$\overline{A}$ 和 σ_A 分别为属性 A 的均值和标准差。当属性 A 的实际最大值和最小值未知,或离群点左右了最大-最小规范化时,该方法是有用的。

【例 2.3】 假定属性平均家庭月总收入的均值和标准差分别为 9000 元和 2400 元,则属性值 12 600 元使用 z-score 规范化转换为

$$\frac{12\,600 - 9000}{2400} = 1.5$$

(3)小数定标规范化:通过移动属性 A 的小数点位置进行规范化。小数点的移动位数依赖于 A 的最大绝对值。属性 A 的值 v 规范化为 v',由式(2-6)计算,即

$$v' = v/10^j \tag{2-6}$$

其中,j 是使得 $\text{Max}(|v'|) < 1$ 的最小整数。

【例 2.4】 假定属性 A 的取值是 -975~923。A 的最大绝对值为 975。使用小数定标规范化,用 1000(即 $j=3$)除每个值,则 -975 规范化为 -0.975,923 规范化为 0.923。

规范化将原来的数据改变,特别是上面的后两种方法。有必要保留规范化参数(如均值和标准差,如果使用 z-score 规范化),以便将来的数据可以用一致的方式规范化。

5. 属性构造(或特征构造)

由已有的属性构造和添加新的属性,以帮助挖掘更深层次的模式知识,提高挖掘结果的准确性。例如,可根据属性 Height 和 Width 添加属性 Area。属性构造可以减少使用判定树算法分类的分裂问题。通过组合属性,可以帮助发现所遗漏的属性间的相互关系,这对于数据挖掘是十分重要的。

2.4 数据归约

对海量数据进行复杂的数据分析和挖掘将需要很长时间,使得这种分析不具有可操作性。数据归约技术可以用来得到数据集的归约表示,它比原数据少得多,但仍接近保持原数据的完整性。这样,对归约后的数据集挖掘将更有效,并产生相同(或几乎相同)的分析结果。用于数据归约的计算时间不应当超过或抵消对归约数据挖掘节省的时间。常见的数据归约的方法包括数据立方体聚集、维归约、数据压缩、数值归约以及数据离散化与概念分层等,下面逐一进行介绍。

2.4.1 数据立方体聚集

数据立方体聚集主要用于构造数据立方体,数据立方体存储多维聚集信息。每个单元存放一个聚集值,对应于多维空间的一个数据点,每个属性可能存在概念分层,允许在多个抽象层进行数据分析。数据立方体提供对预计算的汇总数据进行快速访问,因此,适合联机数据分析处理和数据挖掘。

在最低抽象层创建的数据立方体称为基本方体(Base Cuboid)。基本方体应当对应感兴趣的个体实体,即最低抽象层应当是对分析可用的或有用的。最高抽象层创建的数据立方体称为顶点方体(Apex Cuboid)。对不同抽象层创建的数据立方体称为方体(Cuboid),因此数据立方体可以看作方体的格(Lattice)。每个较高抽象层将进一步减少结果数据集的规模。当回答数据挖掘查询时,应当使用与给定任务相关的最小可用方体。

2.4.2 维归约

用于分析的数据集可能包含数以百计的属性,其中大部分属性与挖掘任务不相关或冗余。例如,分析银行客户的信用度时,诸如客户的电话号码、家庭住址等属性就与该数据挖掘任务不相关,或者说是冗余的。维归约通过减少不相关的属性(或维)来达到减少数据集规模的目的,通常使用属性子集选择方法来找出最小属性集,使得数据类的概率分布尽可能低,接近原始属性集的概率分布。在归约后的属性集上进行数据挖掘,不仅减少了出现在发现模式上的属性的数目,而且使得模式更容易理解。属性子集选择的基本启发式方法包括以下4种。

(1)逐步向前选择:由空属性集作为归约集开始,确定原属性集中最好的属性,并将它添加到归约集中。在其后的每次迭代中,将剩下的原属性集中最好的属性添加到该集合中。

(2)逐步向后删除:由整个属性集开始,在每步删除尚在属性集中且最差的属性。

(3)向前选择和向后删除的结合:可以将逐步向前选择和逐步向后删除方法结合在一起,每步选择一个最好的属性,并在剩余属性中删除一个最差的属性。

(4)决策树归纳:决策树分类算法最初是用于分类的。决策树归纳构造一个类似于流程图的结构。其中,每个内部(非叶)节点表示一个属性的测试,每个分枝对应于测试的一个输出,每个外部(叶)节点表示一个类预测。在每个节点,算法选择最好的属性,将数据划分成类。当决策树归纳用于属性子集选择时,由给定的数据构造决策树。没有在树中出现的属性假定是不相关的,出现在树中的属性形成归约后的属性子集。方法的结束标准可以不同,该过程可以使用一个量度阈值来决定何时停止属性选择过程。

2.4.3 数据压缩

数据压缩就是使用数据编码或变换以便将原始数据集合压缩成一个较小的数据集合。可以不丢失任何信息地还原数据的压缩称为无损压缩,构造原始数据的近似表示的压缩称为有损压缩。一般而言,有损压缩的压缩比要比无损压缩的压缩比高,两种有效的有损压缩方法是离散小波变换和主成分分析。

1. 离散小波变换

离散小波变换(Discrete Wavelet Transform,DWT)是一种线性信号处理技术,当用于数据向量 X 时,将它变换成数值上不同的小波系数向量 X',两个向量具有相同的长度。当这种技术用于数据压缩时,每个元组可看作一个 n 维数据向量 $X = (x_1, x_2, \cdots, x_n)$,用来描述 n 个数据库属性在元组上的 n 个测量值。小波变换后的数据可以截短,仅存放一小部分最强的小波系数,就能保留近似的压缩数据。

例如,保留大于用户设定的某个阈值的所有小波系数,其他系数置为0。这样,结果数据表示非常稀疏,使得如果在小波空间进行计算,利用数据稀疏特点的操作计算得非常快。该技术也能用于消除噪声,而不会光滑掉数据的主要特征,使得它们也能有效地用于数据清理。给定一组系数,使用所用的 DWT 的逆变换,可以构造原数据的近似。

DWT 与离散傅里叶变换(Discrete Fourier Transform,DFT)有密切的关系,DFT 是一种涉及正弦和余弦的信号处理技术。一般来说,DWT 是一种更好的有损压缩算法,也就是说,对于给定的数据向量,如果 DWT 和 DFT 保留相同数目的系数,DWT 将提供原数据更准确的近似。因此,对于等价的近似,DWT 比 DFT 需要的空间小,不像 DFT,小波空间局部性相当好,有助于保留局部细节。

应用 DWT 的一般过程使用一种分层金字塔算法(Pyramid Algorithm),它在每次迭代将数据减半,因此计算速度很快。可以将矩阵乘法用于输入数据,以得到小波系数,所用的矩阵依赖于给定的 DWT。矩阵必须是标准正交的,即列是单位向量并相互正交,使得矩阵的逆是它的转置,这种性质允许由光滑和光滑-差数据集重构数据。通过将矩阵因子分解成几个稀疏矩阵,对于长度为 n 的输入向量,快速 DWT 算法的复杂度为 $O(n)$。

DWT 可以用于多维数据,如数据立方体。可以按以下方法做:首先将变换用于第一维,然后第二维,以此类推。计算复杂性关于立方体中单元的个数是线性的。对于稀疏或倾斜数据和具有有序属性的数据,DWT 给出了很好的结果。据报道,DWT 的有损压缩比商业标准 JPEG 压缩效果好。DWT 有许多实际应用,包括指纹图像压缩、计算机视觉、时间序列数据分析和数据清理。

2. 主成分分析

主成分分析(Principal Component Analysis,PCA)又称 Karhunen-Loeve(或 K-L)方法。该方法搜索 k 个最能代表数据的 n 维正交向量,其中 $k \leqslant n$,这样原来的数据就投影到一个小得多的空间,实现维度归约。PCA 通过创建一个替换的、更小的变量集用于组合属性的基本要素,原数据可以投影到该较小的集合中。PCA 常常揭示先前未曾察觉的联系,因此可以解释不寻常的结果,基本过程如下。

(1) 对输入数据规范化,使得每个属性都落入相同的区间。此步有助于确保具有较大定义域的属性不会支配具有较小定义域的属性。

(2) 计算 k 个标准正交向量,作为规范化输入数据的基。这些是单位向量,每个方向都垂直于另一个,这些向量称为主成分,输入数据是主成分的线性组合。

(3) 对主成分按重要性或强度降序排列。主成分基本上充当数据的新坐标轴,提供关于方差的重要信息。也就是说,对坐标轴进行排序,使得第一个坐标轴显示数据的最大方差,第二个显示次大方差,如此下去。

(4) 主成分根据重要性降序排列,则可通过去掉较弱的成分(即方差较小)来归约数据的规模,使用最强的主成分,应当能够重构原数据很好的近似。

PCA 计算开销低,可用于有序和无序的属性,并且可以处理稀疏和倾斜数据,多于二维的多维数据可以通过将问题归约为二维问题来处理。主成分可以用作多元回归和聚类分析的输入,与 DWT 相比,PCA 能够更好地处理稀疏数据,而 DWT 更适合高维数据。

2.4.4　数值归约

数值归约技术是指选择替代的、较小的数据表示形式减少数据量。4 种常用数值归约技术如下。

1. 回归和对数线性模型

回归和对数线性模型可以用来近似给定的数据,在(简单)线性回归中,对数据建模使之拟合到一条直线上。例如,可以用以下公式,将随机变量 y(称为响应变量)建模为另一

随机变量 x(称为预测变量)的线性函数 $y=wx+b$,其中假定 y 的方差是常量。

在数据挖掘中,x 和 y 是数值数据库属性。系数 w 和 b(称为回归系数)分别为直线的斜率和 y 轴截距。系数可以用最小二乘方法求解,最小化分离数据的实际直线与直线估计之间的误差。多元线性回归是(简单)线性回归的扩充,允许响应变量 y 建模为两个或多个预测变量的线性函数。

对数线性模型近似离散的多维概率分布。给定 n 维元组的集合,可以把每个元组看作 n 维空间的点。使用对数线性模型基于维组合的一个较小子集,估计离散化的属性集的多维空间中每个点的概率。这使得高维数据空间可以由较低维数据空间构造。因此,对数线性模型也可以用于维度归约(由于低维空间的数据点通常比原来的数据点占据的空间少)和数据光滑(因为与较高维空间的估计相比,较低维空间的聚集估计较少受抽样方差的影响)。

回归和对数线性模型都可以用于稀疏数据,但是它们的应用可能是受限制的。虽然两种方法都可以处理倾斜数据,但是回归更好。当用于高维数据时,回归可能是计算密集的,而对数线性模型表现出很好的可伸缩性,可以扩展到十维左右。

2. 直方图

直方图使用分箱来近似数据分布。属性 A 的直方图将 A 的数据分布划分为不相交的子集或桶。如果每个桶只代表单个属性值/频率对,则称为单桶。通常,桶表示给定属性的一个连续区间。确定如下桶和属性值的划分规则。

(1) 等宽:在等宽直方图中,每个桶的宽度区间是一致的。

(2) 等频(或等深):在等频直方图中创建桶,使得每个桶的频率粗略地估计为常数(即每个桶大致包含相同个数的邻近数据样本)。

(3) V 最优:给定桶的个数,对于所有可能的直方图,则 V 最优直方图是具有最小方差的直方图,直方图的方差是每个桶代表的原来值的加权和,其中权等于桶中值的个数。

(4) 最大差异度量(MaxDiff):在 MaxDiff 直方图中,考虑每对相邻值之间的差,桶的边界是具有 $\beta-1$ 个最大差的对,其中 β 是用户指定的桶数。

V 最优和 MaxDiff 直方图是最准确和最实用的。对于近似稀疏和稠密数据,以及高倾斜和均匀的数据,直方图是高度有效的。多维直方图可以表现属性间的依赖,这种直方图能够有效地近似多达 5 个属性的数据,但有效性尚需进一步研究。对于存放具有高频率的离群点,单桶是有用的。

【例 2.5】 下面是某市场销售的商品的价格清单(按照递增的顺序排列,圆括号中的数字表示该价格的产品销售的数目):

2(3),5(5),8(4),10(5),13(10),15(4),18(4),20(7),21(10),23(6),26(8),28(8),29(5),30(7)

图 2-3 使用单桶显示了这些数据的直方图。为进一步压缩数据,通常让一个桶代表给定属性的一个连续值域。在图 2-4 中每个桶代表商品价格的一个不同的 \$10 区间。

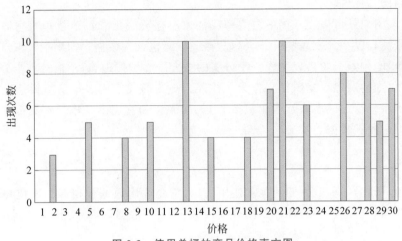

图 2-3 使用单桶的商品价格直方图

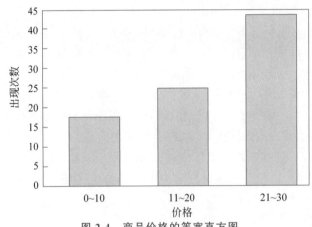

图 2-4 商品价格的等宽直方图

3. 聚类

聚类技术将数据元组视为对象。它将对象划分为群或簇,使一个簇中的对象相互相似,而与其他簇中的对象相异。通常,相似性基于距离函数,用对象在空间中的接近程度定义。簇的质量可以用直径表示,直径是簇中任意两个对象的最大距离。质心距离是簇质量的另一种量度,定义为由簇质心(表示平均对象,或簇空间中的平均点)到每个簇对象的平均距离。

在数据归约中,用数据的簇替换实际数据,该技术的有效性依赖于数据的性质。如果数据能够组织成不同的簇,该技术将有效得多。在数据库系统中,多维索引树主要用于对数据的快速访问,它也能用于分层数据的归约,提供数据的多维聚类,这可以用于提供查询的近似回答。对于给定的数据对象集,索引树递归地划分多维空间,其根节点代表整个空间。通常,这种树是平衡的,由内部节点和叶节点组成。每个父节点包含关键字和指向子女节点的指针,子女节点一起表示父节点代表的空间。每个叶节点包含指向它所代表的数据元组的指针(或实际元组)。

这样,索引树就可以在不同的分辨率或抽象层存放聚集和细节数据。它提供了数据集的分层聚类,其中每个簇都有一个标记,存放该簇包含的数据。如果把父节点的每个子女看作一个桶,则索引树可以看作一个分层的直方图。类似地,每个桶进一步分成更小的桶,允许在更细的层次聚集数据。作为一种数据归约形式使用多维索引树依赖于每维上属性值的次序。二维或多维索引树包括 R 树、四叉树和它们的变形。它们都非常适合处理稀疏数据和倾斜数据。

4. 抽样

抽样可以作为一种数据归约技术使用,因为它允许用数据少得多的随机样本(子集)表示大型数据集。最常用的抽样方法有 4 种(假定大型数据集 D 包含 N 个元组)。

(1) s 个样本无放回简单随机抽样。

(2) s 个样本有放回简单随机抽样。

(3) 聚类抽样:如果 D 中的元组分组放入 M 个互不相交的簇,则可以得到 s 个簇的简单随机抽样(Simple Random Sampling,SRS),其中 $s<M$。例如,数据库中的元组通常一次检索一页,这样每页就可以视为一个簇。也可以利用其他携带更丰富语义信息的聚类标准。

(4) 分层抽样:如果 D 划分成互不相交的部分,称作层,则通过对每层的 SRS 就可以得到 D 的分层样本。特别是当数据倾斜时,可以帮助确保样本的代表性。

采用抽样进行数据归约的优点是,得到样本的花费正比于样本集的大小 s,而不是数据集的大小 N。因此,抽样的复杂度子线性(Sublinear)于数据的大小。其他数据归约技术至少需要完全扫描 D。对于固定的样本大小,抽样的复杂度仅随数据的维数 n 线性地增加;而其他技术,如使用直方图,复杂度随 n 呈指数增长。

用于数据归约时,抽样最常用来估计聚集查询的回答。在指定的误差范围内,可以确定(使用中心极限定理)估计一个给定的函数所需的样本大小。样本的大小 s 相对于 N 可能非常小。对于归约数据集的逐步求精,只需要简单地增加样本大小。

2.4.5 数据离散化与概念分层

通过将属性值域划分为区间,数据离散化技术可以用来减少给定连续属性值的个数。区间的标记可以替代实际的数据。用少数区间标记替换连续属性的数值,从而减少和简化了原来的数据。这使挖掘结果简洁、易于使用、知识层面的表示。

对于给定的数值属性,概念分层定义了该属性的一个离散化。通过收集较高层的概念(如青年、中年或老年),并用它们替换较低层的概念(如年龄的数值),概念分层可以用来归约数据。通过这种数据泛化,尽管细节丢失了,但是泛化后的数据更有意义、更容易解释。

这有助于通常需要多种挖掘任务的数据挖掘结果的一致表示。此外,与对大型未泛化的数据集挖掘相比,对归约的数据进行挖掘所需的 I/O 操作更少,并且更有效。正因为如此,离散化技术和概念分层作为预处理步骤,在数据挖掘之前,而不是在挖掘过程中进行的。

1. 数值数据的离散化和概念分层产生

数值属性的概念分层可以根据数据离散化自动构造。通常,每种方法都假定待离散化的值已经按递增排序。

1) 分箱

分箱是一种基于箱的指定个数自顶向下的分裂技术。通过使用等宽或等频分箱,然后用箱均值或中位数替换箱中的每个值,可以将属性值离散化,就像分别用箱的均值或箱的中位数光滑一样。这些技术可以递归地作用于结果划分,产生概念分层。分箱并不使用类信息,因此是一种非监督的离散化技术。它对用户指定的箱个数很敏感,也容易受离群点的影响。

2) 直方图分析

像分箱一样,直方图分析也是一种非监督离散化技术,因为它也不使用类信息。使用等频直方图理想地分割值,使得每个划分包括相同个数的数据元组。直方图分析算法可以递归地用于每个划分,自动地产生多级概念分层,直到达到预先设定的概念层数过程终止。也可以对每层使用最小区间长度控制递归过程。最小区间长度设定每层每个划分的最小宽度,或每层每个划分中值的最少数目。直方图也可以根据数据分布的聚类分析进行划分。图 2-5 给出了一个等宽直方图,显示某给定数据集的数值分布。例如,大部分数据分布在 0 ～ 2170。例如,在等宽直方图中,将值划分成相等的或区间(如(0,2170]、(2170,4340]、(4340,6510]、(6510,8680]、(8680,10 850])。

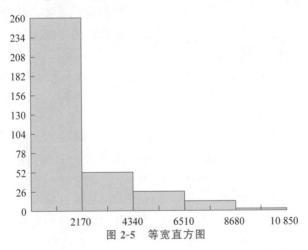

图 2-5 等宽直方图

3) 基于熵的离散化

熵(Entropy)是最常用的离散化量度之一。基于熵的离散化是一种监督的、自顶向下的分裂技术。它在计算和确定分裂点(划分属性区间的数据)时利用类分布信息。对离散数值属性 A,选择 A 的具有最小熵的值作为分裂点,并递归地划分结果区间,得到分层离散化。这种离散化形成 A 的概念分层。

4)基于 χ^2 分析的区间合并

采用自底向上的策略,递归地找出最佳邻近区间,然后合并它们,形成较大的区间。这种方法是监督的,它使用类信息。其基本思想是,对于精确的离散化,相对类频率在一个区间内应当相当一致。因此,如果两个邻近的区间具有非常类似的类分布,则这两个区间可以合并;否则,它们应当保持分开。

初始,将数值属性 A 的每个不同值看作一个区间。对每对相邻区间进行解检验。具有最小 χ^2 值的相邻区间合并在一起,因为低解值表明它们具有相似的类分布。该合并过程递归地进行,直到满足预先定义的终止标准。

5)聚类分析

聚类分析是一种流行的数据离散化方法。将属性 A 的值划分成簇或组,聚类考虑 A 的分布以及数据点的邻近性,可以产生高质量的离散化结果。遵循自顶向下的划分策略或自底向上的合并策略,聚类可以用来产生 A 的概念分层,其中每个簇形成概念分层的一个节点。前者每个初始簇或划分可以进一步分解成若干子簇,形成较低的概念层。后者通过反复地对邻近簇进行分组,形成较高的概念层。

6)根据直观划分离散化

3-4-5 规则可以用来将数值数据分割成相对一致的看上去自然的区间。一般地,该规则根据最高有效位的取值范围,递归逐层地将给定的数据区域划分为 3、4 或 5 个相对等宽的区间。

2. 分类数据的概念分层产生

分类数据的概念分层方法如下。

(1)由用户或专家在模式级显式地说明属性的偏序:通常,分类属性或维的概念分层涉及一组属性。用户或专家在模式级通过说明属性的偏序或全序,可以很容易地定义概念分层。

(2)通过显式数据分组说明分层结构的一部分:这基本上是人工定义概念分层结构的一部分。在大型数据库中,通过显式的值枚举定义整个概念分层是不现实的。然而,对于一小部分中间层数据,可以很容易地显式说明分组。

(3)说明属性集但不说明它们的偏序:用户可以说明一个属性集形成概念分层,但并不显式说明它们的偏序。然后,系统可以尝试自动地产生属性的序,构造有意义的概念分层。可以根据给定属性集中每个属性不同值的个数自动地产生概念分层。具有最多不同值的属性放在分层结构的最底层。一个属性的不同值个数越少,它在所产生的概念分层结构中所处的层次就越高。在许多情况下,这种启发式规则都很有用。在考察了所产生的分层之后,如果必要,局部层次交换或调整可以由用户或专家来做。

(4)只说明部分属性集:在定义分层时,有时用户可能不小心,或者对于分层结构中应当包含什么只有很模糊的想法。结果,用户可能在分层结构说明中只包含了相关属性的一小部分。为了处理这种部分说明的分层结构,重要的是在数据库模式中嵌入数据语义,使得语义密切相关的属性能够捆绑在一起。用这种办法,一个属性的说明可能触发整个语义密切相关的属性组删除/拖进 0,形成一个完整的分层结构。然而必要时,用户应当可以选择忽略这一特性。

2.5 特征选择与提取

2.5.1 特征选择

特征选择就是从一组数量为 N 的特征中选择出一组数量为 M 的最优特征($N>M$),这里有两个问题要解决:①选择一种可分性判据作为最优特征选择的标准;②找到一个好的算法选择出这组最优特征。下面介绍几种特征选择的算法。

一个最简单的思路:假设 N 个特征之间相互独立,并且使用的可分性判据满足可加性: $J(\boldsymbol{X}) = \sum_{i=1}^{N} J(x_i)$,这时只要把 N 个特征每个单独使用时的可分性判据 $J(x_i)$ 计算出来,然后从大到小排序: $J(x_1) > J(x_2) > \cdots > J(x_N)$,选择出前 M 个特征就是一组最优的特征。然而问题往往没有这么简单,这种特征独立性假设多数情况下并不成立,并且可分性判据也不一定满足可加性。

另一个简单的思路(穷举法):对从 N 中选择出 M 个特征的所有组合情况都计算其可分性判据,然后选择出其中的最大者作为解决方案。当 N 的数值比较小时,这种方法一定是可行的,然而当 N 比较大时,这个组合数会非常大,如 $N=100$, $M=10$ 时,组合数的数量级是 10^{13} ,当 $N=20$, $M=10$ 时,组合数为 $184\,756$ 。将所有的组合都计算一遍显然是不现实的。因此我们需要有一个搜索算法来进行特征选择,即次优搜索算法。

1. 顺序前进法

顺序前进法(Sequential Forward Selection,SFS)每次从未入选的特征中选择一个特征,使得它与已入选的特征组合到一起所得到的可分性判据最大,直到特征数增加到 M 为止。用 X_k 表示在第 k 步时的特征集合,搜索算法如下。

(1)开始时, $X_0 = \varnothing$,从 N 个特征中选择一个 $J(x_i)$ 最大的特征,加入已选特征集, $X_1 = \{x_i\}$;

(2)在第 k 步, X_k 中包含已经选择的 k 个特征,对未入选的 $N-k$ 个特征计算, $J(X_k \bigcup \{x_j\})$,其中 $j=1,2,\cdots,N-k$,并且按照由大到小排序,将可分性判据最大的特征 x_l 加入 X_k , $X_{k+1} = X_k \bigcup \{x_l\}$;

(3)直到所选的特征数等于 M 为止。

2. 顺序后退法

同顺序前进法的过程刚好相反,顺序后退法(Sequential Backward Selection,SBS)最开始时取 $X_0 = \{x_1, x_2, \cdots, x_N\}$,每次从中剔除一个特征,使得剩余的特征可分性判据最大。

3. 增 l 减 r 法($l-r$ 法)

前两种方法可以进一步改进,如每次不是加入 1 个特征,而是加入 l 个特征;或者每次不是剔除一个特征,而是剔除 r 个特征。这样的效果要比每次加1或减1的效果好,但是计算量要增大。

另一种改进方法是将 SFS 和 SBS 结合,先使用 SFS 算法逐个选入 l 个最佳特征,然后使用 SBS 算法逐个剔除 r 个最差特征,$l>r$,再使用 SFS 算法增加 l 个特征,再使用 SBS 剔除 r 个特征……直到选出 M 个特征为止。

2.5.2 特征提取

特征提取的方法很多,下面以离散 K-L 变换(DKLT)的特征提取为例进行介绍,其他方法与此类似。设原始特征为 N 的矢量 $\boldsymbol{X}=(x_1,x_2,\cdots,x_N)^{\mathrm{T}}$,均值矢量 $\boldsymbol{m}=E[\boldsymbol{X}]$,相关矩阵 $\boldsymbol{R}_x=E[\boldsymbol{X}\boldsymbol{X}^{\mathrm{T}}]$,协方差矩阵 $\boldsymbol{C}_x=E[(\boldsymbol{X}-\boldsymbol{m})(\boldsymbol{X}-\boldsymbol{m})^{\mathrm{T}}]$。可以对 $\boldsymbol{X}$ 进行以下的标准正交变换,将其变为矢量 $\boldsymbol{Y}=(y_1,y_2,\cdots,y_N)^{\mathrm{T}}$。

$$\boldsymbol{Y}=\boldsymbol{T}^{\mathrm{T}}\boldsymbol{X}=\begin{bmatrix}\boldsymbol{T}_1^{\mathrm{T}}\\\boldsymbol{T}_2^{\mathrm{T}}\\\vdots\\\boldsymbol{T}_N^{\mathrm{T}}\end{bmatrix}\boldsymbol{X} \tag{2-7}$$

式(2-7)的每个分量:$y_i=\boldsymbol{T}_i^{\mathrm{T}}\boldsymbol{X}$,其中,$\boldsymbol{T}$ 为一个 $N\times N$ 的标准正交矩阵,$\boldsymbol{T}_i$ 为其第 i 个列矢量,$\boldsymbol{T}_i^{\mathrm{T}}\boldsymbol{T}_j=\begin{cases}1,&i=j\\0,&i\neq j\end{cases}$。也就是说,$\boldsymbol{Y}$ 的每个分量是 $\boldsymbol{X}$ 每个分量的线性组合。

同样 $\boldsymbol{X}$ 可以表示为

$$\boldsymbol{X}=(\boldsymbol{T}^{\mathrm{T}})^{-1}\boldsymbol{Y}=\boldsymbol{T}\boldsymbol{Y}=(\boldsymbol{T}_1\quad\boldsymbol{T}_2\quad\cdots\quad\boldsymbol{T}_N)\begin{bmatrix}y_1\\y_2\\\vdots\\y_N\end{bmatrix}=\sum_{i=1}^N y_i\boldsymbol{T}_i \tag{2-8}$$

要进行特征提取,也就是要用 $\boldsymbol{Y}$ 的 M 项来代替 $\boldsymbol{X}$,这种代替必然带来误差,下面对这个误差进行估计:令 $\hat{\boldsymbol{X}}=\sum_{i=1}^M y_i\boldsymbol{T}_i,1\leqslant M<N$,引入的均方误差为

$$e^2(M)=E[(\boldsymbol{X}-\hat{\boldsymbol{X}})^{\mathrm{T}}(\boldsymbol{X}-\hat{\boldsymbol{X}})]=\sum_{i=M+1}^N E[y_i^2]=\sum_{i=M+1}^N E[y_iy_i^{\mathrm{T}}]$$

$$=\sum_{i=M+1}^N \boldsymbol{T}_i^{\mathrm{T}}E[\boldsymbol{X}\boldsymbol{X}^{\mathrm{T}}]\boldsymbol{T}_i=\sum_{i=M+1}^N \boldsymbol{T}_i^{\mathrm{T}}\boldsymbol{R}_x\boldsymbol{T}_i \tag{2-9}$$

这又变成一个优化问题,我们希望寻找到一个标准正交矩阵 $\boldsymbol{T}$,使得 $e^2(M)$ 最小,因此可以取这样的准则函数:

$$J=\sum_{i=M+1}^N \boldsymbol{T}_i^{\mathrm{T}}\boldsymbol{R}_x\boldsymbol{T}_i-\sum_{i=M+1}^N \lambda_i(\boldsymbol{T}_i^{\mathrm{T}}\boldsymbol{T}_i-1) \tag{2-10}$$

第一项保证均方误差最小,第二项保证 $\boldsymbol{T}$ 为标准正交矩阵,λ_i 为一待定常数。

$$\frac{\partial J}{\partial \boldsymbol{T}_i}=(\boldsymbol{R}_x-\lambda_i\boldsymbol{I})\boldsymbol{T}_i=\boldsymbol{0},\quad i=M+1,\cdots,N \tag{2-11}$$

即 $R_x T_i = \lambda_i T_i$，很明显 λ_i 为相关矩阵 R_x 的特征值，T_i 为对应于 λ_i 的特征矢量，由于 R_x 是一个实对称矩阵，所以 $T_1, T_2, \cdots, T_N$ 相互正交，T 为一个正交矩阵。均方误差为

$$e^2(M) = \sum_{i=M+1}^{N} T_i^{\mathrm{T}} R_x T_i = \sum_{i=M+1}^{N} T_i^{\mathrm{T}} \lambda_i T_i = \sum_{i=M+1}^{N} \lambda_i \qquad (2\text{-}12)$$

根据矩阵论，有这样的结论：一个 $N \times N$ 的正定实对称矩阵有 N 个特征值和特征矢量，这些特征矢量之间是正交的。相关矩阵 R_x 就是一个实对称矩阵，当训练样本足够多时，也可以满足正定性，根据上式我们知道，当要从 N 维特征中提取出 M 维特征时，只需要统计出特征相关矩阵 R_x，然后计算其特征值和特征矢量，选择对应特征值最大的前 M 个特征矢量做成一个 $N \times M$ 特征变换矩阵 T，就可以完成特征提取。具体步骤如下。

（1）利用训练样本集合估计出相关矩阵 $R_x = E[X X^{\mathrm{T}}]$。

（2）计算 R_x 的特征值，并由大到小排序，$\lambda_1 \geqslant \lambda_2 \geqslant \cdots \geqslant \lambda_N$，以及相应的特征矢量 $T_1, T_2, \cdots, T_N$。

（3）选择前 M 个特征矢量作一个变换矩阵 $T = [T_1 \quad T_2 \quad \cdots \quad T_M]$。

（4）在训练和识别时，每个输入的 N 维特征矢量 X 可以转换为 M 维的新特征矢量 $Y = T^{\mathrm{T}} X$。

这种方法是利用相关矩阵 R_x 进行变换的，同样也可以利用协方差矩阵 C_x 进行变换，还可以利用样本的散度矩阵 S_W, S_B, S_T 或者 $S_W^{-1} S_B$ 进行变换。过程都是一样的，需要计算特征值和特征向量，选择最大的 M 个特征值对应的特征矢量做出变换矩阵。

2.6 小结

数据预处理包括数据清理、数据集成、数据变换和数据归约。

数据清理例程试图填补缺失的值，光滑噪声同时识别离群点，并纠正数据的不一致性。

数据集成将来自多个数据源的数据整合成一致的数据存储。语义异种性的解决、元数据、相关分析、元组重复检测和数据冲突检测都有助于数据的顺利集成。

数据变换例程将数据变换成适于挖掘的形式。例如，属性数据可以规范化，使得它们可以落入小区间，如 $0.0 \sim 1.0$。

数据归约得到数据的归约表示，而使得信息内容的损失最小化。其中，数值数据的概念分层自动产生可能涉及诸如分箱、直方图分析、聚类分析、基于熵的离散化（基于 χ^2 分析的区间合并）和根据直观划分的分段方法。对于分类数据，概念分层可以根据定义分层属性的不同值个数自动产生。

特征的选择与提取是模式识别中重要而困难的一步，模式识别的第一步就是分析各种特征的有效性并选出最有代表性的特征。降低特征维数在很多情况下是有效设计分类器的重要课题。

尽管已经提出了一些数据预处理的方法，数据预处理仍然是一个活跃的研究领域。

思考题

1. 在现实世界的数据中，某些属性上缺失值得到元组是比较常见的，讨论处理这一问题的方法。

2. 讨论数据集成需要考虑的问题。

3. 以下规范化方法的值域是什么？

（1）最小-最大规范化。

（2）z-score 规范化。

（3）z-score 规范化，使用均值绝对偏差而不是标准差。

（4）小数定标规范化。

4. 使用以下方法规范化以下数据组：

$200,300,400,600,1000$

（1）令 $min=0,max=1$，最小-最大规范化。

（2）z-score 规范化。

（3）z-score 规范化，使用均值绝对偏差而不是标准差。

（4）小数定标规范化。

5. 假设 12 个销售价格记录已经排序，如下所示：

$5,10,11,13,15,35,50,55,72,92,204,215$

使用如下各方法将它们划分成 3 个箱。

（1）等频（等深）划分。

（2）等宽划分。

（3）聚类。

第 3 章　关联规则挖掘

3.1　基本概念

关联规则挖掘发现大量数据中项集之间有趣的关联联系。如果两项或多项属性之间存在关联,那么其中一项的属性就可以依据其他属性值进行预测。关联规则挖掘是数据挖掘中的一个重要的课题,最近已被业界深入研究和广泛应用。

关联规则研究有助于发现交易数据库中不同商品(项)之间的联系,找出顾客购买行为模式,如购买了某商品对购买其他商品的影响。分析结果可以应用于商品货架布局、存货安排以及根据购买模式对用户进行分类。

关联规则挖掘问题可以分为两个子问题:第一个是找出事务数据库中所有大于或等于用户指定的最小支持度的数据项集;第二个是利用频繁项集生成所需要的关联规则,根据用户设定的最小置信度进行取舍,最后得到强关联规则。识别或发现所有频繁项集是关联规则发现算法的核心,关联规则的基本描述如下。

1. 项与项集

数据库中不可分割的最小单位信息称为项(或项目),用符号 i 表示,项的集合称为项集。设集合 $I = \{i_1, i_2, \cdots, i_k\}$ 是项集, I 中项目的个数为 k,则集合 I 称为 k-项集。例如,集合{啤酒,尿布,奶粉}是一个 3-项集。

2. 事务

设 $I = \{i_1, i_2, \cdots, i_k\}$ 是由数据库中所有项目构成的集合,事务数据库 $T = \{t_1, t_2, \cdots, t_n\}$ 是由一系列具有唯一标识的事务组成的。每个事务 $t_i (i = 1, 2, \cdots, n)$ 包含的项集都是 I 的子集。例如,顾客在商场里同一次购买多种商品,这些购物信息在数据库中有一个唯一的标识,用以表示这些商品是同一顾客同一次购买的,称该用户的本次购物活动对应一个数据库事务。

3. 项集的频数(支持度计数)

包括项集的事务数称为项集的频数(支持度计数)。

4. 关联规则

关联规则是形如 $X \Rightarrow Y$ 的蕴含式,其中 X, Y 分别是 I 的真子集,并且 $X \cap Y = \varnothing$。 X 称为规则的前提, Y 称为规则的结果。关联规则反映 X 中的项目出现时, Y 中的项目也跟着出现的规律。

5. 关联规则的支持度

关联规则的支持度(support)是交易集中同时包含 X 和 Y 的交易数与所有交易数之比,它反映了 X 和 Y 中所含的项在事务集中同时出现的频率,记为 support$(X{\Rightarrow}Y)$,即

$$\text{support}(X{\Rightarrow}Y) = \text{support}(X \cup Y) = P(XY) \tag{3-1}$$

6. 关联规则的置信度

关联规则的置信度(confidence)是交易集中包含 X 和 Y 的交易数与包含 X 的交易数之比,它反映了包含 X 的事务中出现 Y 的条件概率,记为 confidence$(X{\Rightarrow}Y)$,即

$$\text{confidence}(X{\Rightarrow}Y) = \frac{\text{support}(X \cup Y)}{\text{support}(X)} = P(Y \mid X) \tag{3-2}$$

7. 最小支持度与最小置信度

通常用户为了达到一定的要求,需要指定规则必须满足的支持度和置信度阈值,这两个值称为最小支持度阈值(min_sup)和最小置信度阈值(min_conf)。其中,min_sup 描述了关联规则的最低重要程度,min_conf 规定了关联规则必须满足的最低可靠性。

8. 强关联规则

support$(X{\Rightarrow}Y) \geqslant$ min_sup 且 confidence$(X{\Rightarrow}Y) \geqslant$ min_conf,称关联规则 $X{\Rightarrow}Y$ 为强关联规则,否则称 $X{\Rightarrow}Y$ 为弱关联规则。通常所说的关联规则一般是指强关联规则。

9. 频繁项集

设 $U \subseteq I$,项集 U 在数据集 T 上的支持度是包含 U 的事务在 T 中所占的百分比,即

$$\text{support}(U) = \frac{\parallel \{t \in T \mid U \subseteq t\} \parallel}{\parallel T \parallel} \tag{3-3}$$

式中,$\parallel \cdot \parallel$ 表示集合中的元素数目。对项集 I,在事务数据库 T 中所有满足用户指定的最小支持度的项集,即不小于 min_sup 的 I 的非空子集,称为频繁项集或大项集。

10. 项集空间理论

R. Agrawal 等人建立了用于事务数据库挖掘的项集空间理论。理论的核心:频繁项集的子集仍是频繁项集,非频繁项集的超集是非频繁项集。

3.2 关联规则挖掘算法——Apriori 算法原理

最著名的关联规则发现方法是 R. Agrawal 提出的 Apriori 算法。

1. Apriori 算法的基本思想

Apriori 算法的基本思想是通过对数据库的多次扫描来计算项集的支持度,发现所有

的频繁项集从而生成关联规则。Apriori 算法对数据集进行多次扫描。第次扫描得到频繁 1-项集的集合 L_1,第 $k(k>1)$ 次扫描首先利用第 $(k-1)$ 次扫描的结果 L_{k-1} 来产生候选 k-项集的集合 C_k,然后在扫描的过程中确定 C_k 中元素的支持度,最后在每次扫描结束时计算频繁 k-项集的集合 L_k,算法在当候选 k-项集的集合 C_k 为空时结束。

2. Apriori 算法产生频繁项集的过程

Apriori 算法产生频繁项集的过程主要分为连接和剪枝两步。

(1) 连接。为找到 $L_k(k \geqslant 2)$,通过 L_{k-1} 与自身进行连接产生候选 k-项集的集合 C_k。设 l_1 和 l_2 是 L_{k-1} 中的项。记 $l_i[j]$ 表示 l_i 的第 j 个项。Apriori 算法假定事务或项集中的项按字典次序排序;对于 $(k-1)$ 项集 l_i,对应的项排序为 $l_i[1] < l_i[2] < \cdots < l_i[k-1]$。如果 L_{k-1} 的元素 l_1 和 l_2 的前 $(k-2)$ 个对应项相等,则 l_1 和 l_2 可连接。即如果 $(l_1[1]=l_2[1]) \bigcap (l_1[2]=l_2[2]) \bigcap \cdots \bigcap (l_1[k-2]=l_2[k-2]) \bigcap (l_1[k-1]<l_2[k-1])$ 且不为空时,l_1 和 l_2 可连接。条件 $l_1[k-1]<l_2[k-1]$ 可以保证不产生重复,而按照 $L_1, L_2, \cdots, L_{k-1}, L_k, \cdots, L_n$ 次序寻找频繁项集可以避免对事务数据库中不可能发生的项集所进行的搜索和统计工作。连接 l_1 和 l_2 产生的结果项集为 $(l_1[1], l_1[2], \cdots, l_1[k-1], l_2[k-1])$。

(2) 剪枝。由 Apriori 算法的性质可知,频繁 k-项集的任何子集必须是频繁项集。由连接生成的集合 C_k 需要进行验证,去除不满足支持度的非频繁 k-项集。

3. Apriori 算法的主要步骤

Apriori 算法的主要步骤如下。

(1) 扫描全部数据,产生候选 1-项集的集合 C_1。

(2) 根据最小支持度,由候选 1-项集的集合 C_1 产生频繁 1-项集的集合 L_1。

(3) 对 $k>1$,重复执行步骤 (4)~(6)。

(4) 由 L_k 执行连接和剪枝操作,产生候选 $(k+1)$-项集的集合 C_{k+1}。

(5) 根据最小支持度,由候选 $(k+1)$-项集的集合 C_{k+1} 产生频繁 $(k+1)$-项集的集合 L_{k+1}。

(6) 若 $L \neq \varnothing$,则 $k=k+1$,跳往步骤 (4);否则,跳往步骤 (7)。

(7) 根据最小置信度,由频繁项集产生强关联规则,结束。

4. Apriori 算法描述

输入:数据库 D,最小支持度阈值 min_sup。

输出:D 中的频繁集 L。

(1) Begin

(2) $L_1=1$-频繁项集;

(3) for($k=2; L_{k-1} \neq \varnothing; k++$)do begin

(4) $C_k = $Apriori_gen($L_{k-1}$);〔调用函数 Apriori_gen($L_{k-1}$)通过频繁 $(k-1)$-项集

产生候选 k-项集}

(5) for 所有数据集 $t \in D$ do begin {扫描 D 用于计数}

(6) $C_t =$ subset(C_k, t);{用 subset 找出该事务中候选的所有子集}

(7) for 所有候选项集 $c \in C_t$ do

(8) c. count++;

(9) end;

(10) $L_k = \{c \in C_k | c. \text{count} \geqslant \text{min\_sup}\}$

(11) end;

(12) end;

(13) Return $L_1 \bigcup L_2 \bigcup L_k \bigcup \cdots \bigcup L_m$ {形成频繁项集的集合}

3.3 Apriori 算法实例分析

Apriori 算法
实例分析

【例 3.1】 表 3-1 是一个数据库的事务列表,在数据库中有 9 笔交易,即 $|D|=9$。每笔交易都用唯一的标识符 TID 作标记,交易中的项按字典序存放,下面描述 Apriori 算法寻找 D 中频繁项集的过程。

表 3-1 数据库的事务列表

事　　务	商品 ID 列表	事　　务	商品 ID 列表
T100	I_1, I_2, I_5	T600	I_2, I_3
T200	I_2, I_4	T700	I_1, I_3
T300	I_2, I_3	T800	I_1, I_2, I_3, I_5
T400	I_1, I_2, I_4	T900	I_1, I_2, I_3
T500	I_1, I_3		

设最小支持度计数为 2,即 min_sup=2,利用 Apriori 算法产生候选项集及频繁项集的过程如下。

1) 第一次扫描

扫描数据库 D 获得每个候选项的计数:

C_1

项集	支持度计数
$\{I_1\}$	6
$\{I_2\}$	7
$\{I_3\}$	6
$\{I_4\}$	2
$\{I_5\}$	2

比较候选支持计数
与最小支持度计数 →

L_1

项集	支持度计数
$\{I_1\}$	6
$\{I_2\}$	7
$\{I_3\}$	6
$\{I_4\}$	2
$\{I_5\}$	2

由于最小事务支持数为 2,没有删除任何项目。可以确定频繁 1-项集的集合 L_1,它

由具有最小支持度的候选 1-项集组成。

2）第二次扫描

为发现频繁 2-项集的集合 L_2，算法使用 $L_1 \infty L_1$ 产生候选 2-项集的集合 C_2。在剪枝步骤没有候选从 C_2 中删除，因为这些候选的每个子集也是频繁的。

C_2		扫描 D，对每个候选 2-项集计数	C_2		选择大于最小支持度的项目集	L_2	
项集			项集	支持度计数		项集	支持度计数
$\{I_1, I_2\}$			$\{I_1, I_2\}$	4		$\{I_1, I_2\}$	4
$\{I_1, I_3\}$			$\{I_1, I_3\}$	4		$\{I_1, I_3\}$	4
$\{I_1, I_4\}$			$\{I_1, I_4\}$	1		$\{I_1, I_5\}$	2
$\{I_1, I_5\}$			$\{I_1, I_5\}$	2		$\{I_2, I_3\}$	4
$\{I_2, I_3\}$			$\{I_2, I_3\}$	4		$\{I_2, I_4\}$	2
$\{I_2, I_4\}$			$\{I_2, I_4\}$	2		$\{I_2, I_5\}$	2
$\{I_2, I_5\}$			$\{I_2, I_5\}$	2			
$\{I_3, I_4\}$			$\{I_3, I_4\}$	0			
$\{I_3, I_5\}$			$\{I_3, I_5\}$	1			
$\{I_4, I_5\}$			$\{I_4, I_5\}$	0			

3）第三次扫描

$L_2 \infty L_2$ 产生候选 3-项集的集合 C_3。

C_3	扫描 D，对每个候选 3-项集计数	C_3		选取大于最小支持度的项目集	L_3	
项集		项集	支持度计数		项集	支持度计数
$\{I_1, I_2, I_3\}$		$\{I_1, I_2, I_3\}$	2		$\{I_1, I_2, I_3\}$	2
$\{I_1, I_2, I_5\}$		$\{I_1, I_2, I_5\}$	2		$\{I_1, I_2, I_5\}$	2

候选 3-项集的集合 C_3 产生的详细地列表如下。

（1）连接：

$$C_3 = L_2 \infty L_2$$
$$= \{\{I_1, I_2\}, \{I_1, I_3\}, \{I_1, I_5\}, \{I_2, I_3\}, \{I_2, I_4\}, \{I_2, I_5\}\} \infty$$
$$\{\{I_1, I_2\}, \{I_1, I_3\}, \{I_1, I_5\}, \{I_2, I_3\}, \{I_2, I_4\}, \{I_2, I_5\}\}$$
$$= \{\{I_1, I_2, I_3\}, \{I_1, I_2, I_5\}, \{I_1, I_3, I_5\}, \{I_2, I_3, I_4\}, \{I_2, I_3, I_5\},$$
$$\{I_2, I_4, I_5\}\} 。$$

（2）使用 Apriori 性质剪枝：频繁项集的所有非空子集也必须是频繁的。例如，$\{I_1, I_3, I_5\}$ 的 2-项子集是 $\{I_1, I_3\}$、$\{I_1, I_5\}$ 和 $\{I_3, I_5\}$。$\{I_3, I_5\}$ 不是 L_2 的元素，所以不是频繁的。因此，从 C_3 中删除 $\{I_1, I_3, I_5\}$。剪枝 $C_3 = \{\{I_1, I_2, I_3\}, \{I_1, I_2, I_5\}\}$。

4）第四次扫描

算法使用 $L_3 \infty L_3$ 产生候选 4-项集的集合 C_4。$L_3 \infty L_3 = \{\{I_1, I_2, I_3, I_5\}\}$，根据 Apriori 性质，因为它的子集 $\{I_2, I_3, I_5\}$ 不是频繁的，所以这个项集被删除。这样 $C_4 = \varnothing$，因此算法终止，找出了所有的频繁项集。

【例 3.2】 表 3-2 为某超市销售事务数据库 D，使用 Apriori 算法发现 D 中的频繁项集。

表 3-2　某超市销售事务数据库

TID	商品 ID 列表	TID	商品 ID 列表
T100	I_1, I_2, I_5	T600	I_2, I_3
T200	I_2, I_4	T700	I_1, I_3
T300	I_2, I_3	T800	I_1, I_2, I_3, I_5
T400	I_1, I_2, I_4	T900	I_1, I_2, I_3
T500	I_1, I_3		

　　事务数据库 D 中有 9 个事务,即 $\parallel D \parallel = 9$。超市中有 5 件商品可供顾客选择,即 $I = \{I_1, I_2, I_3, I_4, I_5\}$,且 $\parallel I \parallel = 5$。设最小支持数 minsup_count$=2$,则对应的最小支持度为 $2/9 = 22\%$。

　　寻找所有频繁项集的过程如下。

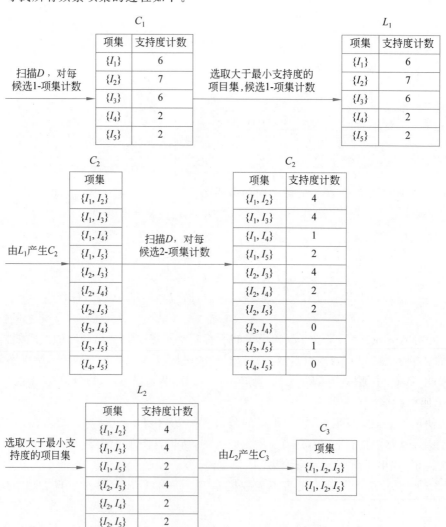

	项集	支持度计数			项集	支持度计数
扫描D，对每	$\{I_1, I_2, I_3\}$	2	选取大于最小支持度		$\{I_1, I_2, I_3\}$	2
候选3-项集计数	$\{I_1, I_2, I_5\}$	2	的项目集		$\{I_1, I_2, I_5\}$	2

3.4 Apriori 算法源程序分析

```cpp
#include <iostream>
#include <string>
#include <vector>
#include <map>
#include <algorithm>
using namespace std;

class Apriori
{
public:
    Apriori(size_t is=0,unsigned int mv=0)
    {
        item_size=is;
        min_value=mv;
    }
    //~Apriori() {};
    void getItem();
    map<vector<string>,unsigned int>find_freitem();   //求事务的频繁项
    //连接两个 k-1 级频繁项,得到第 k 级频繁项
    map <vector<string>,unsigned int > apri_gen(unsigned int K, map<vector
        <string>,unsigned int>K_item);
    //展示频繁项集
    void showAprioriItem(unsigned int K,map< vector< string>,unsigned int >
        showmap);
private:
    map< int, vector<string>>item;          //存储所有最开始的事务及其项
    map<vector<string>,unsigned int>K_item;   //存储频繁项集
    size_t item_size;                        //事务数目
    unsigned   int min_value;                //最小阈值
};

void Apriori::getItem()                     //用户输入最初的事务集
{
    int ci=item_size;
    for (int i=0;i<ci;i++)
    {
        string str;
        vector<string>temp;
            cout<<"请输入第"<<i+1<<"个事务的项集(123 end):";
            while (cin>>str && str !="123")
```

```
            {
                temp.push_back(str);
            }
            sort(temp.begin(),temp.end());
            pair<map<int, vector<string>>::iterator, bool>ret =item.insert(make
                _pair(i+1, temp));
            if (!ret.second)
            {
                --i;
                cout<<"您输入的元素已存在!请重新输入!"<<endl;
            }
        }
        cout<<"-------------运行结果如下:--------------"<<endl;
}

map<vector<string>,unsigned int>Apriori::find_freitem()
{
    unsigned int i=1;
    bool isEmpty=false;
    map<int, vector<string>>::iterator mit;
    for (mit=item.begin();mit!=item.end();mit++)
    {
        vector<string>vec=mit->second;
        if(vec.size() !=0)
            break;
    }
    if(mit==item.end())                          //事务集为空
    {
        isEmpty=true;
        cout<<"事务集为空!程序无法进行……"<<endl;
        map<vector<string>,unsigned int>empty;
        return empty;
    }
    while(1)
    {
        map<vector<string>,unsigned int>K_itemTemp=K_item;

        K_item =apri_gen(i++,K_item);

        if (K_itemTemp ==K_item)
        {
            i=UINT_MAX;
            break;
        }
        //判断是否需要进行下一次寻找
        map<vector<string>,unsigned int>pre_K_item=K_item;
        size_t Kitemsize=K_item.size();
        //存储应该删除的第 K 级频繁项集,不能和其他 K 级频繁项集构成第 K+1 级项集的
        //集合
```

```
    if(Kitemsize!=1 && i!=1)
    {
        vector<map<vector<string>,unsigned int>::iterator >eraseVecMit;
        map<vector<string>,unsigned int>::iterator pre_K_item_it1=pre_K
            _item.begin(), pre_K_item_it2;
        while (pre_K_item_it1!=pre_K_item.end())
        {
            map<vector<string>,unsigned int>::iterator mit =pre_K_item_it1;
            bool isExist=true;
            vector<string>vec1;
            vec1=pre_K_item_it1->first;
            vector<string>vec11(vec1.begin(),vec1.end()-1);
            while (mit!=pre_K_item.end())
            {
                vector<string>vec2;
                vec2=mit->first;
                vector<string>vec22(vec2.begin(),vec2.end()-1);
                if (vec11==vec22)
                    break;
                ++mit;
            }
            if(mit==pre_K_item.end())
                isExist=false;
            if(!isExist && pre_K_item_it1!=pre_K_item.end())
                eraseVecMit.push_back(pre_K_item_it1);//该第 K 级频繁项应该
                                                      //删除
            ++pre_K_item_it1;
        }
        size_t eraseSetSize=eraseVecMit.size();
        if (eraseSetSize==Kitemsize)
            break;
        else
        {
            vector < map < vector < string >, unsigned int >:: iterator >::
                iterator currentErs=eraseVecMit.begin();
            while (currentErs!=eraseVecMit.end())//删除所有应该删除的第 K 级
                                                 //频繁项
            {
                map<vector<string>,unsigned int>::iterator eraseMit=
                    * currentErs;
                K_item.erase(eraseMit);
                ++currentErs;
            }
        }
    }
    else
        if(Kitemsize ==1)
            break;
}
```

```
        cout<<endl;
        showAprioriItem(i,K_item);
        return K_item;
}


map<vector<string>,unsigned int> Apriori::apri_gen(unsigned int K, map<
    vector<string>,unsigned int>K_item)
{
    if(1==K)                                      //求候选项集 C1
    {
        size_t c1=item_size;
        map<int, vector<string>>::iterator mapit=item.begin();
        vector<string>vec;
        map<string,unsigned int>c1_itemtemp;
        while (mapit!=item.end())           //将原事务中所有的单项统计出来
        {

            vector<string>temp=mapit->second;
            vector<string>::iterator vecit=temp.begin();
            while (vecit!=temp.end())
            {
                pair<map<string,unsigned int>::iterator, bool>ret=c1_
                    itemtemp.insert(make_pair(*vecit++, 1));
                if (!ret.second)
                {
                    ++ret.first->second;
                }
            }
            ++mapit;
        }
        map<string,unsigned int>::iterator item_it=c1_itemtemp.begin();
        map<vector<string>,unsigned int>c1_item;
        while (item_it!=c1_itemtemp.end())   //构造第 1 级频繁项集
        {
            vector<string>temp;
            if(item_it->second >=min_value)
            {
                temp.push_back(item_it->first);
                c1_item.insert(make_pair(temp, item_it->second));
            }
            ++item_it;
        }
        return c1_item;
    }
    else
    {
        cout<<endl;
        showAprioriItem(K-1,K_item);
```

```
map<vector<string>,unsigned int>::iterator ck_item_it1=K_item.begin(),
    ck_item_it2;
map<vector<string>,unsigned int>ck_item;
while (ck_item_it1!=K_item.end())
{
    ck_item_it2=ck_item_it1;
    ++ck_item_it2;
    map<vector<string>,unsigned int>::iterator mit=ck_item_it2;
    //取当前第 K 级频繁项与其后面的第 K 级频繁项集联合，但要注意联合条件
    //联合条件：两个频繁项的前 K-1 项完全相同，只是第 K 项不同，然后两个联合
    //生成第 K+1 级候选频繁项
    while(mit!=K_item.end())
    {
        vector<string>vec,vec1,vec2;
        vec1=ck_item_it1->first;
        vec2=mit->first;
        vector<string>::iterator vit1,vit2;

        vit1=vec1.begin();
        vit2=vec2.begin();
        while (vit1<vec1.end() && vit2<vec2.end())
        {
            string str1 = * vit1;
            string str2 = * vit2;
            ++vit1;
            ++vit2;
            if (K==2 || str1==str2)
            {
                if(vit1!=vec1.end() && vit2!=vec2.end())
                {
                    vec.push_back(str1);
                }
            }
            else
                break;
        }
        if(vit1==vec1.end() && vit2==vec2.end())
        {
            --vit1;
            --vit2;
            string str1 = * vit1;
            string str2 = * vit2;
            if (str1>str2)
            {
                vec.push_back(str2);
                vec.push_back(str1);
            }
            else
```

```
                        {
                            vec.push_back(str1);
                            vec.push_back(str2);
                        }
                        map<int, vector<string>>::iterator base_item=item.begin();
                        unsigned int Acount=0;
                        while (base_item!=item.end() )//统计该 K+1 级候选项在原事务集
                                                     //出现的次数
                        {
                            unsigned int count=0,mincount=UINT_MAX;
                            vector<string>vv=base_item->second;
                            vector<string>::iterator vecit, bvit;
                            for (vecit=vec.begin();vecit <vec.end();vecit++)
                            {
                                string t= * vecit;
                                count=0;
                                for (bvit=vv.begin();bvit <vv.end();bvit++)
                                {
                                    if(t== * bvit)
                                        count++;
                                }
                                mincount=(count <mincount? count: mincount);
                            }
                            if(mincount>=1 && mincount!=UINT_MAX)
                                Acount+=mincount;
                            ++base_item;
                        }
                        if(Acount >=min_value && Acount!=0)
                        {
                            sort(vec.begin(),vec.end());
                            //该第 K+1 级候选项为频繁项, 插入频繁项集
                            pair<map<vector<string>,unsigned int>::iterator,
                              bool>ret=ck_item.insert(make_pair(vec,Acount));
                            if (!ret.second)
                            {
                                ret.first->second +=Acount;
                            }
                        }
                    }
                    ++mit;
                }
                ++ck_item_it1;
            }
            if (ck_item.empty())    //该第 K+1 级频繁项集为空, 说明调用结束, 返回上一级
                                    //频繁项集
                return K_item;
            else
                return ck_item;
        }
```

```
}
void Apriori::showAprioriItem(unsigned int K,map<vector<string>,unsigned int>
    showmap)
{
    map<vector<string>,unsigned int>::iterator showit=showmap.begin();
    if(K!=UINT_MAX)
        cout<<endl<<"第 "<<K<<" 级频繁项集:"<<endl;
    else
        cout<<"最终的频繁项集:"<<endl;
    cout<<"项  集"<<"  \t  "<<"频  率"<<endl;
    while (showit!=showmap.end())
    {
        vector<string>vec=showit->first;
        vector<string>::iterator vecit=vec.begin();
        cout<<"{ ";
        while (vecit!=vec.end())
        {
            cout<< * vecit<<"   ";
            ++vecit;
        }
        cout<<"}"<<"  \t   ";
        cout<<showit->second<<endl;
        ++showit;
    }
}

unsigned int parseNumber(const char * str)        //对用户输入的数字进行判断和转换
{
    if(str==NULL)
        return 0;
    else
    {
        unsigned int num=0;
        size_t len=strlen(str);
        for(size_t i=0;i<len;i++)
        {
            num * =10;
            if(str[i]>='0' && str[i]<='9')
                num +=str[i] -'0';
            else
                return 0;
        }
        return num;
    }
}

void main()
{
    //Apriori a;
```

```
unsigned int itemsize=0;
unsigned int min;

do
{
    cout<<"请输入事务数:";
    char * str=new char;
    cin>>str;
    itemsize=parseNumber(str);
    if (itemsize==0)
    {
        cout<<"请输入大于 0 的正整数!"<<endl;
    }
} while (itemsize==0);

do
{
    cout<<"请输入最小阈值:";
    char * str=new char;
    cin>>str;
    min=parseNumber(str);
    if (min==0)
    {
        cout<<"请输入大于 0 的正整数!"<<endl;
    }
} while(min==0);

Apriori a(itemsize,min);
a.getItem();
map<vector<string>,unsigned int>AprioriMap=a.find_freitem();
//a.showAprioriItem(UINT_MAX,AprioriMap);
system("pause");
}
```

上述程序的运行结果如图 3-1 所示。输入事务数为 9,最小阈值为 2。9 个事务的项集如下: $\{I_1,I_2,I_5\}$, $\{I_2,I_4\}$, $\{I_2,I_3\}$, $\{I_1,I_2,I_4\}$, $\{I_1,I_3\}$, $\{I_2,I_3\}$, $\{I_1,I_3\}$, $\{I_1,I_2,I_3,I_5\}$, $\{I_1,I_2,I_3\}$。程序首先搜索 9 个事务的项集,统计第 1 级备选项的支持度,如图 3-1 所示。将备选项的支持度与最小阈值进行比较。由于最小阈值为 2,因此不需要删除备选项,所得的第 1 级频繁项集: $\{I_1\}$, $\{I_2\}$, $\{I_3\}$, $\{I_4\}$, $\{I_5\}$。 为产生第 2 级频繁项集,程序进行连接,将第 1 级频繁项集与自身连接得到第 2 级备选项,然后进行剪枝,去除非频繁备选项,再比较所剩备选项的支持度与最小阈值,即得第 2 级频繁项集: $\{I_1,I_2\}$, $\{I_1,I_3\}$, $\{I_1,I_5\}$, $\{I_2,I_3\}$, $\{I_2,I_4\}$, $\{I_2,I_5\}$。 按照上述步骤进行下去得到最终的频繁项集: $\{I_1,I_2,I_3\}$, $\{I_1,I_2,I_5\}$。

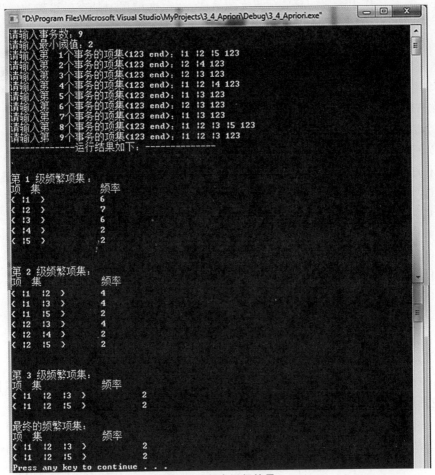

图 3-1　程序运行结果

3.5　Apriori 算法的特点及应用

3.5.1　Apriori 算法特点

Apriori 算法是应用最广泛的关联规则挖掘算法,它有如下优点。

(1) Apriori 算法是一个迭代算法。该算法首先挖掘生成 L_1,然后由 L_1 生成 C_2,再由 C_2 扫描事务数据库得到 L_2;根据 L_2 生成 C_3,由 C_3 扫描事务数据库得到 L_3;直到 C_k 为空而产生所有频繁项集,Apriori 算法将生成所有大于或等于最小支持度的频繁项集。

(2) 数据采用水平组织方式。水平组织就是数据按照⟨事务编号,项集⟩的形式组织。

(3) 采用 Apriori 优化方法。Apriori 优化就是利用 Apriori 性质进行的优化。

(4) 适合事务数据库的关联规则挖掘。

(5) 适合稀疏数据集。根据以往的研究,该算法只能适合稀疏数据集的关联规则挖掘,也就是频繁项集长度稍小的数据集。

Apriori 算法作为经典的频繁项集生成算法,在数据挖掘中具有里程碑的作用,但是随着研究的深入,它的缺点也暴露出来,主要有以下 3 个缺点。

(1) 多次扫描事务数据库,需要很大的 I/O 负载。在 Apriori 算法的扫描中,对第 k 次循环,候选项集 C_k 中的每个元素都要扫描数据库一遍来验证其是否加入 L_k,假如一个频繁项集包含 10 项,那么就至少需要扫描数据库 10 遍。当数据库中存放大量的事务数据时,在有限的内存容量下系统 I/O 负载相当大,每次扫描数据库的时间就会很长,这样效率就会非常低。

(2) 可能产生庞大的候选项集。Apriori 算法由 L_{k-1} 产生 k-候选项集 C_k,其结果是指数增长的,例如,10^4 个频繁 1-项集就有可能产生接近 10^7 个元素的候选 2-项集。如此大的候选项集对时间和内存容量都是一种挑战。

(3) 在频繁项集长度变大的情况下,运算时间显著增加。当频繁项集长度变大时,支持该频繁项集的事务会减少。从理论上讲,计算其支持度需要的时间不会明显增加,但 Apriori 算法仍然是在原来事务数据库中来计算长频繁项集的支持度。由于每个频繁项集的项目变多了,所以在确定每个频繁项集是否被事务支持的开销也增大了,而且事务没有减少,因此频繁项集长度增加了,运算时间也显著增加了。

3.5.2　Apriori 算法应用

Apriori 算法是应用最广泛的关联规则挖掘算法,通过对各种领域数据的关联性进行分析,挖掘成果在相关的决策制定过程中具有重要的参考价值。

Apriori 算法广泛应用于商业中,例如,应用于消费市场价格分析中,它能够很快地求出各种产品之间的价格关系和它们之间的影响。通过数据挖掘,市场人员可以瞄准目标客户,采用个人股票行市、最新信息、特殊的市场推广活动或其他一些特殊的信息手段,从而极大地减少广告预算,增加收入。

Apriori 算法应用于网络安全领域,如入侵检测技术。早期中大型的计算机系统中都收集了审计信息来建立跟踪档案,这些审计跟踪的目的多是为了性能测试或计费,因此对攻击检测提供的有用信息比较少。它通过模式学习和训练可以发现网络用户的异常行为模式,使网络入侵检测系统可以快速发现用户的行为模式,能够快速锁定攻击者,提高了基于关联规则的入侵检测系统的检测性能。

Apriori 算法应用于高校管理中。随着高校贫困生人数的不断增加,学校管理部门资助工作难度也越来越大,数据挖掘算法可以帮助相关部门解决上述问题。例如,有的研究者将关联规则的 Apriori 算法应用到贫困助学体系中,并且针对经典 Apriori 挖掘算法存在的不足进行改进,先将事务数据库映射为一个布尔矩阵,用一种逐层递增的思想来动态地分配内存进行存储,再利用向量求"与"运算,寻找频繁项集。实验结果表明,这种改进后的 Apriori 算法在运行效率上有了很大的提升,挖掘出的规则也可以有效地辅助学校管理部门有针对性地开展贫困助学工作。

Apriori 算法被广泛应用于移动通信领域。移动增值业务逐渐成为移动通信市场上最有活力、最具潜力、最受瞩目的业务。随着产业的复苏,越来越多的增值业务表现出强劲的发展势头,呈现出应用多元化、营销品牌化、管理集中化、合作纵深化的特点。针对这种趋势,在关联规则数据挖掘中广泛应用的 Apriori 算法被很多公司应用。例如,依托某电信运营商正在建设的增值业务 Web 数据仓库平台,对来自移动增值业务方面的调查数据进行了相关的挖掘处理,从而获得了关于用户行为特征和需求的间接反映市场动态的有用信息,这些信息在指导运营商的业务运营和辅助业务提供商的决策制定等方面具有十分重要的参考价值。

3.6 小结

本章详细地介绍了关联规则挖掘的基本概念,对经典的关联规则挖掘算法——Apriori 算法的原理,以及发现频繁项集的过程进行了描述,并用实例进行了说明,同时还分析了 Apriori 算法的特点和该算法存在的缺陷,得出它在发现频繁项集的过程中需要多次扫描事务数据库,此外还要产生大量的候选项集,这都会对算法的效率产生很大的影响,并且在频繁项集长度变大的情况下,运算时间显著增加,最后介绍了 Apriori 算法在商业、网络安全、高校管理和移动通信等领域的应用。

思考题

1. 解释关联规则的定义。
2. 描述 Apriori 关联规则挖掘算法。
3. 如表 3-3 所示的数据库有 5 个事物。设 min_sup=60%,min_conf=80%。

表 3-3 数据库

TID	购买的商品	TID	购买的商品
I100	{M,O,N,K,E,Y}	I400	{M,U,C,K,Y}
I200	{D,O,N,K,E,Y}	I500	{C,O,O,K,I,E}
I300	{M,A,K,E}		

(1) 分别使用 Apriori 和 FP 增长算法找出所有频繁项集。比较两种挖掘过程的效率。

(2) 列举所有与下面的元规则匹配的强关联规则(给出支持度 s 和置信度 c),其中,X 代表客户的变量;item$_i$ 表示项的变量(如 A、B 等):

$$\forall x \in \text{transaction}, \text{buys}(X, \text{item}_1) \land \text{buys}(X, \text{item}_2) \Rightarrow \text{buys}(X, \text{item}_3) [s, c]$$

4. 如表 3-4 所示的关系表 People 是要挖掘的数据集,有 3 个属性(Age,Married,NumCars)。假如用户指定的 min_sup=60%,min_conf=80%,试挖掘表 3-4 中的数量关联规则。

表 3-4　关系表 People

RecordID	Age	Married	NumCars	RecordID	Age	Married	NumCars
100	23	No	0	400	34	Yes	2
200	25	Yes	1	500	38	Yes	2
300	29	No	1				

第 4 章 决策树分类算法

4.1 基本概念

4.1.1 决策树分类算法概述

从数据中生成分类器的一个特别有效的方法是生成一棵决策树(Decision Tree)。决策树表示方法是应用最广泛的逻辑方法之一,它从一组无次序、无规则的事例中推理出决策树表示形式的分类规则。决策树分类方法采用自顶向下的递归方式,在决策树的内部节点进行属性值的比较,根据不同的属性值判断从该节点向下的分支,在决策树的叶节点得到结论。所以,从决策树的根到叶节点的一条路径就对应着一条合取规则,整棵决策树就对应着一组析取表达式规则。

基于决策树的分类方法的一个最大的优点就是它在学习过程中不需要使用者了解很多背景知识,这同时也是它的最大缺点,只要训练例子能够用属性-结论式表示出来,就能使用该算法来学习。

决策树是一个类似于流程图的树结构,其中每个内部节点表示在一个属性上的测试,每个分支代表一个测试输出,而每个叶节点代表类或类分布,树的最顶层节点是根节点。一棵典型的决策树如图 4-1 所示,它表示概念 buy_computer,预测顾客是否可能购买计算机。内部节点用矩形表示,而叶节点用椭圆表示。为了对未知的样本分类,样本的属性值在决策树上测试。决策树从根到叶节点的一条路径就对应着一条合取规则,因此决策树容易转换成分类规则。

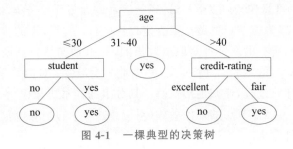

图 4-1 一棵典型的决策树

决策树是应用非常广泛的分类方法,有多种决策树方法,如 ID3、CN2、SLIQ、SPRINT 等,下面先介绍决策树分类的基本核心思想,然后详细介绍 ID3 和 C4.5 决策树方法。

4.1.2 决策树分类算法步骤

决策树分类算法通常分为两个步骤:决策树生成和决策树剪枝。

1. 决策树生成算法

决策树生成算法的输入参数是一组带类别标记的样本,输出是构造一棵决策树,该树可以是一棵二叉树或多叉树。二叉树的内部节点(非叶节点)一般表示为一个逻辑判断,如形式为$(a_i = v_i)$的逻辑判断,其中 a_i 是属性,v_i 是该属性的属性值,树的边是逻辑判断的分支结果。多叉树的内部节点是属性,边是该属性的所有取值,有几个属性值,就有几条边,树的叶节点都是类别标记。构造决策树的方法是采用自上而下的递归方法,其思路如算法4.1。

算法 **4.1** Generate_decision_tree(决策树生成算法)。

输入:训练样本 samples,由离散值属性表示;候选属性的集合 attribute_list。

输出:一棵决策树(由给定的训练数据产生一棵决策树)。

(1)创建节点 N;

(2)如果 samples 都在同一个类 C,则返回 N 作为叶节点,以类 C 标记,程序结束;

(3)如果 attribute_list 为空,则返回 N 作为叶节点,标记为 samples 中最普通的类,程序结束;

(4)选择 attribute_list 中具有最高信息增益的属性 test_attribute;

(5)标记节点 N 为 test_attribute;

(6)对于 test_attribute 中的每个已知值 a_i,由节点 N 生长出一个条件为 test_attribute=a_i的分枝;

(7)设 s_i 是 samples 中 test_attribute=a_i 的样本的集合,如果 s_i 为空则加上一个叶子,标记为 samples 中最普通的类,否则加上一个由 Generate_decision_tree(s_i,attribute_list-test_attribute)返回的节点。

以代表训练样本的单个节点开始构建树(对应算法4.1的步骤(1));如果样本都在同一个类,则该节点成为叶子,并使用该类标记(对应算法4.1的步骤(2)和(3)),否则,算法使用称为信息增益的度量作为启发信息,选择能够最好地将样本分类的属性(对应算法4.1的步骤(4)),该属性成为该节点的测试或判定属性(对应算法4.1的步骤(5))。值得注意的是,在这类算法中,所有的属性都是取离散值的,如果是连续值的属性必须离散化。对测试属性的每个已知的值,创建一个分支,并据此划分样本(对应算法4.1的步骤(6)和(7))。算法使用同样的过程,递归地形成每个划分上的样本决策树,一旦一个属性出现在一个节点上,就不必考虑该节点的任何后代(对应算法4.1的步骤(7)),递归划分步骤,当下列条件之一成立时停止。

(1)给定节点的所有样本属于同一类(对应算法4.1的步骤(2)和(3))。

(2)没有剩余属性可以用来进一步划分样本,采用多数表决(对应算法4.1的步骤(3))。这涉及将给定的节点转换成叶子,并用 samples 中的多数所在的类别标记它,另一种方式是可以存放节点样本的分布。

(3)分支 test_attribute=a_i 没有样本。在这种情况下,以 samples 中的多数类创建一个叶子(对应算法4.1的步骤(7))。

构造好的决策树的关键在于如何选择好的逻辑判断或属性。对于同样一组样本,可以有很多决策树符合这组样本。研究结果表明,一般情况下,树越小则树的预测能力越强。要构造尽可能小的决策树,关键在于选择合适的产生分支的属性。由于构造最小的树是 NP-难问题,因此只能采用启发式策略来进行属性选择。属性选择依赖于对各种样本子集的不纯度(Impurity)度量方法。不纯度度量方法包括信息增益(Information Gain)、信息增益比(Information Gain Ratio)、Gini-index、距离度量(Distance Measure)、J-measure、G 统计、χ^2 统计、证据权重(Weight of Evidence)、最小描述长度(Minimum Description Length,MLP)、正交法(Orthogonality Measure)、相关度(Relevance)和 Relief 等。不同的度量有不同的效果,特别是对于多值属性,选择合适的度量方法对于结果的影响是很大的。

2. 决策树剪枝策略

现实世界的数据一般不可能是完美的,可能某些属性字段上缺值(Missing Values);可能缺少必需的数据而造成数据不完整,也可能数据是不准确、含有噪声甚至是错误的,在此主要讨论噪声问题。基本的决策树构造法没有考虑噪声,因此生成的决策树完全与训练样本拟合,在有噪声的情况下,完全拟合将导致过分拟合(Overfitting),即分类模型对训练数据的完全拟合反而使分类模型对现实数据的分类预测性能降低。剪枝是一种克服噪声的基本技术,同时它也能使树得到简化而变得更容易理解,有如下两种基本的剪枝策略。

(1)预先剪枝(Pre-Pruning):在生成树的同时决定是继续对不纯的训练子集进行划分还是停机。

(2)后剪枝(Post-Pruning):一种拟合-化简(Fitting-and-Simplifying)的两阶段方法。首先生成与训练数据完全拟合的一棵决策树,然后从树的叶子开始剪枝,逐步向根的方向剪。剪枝时要用到一个测试数据集合(Tuning Set 或 Adjusting Set),如果存在某个叶子剪去后测试集上的准确度或其他测试度不降低,则剪去该叶子;否则停机。

理论上讲,后剪枝好于预先剪枝,但计算复杂度大。剪枝过程中一般要涉及一些统计参数或阈值(如停机阈值)。值得注意的是,剪枝并不是对所有的数据集都好的,就像小决策树并不是最好(具有最大的预测率)的决策树一样。从某种意义上讲,剪枝也是一种偏向(Bias),对有些数据效果好而对另一些数据则效果差。

4.2 决策树分类算法——ID3 算法原理

4.2.1 ID3 算法原理

基本决策树构造算法是一个贪心算法,它采用自顶向下的递归方法构造决策树,著名的决策树分类算法 ID3 的基本策略如下。

(1)树以代表训练样本的单个节点开始。

(2)如果样本都在同一个类中,则这个节点称为叶节点并标记为该类别。

(3)否则算法使用信息熵(称为信息增益)作为启发知识来帮助选择合适的将样本分

类的属性,以便将样本集划分为若干子集,该属性就是相应节点的测试或判定属性,同时所有属性应当是离散值。

(4) 对测试属性的每个已知的离散值创建一个分支,并据此划分样本。

(5) 算法使用类似的方法,递归地形成每个划分上的样本决策树,一个属性一旦出现在某个节点上,那么它就不能再出现在该节点之后所产生的子树节点中。

(6) 整个递归过程在下列条件之一成立时停止。

- 给定节点的所有样本属于同一类。
- 没有剩余属性可以用来进一步划分样本,这时该节点作为叶子,并用剩余样本中出现最多的类型作为叶节点的类型。
- 某一分枝没有样本,在这种情况下以训练样本集中占多数的类创建一个叶子。

ID3 算法的核心是在决策树各级节点上选择属性时,用信息增益作为属性的选择标准,使得在每个非节点进行测试时,能获得关于被测试记录最大的类别信息。

熵和信息
增益

4.2.2 熵和信息增益

为了寻找对样本进行分类的最优方法,我们要做的工作就是使对一个样本分类时需要问的问题最少(即树的深度最小)。因此,需要某种函数来衡量哪些问题将提供最为平衡的划分,信息增益就是这样的函数之一。

设 S 是训练样本集,它包括 n 个类别的样本,这些类别分别用 $C_1, C_2, \cdots, C_n$ 表示,那么 S 的熵(entropy)或者期望信息就为

$$\text{entropy}(S) = -\sum_{i=0}^{n} p_i \log_2 p_i \tag{4-1}$$

其中,p_i 表示类 C_i 的概率。如果将 S 中的 n 类训练样本看成 n 种不同的消息,那么 S 的熵表示对每种消息编码需要的平均比特数,$|S| \times \text{entropy}(S)$ 就表示对 S 进行编码需要的比特数,其中,$|S|$ 表示 S 中的样本数目。如果 $n=2$,$p_1 = p_2 = 0.5$,那么

$$\text{entropy}(S) = -0.5 \log_2 0.5 - 0.5 \log_2 0.5 = 1$$

如果 $n=2$,$p_1 = 0.67$,$p_2 = 0.33$,那么

$$\text{entropy}(S) = -0.67 \log_2 0.67 - 0.33 \log_2 0.33 = 0.92$$

可见,样本的概率分布越均衡,它的信息量(熵)就越大,样本集的混杂程度也越高。因此,熵可以作为训练集的不纯度的一个度量,熵越大,不纯度就越高。这样,决策树的分支原则就是使划分后的样本的子集越纯越好,即它们的熵越小越好。

从直观上,在没有任何信息的情况下,如果要猜测一个样本的类别,会倾向于指定该样本以 0.5 的概率属于类别 C_1,并以同样的 0.5 概率属于类别 C_2,也就是说,在没有反对信息存在的情况下,我们会假设先验概率相等,此时的熵为 1。但是,当已知 C_1 的样本数占 67%,C_2 的样本数占 33% 时,熵变为 0.92,也就是说,信息已经有了 0.08 比特的增加。

当样本属于每个类的概率相等时,即对任意 i 有 $p_i = 1/n$ 时,上述的熵取到最大值 $\log_2 n$。而当所有样本属于同一类时,S 的熵为 0。其他情况的熵为 $0 \sim \log_2 n$。图 4-2 是

$n=2$ 时布尔分类的熵函数随 p_1 从 0 到 1 变化时的曲线。

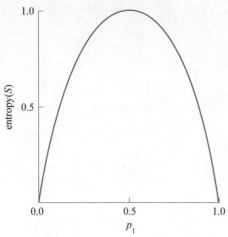

图 4-2　$n=2$ 时布尔分类的熵函数

设属性 A 将 S 划分成 m 份，根据 A 划分的子集的熵或期望信息由下式给出：

$$\mathrm{entropy}(S,A)=\sum_{i=0}^{m}\frac{|S_i|}{|S|}\,\mathrm{entropy}(S_i) \tag{4-2}$$

其中，S_i 表示根据属性 A 划分的 S 的第 i 个子集；$|S|$ 和 $|S_i|$ 分别表示 S 和 S_i 中的样本数目。信息增益用来衡量熵的期望减少值，因此，使用属性 A 对 S 进行划分获得的信息增益为

$$\mathrm{gain}(S,A)=\mathrm{entropy}(S)-\mathrm{entropy}(S,A) \tag{4-3}$$

$\mathrm{gain}(S,A)$ 是指因为知道属性 A 的值后导致熵的期望压缩。$\mathrm{gain}(S,A)$ 越大，说明选择测试属性 A 对分类提供的信息越多。因为熵越小代表节点越纯，按照信息增益的定义，信息增益越大，熵的减少量也越大，节点就趋向于更纯。因此，可以对每个属性按照它们的信息增益大小排序，获得最大信息增益的属性被选择为分支属性。

在表 4-1 的训练样本中，属于类 yes 的样本有 9 个，属于类 no 的样本有 5 个，于是，对给定样本分类所需的期望信息为

$$\mathrm{entropy}(S)=-\frac{9}{14}\log_2\frac{9}{14}-\frac{5}{14}\log_2\frac{5}{14}=0.94$$

表 4-1　训练样本

outlook	temperature	humidity	windy	play
sunny	hot	high	false	no
sunny	hot	high	true	no
overcast	hot	high	false	yes
rainy	mild	high	false	yes
rainy	cool	normal	false	yes

outlook	temperature	humidity	windy	play
rainy	cool	normal	true	no
overcast	cool	normal	true	yes
sunny	mild	high	false	no
sunny	cool	normal	false	yes
rainy	mild	normal	false	yes
sunny	mild	normal	true	yes
overcast	mild	high	true	yes
overcast	hot	normal	false	yes
rainy	mild	high	true	no

熵值 0.94 反映了对样本集合 S 分类的不确定性,也是对样本分类的期望信息。熵值越小,划分的纯度越高,对样本分类的不确定性就越低。一个属性的信息增益,就是用这个属性对样本分类而导致熵的期望值下降。因此,ID3 算法在每个节点选择取得最大信息增益的属性。

下面分别对属性 outlook,temperature,humidity 和 windy 计算根据这些属性对训练样本进行划分得到的信息增益。

设训练样本集为 S,outlook 将 S 划分成 3 部分,即 outlook = sunny、outlook = overcast 和 outlook = rainy,用 S_v 来表示属性值为 v 的样本集,于是 $|S_{sunny}| = 5$,$|S_{overcast}| = 4$,$|S_{rainy}| = 5$,而在 S_{sunny} 中,类 yes 的样本有 2 个,类 no 的样本有 3 个,S_{sunny} 的熵为

$$\text{entropy}(S_{sunny}) = -\frac{2}{5}\log_2\frac{2}{5} - \frac{3}{5}\log_2\frac{3}{5} = 0.971$$

同理,可以计算出 $S_{overcast}$ 和 S_{rainy} 的熵分别为 0 和 0.971,因此,使用属性 outlook 划分 S 的期望信息为

$$\text{entropy}(S, \text{outlook}) = \frac{5}{14}\times0.971 + \frac{4}{14}\times0 + \frac{5}{14}\times0.971 = 0.694$$

outlook 的信息增益为

$$\text{gain}(S, \text{outlook}) = 0.94 - 0.694 = 0.246$$

同理可得 $\text{gain}(S, \text{temperature}) = 0.151$,$\text{gain}(S, \text{humidity}) = 0.048$,$\text{gain}(S, \text{windy}) = 0.029$,因为属性 outlook 的信息增益最大,所以选择属性 outlook 作为根节点的测试属性,并对应每个值(即 sunny,overcast,rainy)在根节点向下创建分支。

4.2.3　ID3 算法

算法 4.2　ID3 算法。

（1）初始化决策树 T，使其只包含一个根节点(X，Q)，其中 X 是全体样本集，Q 为全体属性集。

（2）if(T 中所有叶节点(X'，Q')都满足 X 属于同一类或 Q'为空）then 算法停止。

（3）else｛任取一个不具有(2)中所述状态的叶节点(X'，Q')。

（4）for each Q'中的属性 A do 计算信息增益 gain(A，X')。

（5）选择具有最高信息增益的属性 B 作为节点(X'，Q')的测试属性。

（6）for each B 的取值 b_i do 从该节点(X'，Q')伸出分支，代表测试输出 B＝b_i；求得 X 中 B 值等于 b_i 的子集 X_i，并生成相应的叶节点(X_i'，Q'－｛B｝)；。

（7）转(2)；｝。

4.3 ID3 算法实例分析

【例 4.1】 表 4-2 给出了一个可能带有噪声的数据集合。它有 4 个属性：outlook、temperature、humidity 和 windy。它们分别为 no 和 yes 两类。通过 ID3 算法构造决策树将数据进行分类。

表 4-2 样本数据集

属性	outlook	temperature	humidity	windy	类
1	overcast	hot	high	not	no
2	overcast	hot	high	very	no
3	overcast	hot	high	medium	no
4	sunny	hot	high	not	yes
5	sunny	hot	high	medium	yes
6	rain	mild	high	not	no
7	rain	mild	high	medium	no
8	rain	hot	normal	not	yes
9	rain	cool	normal	medium	no
10	rain	hot	normal	very	no
11	sunny	cool	normal	very	yes
12	sunny	cool	normal	medium	yes
13	overcast	mild	high	not	no
14	overcast	mild	high	medium	no
15	overcast	cool	normal	not	yes
16	overcast	cool	normal	medium	yes
17	rain	mild	normal	not	no
18	rain	mild	normal	medium	no

属性	outlook	temperature	humidity	windy	类
19	overcast	mild	normal	medium	yes
20	overcast	mild	normal	very	yes
21	sunny	mild	high	very	yes
22	sunny	mild	high	medium	yes
23	sunny	hot	normal	not	yes
24	rain	mild	high	very	no

因为初始时刻属于 yes 类和 no 类的实例个数均为 12 个，所以初始时刻的熵值为

$$\text{entropy}(X) = -\frac{12}{24}\log_2\frac{12}{24} - \frac{12}{24}\log_2\frac{12}{24} = 1$$

如果选取 outlook 属性作为测试属性，则此时的条件熵为

$$\text{entropy}(X, \text{outlook}) = \frac{9}{24}\left(-\frac{4}{9}\log_2\frac{4}{9} - \frac{5}{9}\log_2\frac{5}{9}\right) + \frac{8}{24}\left(-\frac{1}{8}\log_2\frac{1}{8} - \frac{7}{8}\log_2\frac{7}{8}\right)$$
$$+ \frac{7}{24}\left(-\frac{7}{7}\log_2\frac{7}{7} - 0\right) = 0.4643$$

如果选取 temperature 属性作为测试属性，则有

$$\text{entropy}(X, \text{temperature}) = \frac{8}{24}\left(-\frac{4}{8}\log_2\frac{4}{8} - \frac{4}{8}\log_2\frac{4}{8}\right) + \frac{11}{24}\left(-\frac{4}{11}\log_2\frac{4}{11} - \frac{7}{11}\log_2\frac{7}{11}\right)$$
$$+ \frac{5}{24}\left(-\frac{4}{5}\log_2\frac{4}{5} - \frac{1}{5}\log_2\frac{1}{5}\right) = 0.6739$$

如果选取 humidity 属性作为测试属性，则有

$$\text{entropy}(X, \text{humidity}) = \frac{12}{24}\left(-\frac{4}{12}\log_2\frac{4}{12} - \frac{8}{12}\log_2\frac{8}{12}\right) + \frac{12}{24}\left(-\frac{4}{12}\log_2\frac{4}{12} - \frac{8}{12}\log_2\frac{8}{12}\right)$$
$$= 0.8183$$

如果选取 windy 属性作为测试属性，则有

$$\text{entropy}(X, \text{windy}) = \frac{8}{24}\left(-\frac{4}{8}\log_2\frac{4}{8} - \frac{4}{8}\log_2\frac{4}{8}\right) + \frac{6}{24}\left(-\frac{3}{6}\log_2\frac{3}{6} - \frac{3}{6}\log_2\frac{3}{6}\right)$$
$$+ \frac{10}{24}\left(-\frac{5}{10}\log_2\frac{5}{10} - \frac{5}{10}\log_2\frac{5}{10}\right) = 1$$

可以看出 entropy(X, outlook) 最小，即有关 outlook 的信息对于分类有最大的帮助，提供最大的信息量，即 gain(X, outlook) 最大。所以应该选择 outlook 属性作为测试属性。还可以看出 entropy(X) = entropy(X, windy) 最大，即 gain(X, windy) = 0，有关 windy 的信息不能提供任何分类信息。选择 outlook 作为测试属性之后将训练实例分为 3 个子集，生成 3 个叶节点，对每个叶节点依次利用上面的过程生成如图 4-3 所示的决策树。

【例 4.2】 表 4-3 为一个商场顾客数据库（训练样本集合）属性。样本集合的类别属性为 buy computer，该属性有两个不同取值，即 {yes, no}，因此就有两个不同的类别

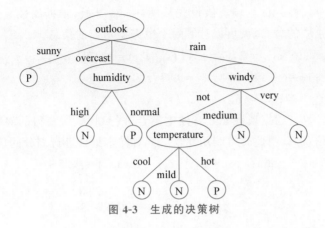

图 4-3　生成的决策树

($m=2$)。设 C_1 对应 yes 类别，C_2 对应 no 类别。C_1 类别包含 9 个样本，C_2 类别包含 5 个样本。

表 4-3　一个商场顾客数据库

rid	age	income	student	credit rating	buy computer
1	<30	high	no	fair	no
2	<30	high	no	excellent	no
3	30~40	high	no	fair	yes
4	>40	medium	no	fair	yes
5	>40	low	yes	fair	yes
6	>40	low	yes	excellent	no
7	30~40	low	yes	excellent	yes
8	<30	medium	no	fair	no
9	<30	low	yes	fair	yes
10	>40	medium	yes	fair	yes
11	<30	medium	yes	excellent	yes
12	30~40	medium	no	excellent	yes
13	30~40	high	yes	fair	yes
14	>40	medium	no	excellent	no

为了计算每个属性的信息增益，首先计算所有（对一个给定样本进行分类所需要）的信息量，具体计算过程如下：

$$I(s_1,s_2)=I(9,5)=-\frac{9}{14}\log_2\frac{9}{14}-\frac{5}{14}\log_2\frac{5}{14}=0.94$$

接着需要计算每个属性的信息熵。假设先从属性 age 开始，根据属性 age 中每个取值在 C_1 类别和 C_2 类别中的分布，就可以计算每个分布所对应的信息。

对于 age="<30"；$s_{11}=2$，$s_{21}=3$，$I(s_{11},s_{21})=0.971$。

对于 age="$30\sim40$"；$s_{12}=4$，$s_{22}=0$，$I(s_{11},s_{21})=0$。

对于 age=">40"；$s_{13}=3$，$s_{23}=2$，$I(s_{11},s_{21})=0.971$。

然后就可以计算若根据属性 age 对样本集合进行划分，所获得的对一个数据对象进行分类而需要的信息熵，由此获得利用属性 age 对样本集合进行划分的信息增益为

$$gain(age)=I(s_1,s_2)-E(age)=0.245$$

类似可以获得

$$gain(income)=0.0029$$
$$gain(student)=0.151$$
$$gain(credit\ rating)=0.048$$

显然选择属性 age 所获得的信息增益最大，因此被作为测试属性用于产生当前分支节点。这个新产生的节点被标记为 age；同时根据属性 age 的 3 个不同取值，产生 3 个不同的分支，当前的样本集合被划分为 3 个子集，如图 4-4 所示。其中落入 age="$30\sim40$"子集的样本类别均为 C_1 类别，因此在这个分支末端产生一个叶节点并标记为 C_1 类别。根据如表 4-3 所示的训练样本集合，最终产生一个如图 4-4 所示的相应分支。

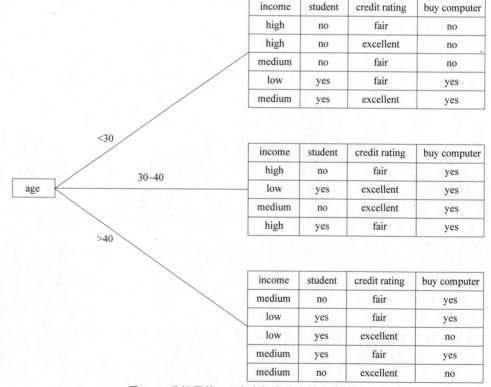

图 4-4　选择属性 age 产生相应分支的示意描述

从图 4-4 中可以看出,age＝"30～40"的子集样本的类别相同,均为 yes,故该节点将成为一个叶节点,并且其类别标记为 yes。

接下来,对 age 节点的不纯分支子节点进一步完成与上述步骤类似的计算,最后得到的决策树如图 4-5 所示。

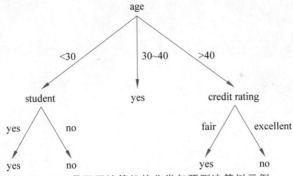

图 4-5　是否买计算机的分类与预测决策树示例

4.4　ID3 算法源程序分析

```cpp
#include <iostream>
#include <string>
#include <vector>
#include <map>
#include <algorithm>
#include <cmath>
using namespace std;
#define MAXLEN 6                        //输入每行的数据个数

//多叉树的实现
//1 广义表
//2 父指针表示法,适于经常找父节点的应用
//3 子女链表示法,适于经常找子节点的应用
//4 左长子,右兄弟表示法,实现比较麻烦
//5 每个节点的所有孩子用 vector 保存
//教训:数据结构的设计很重要,本算法采用 5 比较合适,同时
//注意维护剩余样例和剩余属性信息,建树时横向遍历靠循环属性的值
//纵向遍历靠递归调用

vector<vector<string>>state;            //实例集
vector<string>item(MAXLEN);             //对应一行实例集
vector<string>attribute_row;            //保存首行即属性行数据
string end("end");                      //输入结束
string yes("yes");
string no("no");
string blank("");
```

```
map<string,vector<string >>map_attribute_values;   //存储属性对应的所有值
int tree_size=0;
struct Node{                          //决策树节点
    string attribute;                 //属性值
    string arrived_value;             //到达的属性值
    vector<Node * >childs;            //所有的孩子
    Node(){
        attribute=blank;
        arrived_value=blank;
    }
};
Node * root;

//根据数据实例计算属性与值组成的 map
void ComputeMapFrom2DVector(){
    unsigned int i,j,k;
    bool exited=false;
    vector<string>values;
    for(i=1; i<MAXLEN-1; i++){         //按照列遍历
        for(j=1; j <state.size(); j++){
            for(k=0; k <values.size(); k++){
                if(!values[k].compare(state[j][i])) exited=true;
            }
            if(!exited){
                values.push_back(state[j][i]);   //注意 vector 都是从前面插入的,
                                                 //注意更新 it, 始终指向 vector 头
            }
            exited=false;
        }
        map_attribute_values[state[0][i]]=values;
        values.erase(values.begin(), values.end());
    }
}


//根据具体属性和值来计算熵
double  ComputeEntropy ( vector < vector < string > > remain _ state,  string
    attribute, string value,bool ifparent){
    vector<int>count (2,0);
    unsigned int i,j;
    bool done_flag=false;              //哨兵值
    for(j=1; j <MAXLEN; j++){
        if(done_flag) break;
        if(!attribute_row[j].compare(attribute)){
            for(i=1; i<remain_state.size(); i++){
                if((!ifparent&&!remain_state[i][j].compare(value)) || ifparent){
                                        //ifparent 记录是否算父节点
                    if(!remain_state[i][MAXLEN -1].compare(yes)){
                        count[0]++;
```

```
                }
                else count[1]++;
            }
        }
        done_flag=true;
    }
}
if(count[0]==0 || count[1]==0) return 0;   //全部是正实例或者负实例
//具体计算熵,根据[+count[0],-count[1]],log,通过换底公式换成自然数底数
double sum=count[0]+count[1];
double entropy=-count[0]/sum * log(count[0]/sum)/log(2.0) -count[1]/sum *
    log(count[1]/sum)/log(2.0);
return entropy;
}


//计算按照属性 attribute 划分当前剩余实例的信息增益
double ComputeGain(vector<vector<string>>remain_state, string attribute){
    unsigned int j,k,m;
    //首先求不做划分时的熵
    double parent_entropy=ComputeEntropy(remain_state, attribute, blank, true);
    double children_entropy=0;
    //然后求做划分后各个值的熵
    vector<string>values=map_attribute_values[attribute];
    vector<double>ratio;
    vector<int>count_values;
    int tempint;
    for(m=0; m<values.size(); m++){
        tempint=0;
        for(k=1; k<MAXLEN -1; k++){
            if(!attribute_row[k].compare(attribute)){
                for(j=1; j<remain_state.size(); j++){
                    if(!remain_state[j][k].compare(values[m])){
                        tempint++;
                    }
                }
            }
        }
        count_values.push_back(tempint);
    }

    for(j=0; j<values.size(); j++){
        ratio.push_back((double)count_values[j] / (double)(remain_state.size
            ()-1));
    }
    double temp_entropy;
    for(j=0; j<values.size(); j++){
        temp_entropy=ComputeEntropy(remain_state, attribute, values[j], false);
        children_entropy +=ratio[j] * temp_entropy;
    }
```

```
        return (parent_entropy - children_entropy);
    }

    int FindAttriNumByName(string attri){
        for(int i=0; i<MAXLEN; i++){
            if(!state[0][i].compare(attri)) return i;
        }
        cerr<<"can't find the numth of attribute"<<endl;
        return 0;
    }

    //找出样例中占多数的正/负性
    string MostCommonLabel(vector<vector<string>> remain_state){
        int p=0, n=0;
        for(unsigned i=0; i<remain_state.size(); i++){
            if(!remain_state[i][MAXLEN-1].compare(yes)) p++;
            else n++;
        }
        if(p>=n) return yes;
        else return no;
    }

    //判断样例是否正负性都为 label
    bool AllTheSameLabel(vector<vector<string>> remain_state, string label){
        int count=0;
        for(unsigned int i=0; i<remain_state.size(); i++){
            if(!remain_state[i][MAXLEN-1].compare(label)) count++;
        }
        if(count==remain_state.size()-1) return true;
        else return false;
    }

    //计算信息增益，DFS 构建决策树
    //current_node 为当前的节点
    //remain_state 为剩余待分类的样例
    //remian_attribute 为剩余还没有考虑的属性
    //返回根节点指针
    Node * BulidDecisionTreeDFS(Node * p, vector<vector<string>> remain_state,
        vector<string> remain_attribute){
        //if(remain_state.size()>0){
            //printv(remain_state);
        //}
        if(p==NULL)
            p=new Node();
        //先看搜索到的叶子的情况
        if(AllTheSameLabel(remain_state, yes)){
            p->attribute=yes;
            return p;
        }
```

```
if (AllTheSameLabel(remain_state, no)){
    p->attribute=no;
    return p;
}
if(remain_attribute.size()==0){        //所有属性均考虑完还没有分尽
    string label=MostCommonLabel(remain_state);
    p->attribute=label;
    return p;
}

double max_gain=0, temp_gain;
vector<string>::iterator max_it=remain_attribute.begin();
vector<string>::iterator it1;
for(it1=remain_attribute.begin(); it1 < remain_attribute.end(); it1++){
    temp_gain=ComputeGain(remain_state, (*it1));
    if(temp_gain >max_gain) {
        max_gain=temp_gain;
        max_it=it1;
    }
}
//下面根据 max_it 指向的属性来划分当前样例, 更新样例集和属性集
vector<string>new_attribute;
vector<vector<string>>new_state;
for(vector<string>::iterator it2=remain_attribute.begin(); it2<remain_
  attribute.end(); it2++){
    if((*it2).compare(*max_it)) new_attribute.push_back(*it2);
}
//确定了最佳划分属性, 注意保存
p->attribute=*max_it;
vector<string>values=map_attribute_values[*max_it];
int attribue_num=FindAttriNumByName(*max_it);
new_state.push_back(attribute_row);
for(vector<string>::iterator it3=values.begin(); it3 <values.end();
  it3++){
    for(unsigned int i=1; i <remain_state.size(); i++){
        if(!remain_state[i][attribue_num].compare(*it3)){
            new_state.push_back(remain_state[i]);
        }
    }
    Node *new_node=new Node();
    new_node->arrived_value=*it3;
    if(new_state.size()==0){        //表示当前没有这个分支的样例, 当前的
                                    //new_node 为叶节点
        new_node->attribute=MostCommonLabel(remain_state);
    }
    else
        BulidDecisionTreeDFS(new_node, new_state, new_attribute);
    //递归函数返回即回溯时需要: ①将新节点加入父节点孩子容器;②清除 new_state 容器
```

```
            p->childs.push_back(new_node);
            new_state.erase(new_state.begin()+1,new_state.end());
                    //注意先清空 new_state 中前一个取值的样例, 准备遍历下一个取值样例
        }
        return p;
}


void Input(){
    string s;
    while(cin>>s,s.compare(end)!=0){       //-1 为输入结束
        item[0]=s;
        for(int i=1;i<MAXLEN; i++){
            cin>>item[i];
        }
        state.push_back(item);              //注意首行信息也要输入, 即属性
    }
    for(int j=0; j<MAXLEN; j++){
        attribute_row.push_back(state[0][j]);
    }
}


void PrintTree(Node * p, int depth){
    for (int i=0; i<depth; i++) cout << '\t';        //按照树的深度先输出 tab
    if(!p->arrived_value.empty()){
        cout<<p->arrived_value<<endl;
        for (int i=0; i<depth+1; i++) cout << '\t';  //按照树的深度先输出 tab
    }
    cout<<p->attribute<<endl;
    for(vector<Node * >::iterator it=p->childs.begin(); it!=p->
        childs.end(); it++){
        PrintTree(* it, depth +1);
    }
}


void FreeTree(Node * p){
    if(p==NULL)
        return;
    for(vector<Node * >::iterator it=p->childs.begin(); it!=p->
        childs.end(); it++){
        FreeTree(* it);
    }
    delete p;
    tree_size++;
}


int main(){
    Input();
    vector<string>remain_attribute;
```

```
    string outlook("Outlook");
    string Temperature("Temperature");
    string Humidity("Humidity");
    string Wind("Wind");
    remain_attribute.push_back(outlook);
    remain_attribute.push_back(Temperature);
    remain_attribute.push_back(Humidity);
    remain_attribute.push_back(Wind);
    vector<vector<string>>remain_state;
    for(unsigned int i=0; i<state.size(); i++){
        remain_state.push_back(state[i]);
    }
    ComputeMapFrom2DVector();
    root=BulidDecisionTreeDFS(root,remain_state,remain_attribute);
    cout<<"the decision tree is :"<<endl;
    PrintTree(root,0);
    FreeTree(root);
    cout<<endl;
    cout<<"tree_size:"<<tree_size<<endl;
    return 0;
}
```

结果分析：运行结果如图 4-6 所示。

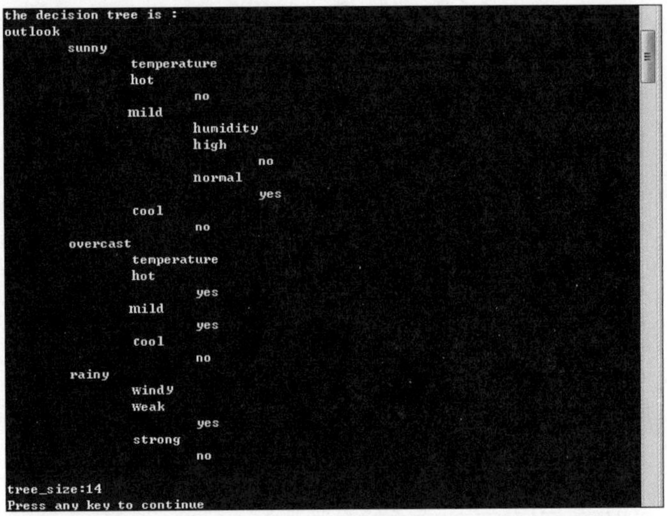

图 4-6　运行结果

输入的训练数据如下：

```
day outlook temperature humidity wind play tennis
1 sunny hot high weak no
2 sunny hot high strong no
3 overcast hot high weak yes
```

```
4 rainy mild high weak yes
5 rainy cool normal weak yes
6 rainy cool normal strong no
7 overcast cool normal strong yes
8 sunny mild high weak no
9 sunny cool normal weak yes
10 rainy mild normal weak yes
11 sunny mild normal strong yes
12 overcast mild high strong yes
13 overcast hot normal weak yes
14 rainy mild high strong no
end
```

首先保存首行即属性行数据，存储属性对应的所有值，根据数据实例计算属性与值组成的 map。检测所有的属性，根据具体属性和值来计算熵，选择信息增益最大的属性产生决策树节点，由该属性的不同取值建立分支，再对各分支的子集递归调用该方法，求划分后各个值的熵，建立决策树节点的分支，直到所有子集仅包含同一类别的数据为止。最后得到的一棵决策树如图 4-7 所示，它可以用来对新的样本进行分类。

图 4-7　得到的决策树

4.5　ID3 算法的特点及应用

4.5.1　ID3 算法特点

ID3 算法的优点：算法的理论清晰，方法简单，学习能力较强。

ID3 算法的缺点：

（1）信息增益的计算依赖于特征数目较多的特征，而属性取值最多的属性并不一定最优；

（2）ID3 是非递增算法；

（3）ID3 是单变量决策树（在分枝节点上只考虑单个属性），许多复杂概念表达困难，属性相互关系强调不够，容易导致决策树中子树重复或有些属性在决策树的某一路径上被检验多次；

（4）抗噪性差，训练例子中正例和反例的比例较难控制。

4.5.2　ID3 算法应用

1. ID3 算法在汽车售后服务中的应用

据调查,国外汽车约 80% 的利润是由售后服务得到的,而整车销售只约占总利润的 20%,因此很多公司都努力提高汽车的售后服务水平。随着数据库使用年限的增加,在竞争日益激烈的汽车行业里,汽车售后服务商存有大量的客户数据。如何提高汽车售后服务水平,发现客户的需求和服务中的一些规律,将成为汽车售后服务企业关心和重视的问题,鉴于此种情况,利用数据挖掘技术 ID3 算法,根据汽车售后服务业客户消费行为的特征,对客户进行细分及客户特征分析,把大量的客户按照标准分成不同的类。最终根据客户的类别属性特征,为不同类型的客户制订不同的营销策略,从而使企业获得较高的利润。

2. ID3 算法在 ATM 选点预测系统中的应用

自动柜员机(ATM)作为银行为客户提供服务的窗口,其快捷有效的自助方式早已被国内金融机构及客户广泛认可。在中国,金融自助服务具有巨大的增长潜力。金融业在布放 ATM 时需要在满足用户需要的基础上保证银行收益最大化,最大限度地提高 ATM 利用率。而现有 ATM 的布点并不完全合理。有些区域的 ATM 网点密度过大,很容易加剧竞争,造成效率低下;有些区域的 ATM 网点密度反而过小,某些大银行在一些区域存在网点空白区,不能为客户提供更好的服务。因此,如何合理和有效地布放 ATM 已成为银行亟待解决的问题。利用数据挖掘技术和面向属性归纳以及分类决策树的 ID3 算法,可以挖掘以往积累的 ATM 部署区域信息,发现累计取款量大、次数多和查询次数高的 ATM 部署点的特征。通过分析数据,建立选点模型,可以找出利用率高的 ATM 地区的特征,作为金融机构部署 ATM 的参考。

4.6　决策树分类算法——C4.5 算法原理

4.6.1　C4.5 算法

4.5 节已经提到,ID3 还存在许多需要改进的地方,为此,Quinlan 在 1993 年提出了 ID3 的改进版本 C4.5 算法。它与 ID3 算法的不同点如下。

(1) 分支指标采用增益比例,而不是 ID3 算法所使用的信息增益。

(2) 按照数值属性值的大小对样本排序,从中选择一个分割点,划分数值属性的取值区间,从而将 ID3 算法的处理能力扩充到数值属性上。

(3) 将训练样本集中的位置属性值用最常用的值代替,或者用该属性所有取值的平均值代替,从而处理缺少属性值的训练样本。

(4) 使用 k 次迭代交叉验证,评估模型的优劣程度。

(5) 根据生成的决策树,可以产生一个 if-then 规则的集合,每个规则代表从根节点到叶节点的一条路径。

C4.5 算法的核心思想与 ID3 算法完全一样,下面仅就 C4.5 算法与 ID3 算法的一些不同点进行讨论。

1. 增益比例

信息增益是一种衡量最优分支属性的有效函数,但是它倾向于选择具有大量不同取值的属性,从而产生许多小而纯的子集。例如,病人的 ID、姓名和日期等,特别是作为关系数据库中记录的主码的属性,根据这样的属性划分的子集都是单元集,对应的决策树节点当然是纯节点。因此,需要新的指标来降低这种情况下的增益。Quinlan 提出使用增益比例来代替信息增益。

首先考虑训练样本关于属性值的信息量(熵)split_info(S,A),其中,S 代表训练样本集;A 代表属性,这个信息量与样本的类别无关,它的计算公式为:

$$\text{split\_info}(S,A) = -\sum_{i=1}^{m} \frac{|S_i|}{|S|} \log_2 \frac{|S_i|}{|S|} \tag{4-4}$$

其中,S_i 表示根据属性 A 划分的第 i 个样本子集,样本在 A 上的取值分布越均匀,split_info 的值就越大。split_info 用来衡量属性分裂数据的广度和均匀性。属性 A 的增益比例计算如下:

$$\text{gain\_ratio}(S,A) = \frac{\text{gain}(S,A)}{\text{split\_info}(S,A)} \tag{4-5}$$

其中,gain(S,A) 表示信息增益。

当存在 i 使得 $|S_i| \approx |S|$ 时,split_info 将非常小,从而导致增益比例异常大,C4.5 算法为解决此问题进行了改进,它计算每个属性的信息增益,对于超过平均信息增益的属性,再进一步根据增益比例来选取属性。

一个属性分割样本的广度越大,均匀性越强,该属性的 split_info 越大,增益比例就越小。因此,split_info 降低了选择那些值较多且均匀分布的属性的可能性。

例如,含 n 个样本的集合按属性 A 划分为 n 组(每组一个样本),A 的分裂信息为 $\log_2 n$。属性 B 将 n 个样本平分为两组,B 的分裂信息为 1,若 A、B 有同样的信息增益,显然,按增益比例量度应选择 B 属性。

采用增益比例作为选择属性的标准,克服了信息增益量度的缺点,但是算法偏向于选择取值较集中的属性(即熵值最小的属性),而它并不一定是对分类最重要的属性。

2. 数值属性的处理

C4.5 处理数值属性的过程如下。
(1) 按照属性值对训练数据进行排序。
(2) 用不同的阈值对训练数据进行动态划分。
(3) 当输入改变时确定一个阈值。
(4) 取当前样本的属性值和前一个样本属性值的中点作为新的阈值。

（5）生成两个划分，所有的样本分布到这两个划分中。

（6）得到所有可能的阈值、增益和增益比例。

每个数值属性划分为两个区间，即大于阈值或小于或等于阈值。

3. 未知属性值的处理

C4.5 处理样本中未知属性值的方法是将未知值用最常用的值代替，或者用该属性所有取值的平均值代替。另一种解决办法是采用概率的办法，为属性的每个取值赋予一个概率，在划分样本集时，将未知属性值的样本按照属性值的概率分配到子节点中，这些概率的获取依赖已知的属性值的分布。

在表 4-1 的例子中，属性 outlook 有 3 个不同取值，其中值为 sunny 的样本有 5 个，值为 overcast 的样本有 4 个，值为 rainy 的样本有 5 个，总共 14 个已知属性值的样本。因此，如果存在一个未知 outlook 属性值的样本，那么根据属性 outlook 分支时，分配到 outlook＝sunny 的样本数为 5＋5/14 个，分配到 outlook＝overcast 的样本数为 4＋4/14 个，分配到 outlook＝rainy 的样本数为 5＋5/14 个。

4. k 次迭代交叉验证

交叉验证是一种模型评估方法，它将使用学习样本产生的决策树模型应用于独立的测试样本，从而对学习的结果进行验证。如果对学习样本进行分析产生的大多数或者全部分支都是基于随机噪声的，那么使用测试样本进行分类的结果将非常糟糕。

如果将上述的学习-验证过程重复 k 次，就称为 k 次迭代交叉验证。首先将所有的训练样本平均分成 k 份，每次使用其中的一份作为测试样本，使用其余的 $k-1$ 次作为学习样本，然后选择平均分类精度最高的树作为最后的结果。通常，分类精度最高的树并不是节点最多的树。除了用于选择规模较小的树外，交叉验证还用于决策树的修剪。k 次迭代交叉验证非常适用于训练样本数目比较少的情形。但是由于要构建 k 棵决策树，它的计算量非常大。

5. 规则的产生

C4.5 算法还提供了将决策树模型转换为 if-then 规则的算法。规则存储于一个二维数组中，每行代表一个规则。表的每列代表样本的一个属性，列的值代表了属性的不同取值，例如，对于分类属性来说，0、1 分别代表取属性的第 1、2 个值，对于数值属性来说，0、1 分别代表小于或等于和大于阈值。如果列值为 -1，则代表工作中不包含该属性。

4.6.2 C4.5 算法的伪代码

假设用 S 代表当前样本集，当前候选属性集用 A 表示，则 C4.5 算法 C4.5formtree(S，A) 的伪代码如下。

算法 4.3 Generate_decision_tree 由给定的训练数据产生一棵决策树。

输入：训练样本 samples；候选属性的集合 attributelist。

输出：一棵决策树。

（1）创建根节点 N。

（2）IF S 都属于同一类 C,则返回 N 为叶节点,标记为类 C。

（3）IF attributelist 为空 OR S 中所剩的样本数少于某给定值,则返回 N 为叶节点,标记 N 为 S 中出现最多的类。

（4）FOR each attributelist 中的属性,计算信息增益率 information gain ratio。

（5）N 的测试属性 test.attribute＝attributelist 具有最高信息增益率的属性。

（6）IF 测试属性为连续型,则找到该属性的分割阈值。

（7）For each 由节点 N 一个新的叶节点{

　　　IF 该叶节点对应的样本子集 S′ 为空,

　　　　则分裂此叶节点生成新叶节点,将其标记为 S 中出现最多的类;

　　　ELSE

　　　　在该叶节点上执行 C4.5formtree(S′, S′.attributelist),继续对它分裂;

　　　}

（8）计算每个节点的分类错误,进行剪枝。

4.7　C4.5 算法实例分析

【例 4.3】　下面通过对毕业生就业信息的分析加以理解。这个分析结果能够帮助教育者寻找到可能影响毕业生就业的信息,从而在今后的教学过程中进行改进,使得毕业生在就业时更具竞争力。

表 4-4 的数据是经过预处理的数据集,从表中可以得到类标号属性"就业情况"有两个不同的值("已"和"未"),因此有两个不同的类。其中,对应于类值"已"有 14 个样本,类值"未"有 8 个样本。

表 4-4　毕业生就业信息表

学　　号	性别	学生干部	综合成绩	毕业论文	就业情况
2000041134	男	是	70～79	优	已
2000041135	女	是	80～89	中	已
2000041201	男	不是	60～69	不及格	未
2000041202	男	是	60～69	良	已
2000041203	男	是	70～79	中	已
2000041204	男	不是	70～79	良	未
2000041205	女	是	60～69	良	已
2000041209	男	是	60～69	良	已
2000041210	女	是	70～79	中	未

续表

学　号	性别	学生干部	综合成绩	毕业论文	就业情况
2000041211	男	不是	60～69	及格	已
2000041215	男	是	80～89	及格	已
2000041216	男	是	70～79	良	已
2000041223	男	不是	70～79	及格	未
2000041319	男	不是	60～69	及格	已
2000041320	男	是	70～79	良	已
2000041321	男	不是	70～79	良	未
2000041322	男	不是	80～89	良	未
2000041323	女	是	70～79	良	已
2000041324	男	不是	70～79	不及格	未
2000041325	男	不是	70～79	良	未
2000041326	女	是	60～69	优	已
2000041327	男	是	60～69	良	已

首先计算训练集的全部信息量。

$$\text{entropy(就业情况)} = \text{entropy}(14,8) = -14/22\log_2(14/22) - 8/22\log_2(8/22)$$
$$= 0.945\ 663\ 64$$

接着,需要计算每个属性的增益比例,以属性"性别"为例。

$$\text{entropy(男)} = \text{entropy}(10,7) = -10/17\log_2(10/17) - 7/17\log_2(7/17) = 0.977\ 394\ 12$$
$$\text{entropy(女)} = \text{entropy}(4,1) = -4/5\log_2(4/5) - 1/5\log_2(1/5) = 0.721\ 928\ 09$$

由公式有

$$\text{entropy(性别)} = 17/22\text{entropy(男)} + 5/22\text{entropy(女)} = 0.919\ 351\ 97$$

求出这种划分的信息增益。

$$\text{gain(性别)} = \text{entropy(就业情况)} - \text{entropy(性别)} = 0.026\ 308\ 33$$

再根据公式求出在该属性上的分裂信息。

$$\text{split\_info(性别)} = -17/22\log_2(17/22) - 5/22\log_2(5/22) = 0.773\ 226\ 67$$

最后求出在该属性上的增益比例。

$$\text{gain\_ratio(学生干部)} = 0.411\ 714\ 46,\quad \text{gain\_ratio(综合成绩)} = 0.088\ 391\ 08,$$
$$\text{gain\_ratio(毕业成绩)} = 0.101\ 671\ 58$$

由上述计算结果可知"学生干部"在属性中具有最大的信息增益比例,取"学生干部"为根属性,引出一个分支,样本按此划分。对引出的每个分支再用此分类法进行分类,再引出分支,最后所构造出的判定树如图 4-8 所示。

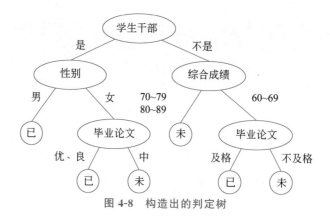

图 4-8 构造出的判定树

4.8 C4.5 算法源程序分析

```cpp
#include <iostream.h>
#include <stdlib.h>
#include <stdio.h>
#include <iostream.h>
#include <stdio.h>
#include <stdlib.h>
#include <math.h>

const int A=4;          //data 中条件属性的个数
const int C=3;          //data 中类的个数
const int ON=150;       //ordata 中样本的个数
const int N=120;        //测试集中样本的个数
const int MAX=200;      //条件属性取值的最大值
const int CX=2;         //运行 20 次求平均值

double ordata[ON][A+2]={
1,5.1,3.5,1.4,0.2,1,
2,4.9,3.0,1.4,0.2,1,
3,4.7,3.2,1.3,0.2,1,
4,4.6,3.1,1.5,0.2,1,
5,5.0,3.6,1.4,0.2,1,
6,5.4,3.9,1.7,0.4,1,
7,4.6,3.4,1.4,0.3,1,
8,5.0,3.4,1.5,0.2,1,
9,4.4,2.9,1.4,0.2,1,
10,4.9,3.1,1.5,0.1,1,
11,5.4,3.7,1.5,0.2,1,
12,4.8,3.4,1.6,0.2,1,
13,4.8,3.0,1.4,0.1,1,
14,4.3,3.0,1.1,0.1,1,
```

```
15,5.8,4.0,1.2,0.2,1,
16,5.7,4.4,1.5,0.4,1,
17,5.4,3.9,1.3,0.4,1,
18,5.1,3.5,1.4,0.3,1,
19,5.7,3.8,1.7,0.3,1,
20,5.1,3.8,1.5,0.3,1,
21,5.4,3.4,1.7,0.2,1,
22,5.1,3.7,1.5,0.4,1,
23,4.6,3.6,1.0,0.2,1,
24,5.1,3.3,1.7,0.5,1,
25,4.8,3.4,1.9,0.2,1,
26,5.0,3.0,1.6,0.2,1,
27,5.0,3.4,1.6,0.4,1,
28,5.2,3.5,1.5,0.2,1,
29,5.2,3.4,1.4,0.2,1,
30,4.7,3.2,1.6,0.2,1,
31,4.8,3.1,1.6,0.2,1,
32,5.4,3.4,1.5,0.4,1,
33,5.2,4.1,1.5,0.1,1,
34,5.5,4.2,1.4,0.2,1,
35,4.9,3.1,1.5,0.1,1,
36,5.0,3.2,1.2,0.2,1,
37,5.5,3.5,1.3,0.2,1,
38,4.9,3.1,1.5,0.1,1,
39,4.4,3.0,1.3,0.2,1,
40,5.1,3.4,1.5,0.2,1,
41,5.0,3.5,1.3,0.3,1,
42,4.5,2.3,1.3,0.3,1,
43,4.4,3.2,1.3,0.2,1,
44,5.0,3.5,1.6,0.6,1,
45,5.1,3.8,1.9,0.4,1,
46,4.8,3.0,1.4,0.3,1,
47,5.1,3.8,1.6,0.2,1,
48,4.6,3.2,1.4,0.2,1,
49,5.3,3.7,1.5,0.2,1,
50,5.0,3.3,1.4,0.2,1,
51,7.0,3.2,4.7,1.4,2,
52,6.4,3.2,4.5,1.5,2,
53,6.9,3.1,4.9,1.5,2,
54,5.5,2.3,4.0,1.3,2,
55,6.5,2.8,4.6,1.5,2,
56,5.7,2.8,4.5,1.3,2,
57,6.3,3.3,4.7,1.6,2,
58,4.9,2.4,3.3,1.0,2,
59,6.6,2.9,4.6,1.3,2,
60,5.2,2.7,3.9,1.4,2,
61,5.0,2.0,3.5,1.0,2,
62,5.9,3.0,4.2,1.5,2,
```

```
63,6.0,2.2,4.0,1.0,2,
64,6.1,2.9,4.7,1.4,2,
65,5.6,2.9,3.6,1.3,2,
66,6.7,3.1,4.4,1.4,2,
67,5.6,3.0,4.5,1.5,2,
68,5.8,2.7,4.1,1.0,2,
69,6.2,2.2,4.5,1.5,2,
70,5.6,2.5,3.9,1.1,2,
71,5.9,3.2,4.8,1.8,2,
72,6.1,2.8,4.0,1.3,2,
73,6.3,2.5,4.9,1.5,2,
74,6.1,2.8,4.7,1.2,2,
75,6.4,2.9,4.3,1.3,2,
76,6.6,3.0,4.4,1.4,2,
77,6.8,2.8,4.8,1.4,2,
78,6.7,3.0,5.0,1.7,2,
79,6.0,2.9,4.5,1.5,2,
80,5.7,2.6,3.5,1.0,2,
81,5.5,2.4,3.8,1.1,2,
82,5.5,2.4,3.7,1.0,2,
83,5.8,2.7,3.9,1.2,2,
84,6.0,2.7,5.1,1.6,2,
85,5.4,3.0,4.5,1.5,2,
86,6.0,3.4,4.5,1.6,2,
87,6.7,3.1,4.7,1.5,2,
88,6.3,2.3,4.4,1.3,2,
89,5.6,3.0,4.1,1.3,2,
90,5.5,2.5,4.0,1.3,2,
91,5.5,2.6,4.4,1.2,2,
92,6.1,3.0,4.6,1.4,2,
93,5.8,2.6,4.0,1.2,2,
94,5.0,2.3,3.3,1.0,2,
95,5.6,2.7,4.2,1.3,2,
96,5.7,3.0,4.2,1.2,2,
97,5.7,2.9,4.2,1.3,2,
98,6.2,2.9,4.3,1.3,2,
99,5.1,2.5,3.0,1.1,2,
100,5.7,2.8,4.1,1.3,2,
101,6.3,3.3,6.0,2.5,3,
102,5.8,2.7,5.1,1.9,3,
103,7.1,3.0,5.9,2.1,3,
104,6.3,2.9,5.6,1.8,3,
105,6.5,3.0,5.8,2.2,3,
106,7.6,3.0,6.6,2.1,3,
107,4.9,2.5,4.5,1.7,3,
108,7.3,2.9,6.3,1.8,3,
109,6.7,2.5,5.8,1.8,3,
110,7.2,3.6,6.1,2.5,3,
```

```
111,6.5,3.2,5.1,2.0,3,
112,6.4,2.7,5.3,1.9,3,
113,6.8,3.0,5.5,2.1,3,
114,5.7,2.5,5.0,2.0,3,
115,5.8,2.8,5.1,2.4,3,
116,6.4,3.2,5.3,2.3,3,
117,6.5,3.0,5.5,1.8,3,
118,7.7,3.8,6.7,2.2,3,
119,7.7,2.6,6.9,2.3,3,
120,6.0,2.2,5.0,1.5,3,
121,6.9,3.2,5.7,2.3,3,
122,5.6,2.8,4.9,2.0,3,
123,7.7,2.8,6.7,2.0,3,
124,6.3,2.7,4.9,1.8,3,
125,6.7,3.3,5.7,2.1,3,
126,7.2,3.2,6.0,1.8,3,
127,6.2,2.8,4.8,1.8,3,
128,6.1,3.0,4.9,1.8,3,
129,6.4,2.8,5.6,2.1,3,
130,7.2,3.0,5.8,1.6,3,
131,7.4,2.8,6.1,1.9,3,
132,7.9,3.8,6.4,2.0,3,
133,6.4,2.8,5.6,2.2,3,
134,6.3,2.8,5.1,1.5,3,
135,6.1,2.6,5.6,1.4,3,
136,7.7,3.0,6.1,2.3,3,
137,6.3,3.4,5.6,2.4,3,
138,6.4,3.1,5.5,1.8,3,
139,6.0,3.0,4.8,1.8,3,
140,6.9,3.1,5.4,2.1,3,
141,6.7,3.1,5.6,2.4,3,
142,6.9,3.1,5.1,2.3,3,
143,5.8,2.7,5.1,1.9,3,
144,6.8,3.2,5.9,2.3,3,
145,6.7,3.3,5.7,2.5,3,
146,6.7,3.0,5.2,2.3,3,
147,6.3,2.5,5.0,1.9,3,
148,6.5,3.0,5.2,2.0,3,
149,6.2,3.4,5.4,2.3,3,
150,5.9,3.0,5.1,1.8,3
};
double data[N][A+2];          //训练集
double test[ON-N][A+2];       //测试集
double rule[N][A+2];          //规则集
int bb=0;                     //规则集中规则的个数
int attnum[A];                //各个属性取值的个数
//int iii,jjj;
/***********统计各属性取值的个数***********/
```

```
//初始化
/*
for(iii=0;iii<A;iii++)
{
    attnum[iii]=1;
    sort(&ordata[0][0],ON,iii+1);
    for(jjj=1;jjj<ON;jjj++)
    {
        if(ordata[jjj][iii+1]==ordata[jjj-1][iii+1]) continue;
        else attnum[iii]++;
    }
    cout<<attnum[iii]<<endl;
}
*/

struct node
{
    int leaf;                    //标志,叶子为1,否则为中间节点,取值为0
    double cla;                  //如果是叶节点,表示决策类的值
    int att[A];                  //已确定的条件属性,1为已确定,0为未确定
    double attvalue[A];          //已确定的条件属性的取值,初值为-1
    int i;                       //当前进行分支的条件属性号(0~A-1)
    double nextvalue[MAX];       //当前条件属性的取值
    struct node * next[MAX];     //指向当前条件属性取值的下一级

} * Tree;

int noden=0;

void out(double * a,int n);              //输出数组a,它有n行,A+2列
void sort(double * a,int num,int n);     //根据第n列对数组a进行排序
struct node * root();                    //生成根节点
double gainratio(double * d,int n,int a);//求有n个样本的数据集d的属性a的信息增益率
struct node * copynode(struct node * a,struct node * b);//复制a节点的数据到b节点
int isleaf(struct node * p);             //判断节点p是否为叶节点
void nextnode(struct node * p);          //根据当前节点生成孩子节点,返回值为0表示都是
                                         //叶节点,为1表示还存在孩子节点
void outnode(struct node * p);           //输出节点p
void outTree(struct node * p);           //输出树,p为根
int nodemaxi(struct node * p);           //求节点p的i

//函数声明

void main()
{
    int i,j,k;
    int bz1,bz2;
    int reco[CX];                        //能正确识别的样本个数
```

```
    int cannotreco[CX];                         //拒绝识别
    int recoerr[CX];                            //错误识别
    double recoratio[CX];                       //能正确识别的样本个数
    double cannotrecoratio[CX];                 //拒绝识别
    double recoerrratio[CX];                    //错误识别
    double nodenumber[CX];                      //节点个数

    double averagereco=0;                       //平均正确识别率
    double averagecannotreco=0;                 //平均拒绝识别率
    double averagerecoerr=0;                    //平均错误识别率
    double averagerule=0;                       //平均规则个数
    double averagenodenumber=0;                 //平均节点个数
    int c;
    for(c=0;c<CX;c++)
    {
        reco[c]=0;
        recoerr[c]=0;
        cannotreco[c]=0;
    }
    /************统计各属性取值的个数*************/
    //初始化
    for(i=0;i<A;i++)
    {
        attnum[i]=1;
        sort(&ordata[0][0],ON,i+1);
        //out(&ordata[0][0],ON);
        for(j=1;j<ON;j++)
        {
            if(ordata[j][i+1]==ordata[j-1][i+1]) continue;
            else attnum[i]++;
        }
    //cout<<attnum[i]<<endl;
    }

for(c=0;c<CX;c++)
{

    noden=0;
    bb=0;
    int l=0;
    /*****************生成训练集*****************/
    int a[ON];                                  //标志
    for(i=0;i<ON;i++)
        a[i]=0;                                 //标志初始化为 0
    for(i=0;i<N;i++)
    {
        k=rand()% ON;
        if(a[k]==0)                             //该随机产生的样本尚未被选中
```

```
        {
            //该样本记入 data[i]
            for(j=0;j<A+2;j++)
                data[i][j]=ordata[k][j];
            //标记 a[rand()% 150]为 1
            a[k]=1;
        }
        else //该随机产生的样本已经被选中
        {
            k=rand()% ON;
            //继续产生下一个随机数,直到对应样本未被选中
            while(a[k]==1)
            {
                k=rand()% ON;
            }
            //该样本记入 data[i]
            for(j=0;j<A+2;j++)
                data[i][j]=ordata[k][j];
            //标记 a[rand()% 150]为 1
            a[k]=1;
        }
    }

    /******************生成测试集******************/
    k=0;
    for(i=0;i<ON-N;i++)
    {
        while(a[k]==1)
        {
            k++;
        }
        for(j=0;j<A+2;j++)
            test[i][j]=ordata[k][j];
        k++;
    }

    for(i=0;i<N;i++)
        if(data[i][A+1]==2)
            l++;
        //cout<<"aaaa==  "<<l<<endl;
    for(i=0;i<N;i++)
        data[i][0]=i+1;
    for(i=0;i<ON-N;i++)
        test[i][0]=i+1;
//for(i=0;i<A;i++)
//cout<<i<<":"<<gainratio(&ordata[0][0],ON,i)<<endl;
Tree=root();
nextnode(Tree);
```

```
out(&data[0][0],N);
cout<<endl;
cout<<endl;
cout<<endl;
cout<<endl;
cout<<endl;
out(&test[0][0],ON-N);
//outnode(Tree);
outTree(Tree);
//cout<<bb<<endl;

for(i=0;i<ON-N;i++)
{
    bz2=1;                                      //默认为拒绝识别

    for(j=0;j<bb;j++)
    {
        bz1=1;                                  //默认为匹配
        for(k=0;k<A;k++)
        {
            if((test[i][k+1]==rule[j][k+1])||(rule[j][k+1]==0)) bz1=bz1*1;
            else {bz1=bz1*0;break;}
        }

        if((bz1==1)&&(test[i][A+1]==rule[j][A+1])) {reco[c]++; bz2=0;
            break;}
        if((bz1==1)&&(test[i][A+1]!=rule[j][A+1])) {recoerr[c]++;bz2=0;
            break;}
    }
    if(bz2==1) {cannotreco[c]++;}
}

nodenumber[c]=(double)noden;
recoratio[c]=(double)reco[c]/(double)(ON-N);
recoerrratio[c]=(double)recoerr[c]/(double)(ON-N);
cannotrecoratio[c]=(double)cannotreco[c]/(double)(ON-N);
cout<<"次数:"<<c<<endl;
cout<<"recog-right:"<<(double)reco[c]/(double)(ON-N)<<endl;
cout<<"recog-worng:"<<(double)recoerr[c]/(double)(ON-N)<<endl;
cout<<"recog-cannot:"<<(double)cannotreco[c]/(double)(ON-N)<<endl;
cout<<"nodenumber:"<<noden<<endl;

averagerule=averagerule+bb;

}

for(c=0;c<CX;c++)
{
    averagereco=averagereco+recoratio[c];
```

```
        averagerecoerr=averagerecoerr+recoerrratio[c];
        averagecannotreco=averagecannotreco+cannotrecoratio[c];
        averagenodenumber=averagenodenumber+nodenumber[c];
    }

        averagereco=averagereco/(double)CX;
        averagerecoerr=averagerecoerr/(double)CX;
        averagecannotreco=averagecannotreco/(double)CX;
        averagenodenumber=averagenodenumber/(double)CX;

    cout<<"average recog-right:"<<averagereco<<endl;
    cout<<"average recog-wrong:"<<averagerecoerr<<endl;
    cout<<"average recog-cannot:"<<averagecannotreco<<endl;
    cout<<"average nodenumber:"<<averagenodenumber<<endl;
    cout<<"averagerule:"<<averagerule/CX<<endl;

        //out(&test[0][0],ON-N);
        //cout<<ON-N<<endl;
        //out(&ordata[0][0],ON);
        //cout<<endl;
        //out(&data[0][0],N);

        cout<<"sss"<<endl;
    }

void out(double * a,int n)
{
    int i,j;
    for(i=0;i<n;i++)
    {
        //cout<<a[i * (A+2)]<<",";
        //cout<<a[i * (A+2)+A+1]<<",";

        for(j=0;j<A+2;j++)
        {
            cout<<a[i * (A+2)+j]<<',';
        }
        cout<<endl;
    }
}

void sort(double *a,int num,int n)          //根据第 n 列对数组 a 进行排序
{

    int i=0,j=0,k=0;
    double aa;
```

```
    k=0;
    for(i=0;i<A+2;i++)
    {
        if(n!=i) k++;
    }
    if(k==A+2)
    {
      cout<<"依据错误的属性序号进行排序!"<<endl;
      exit(0);
    }
    for(i=0;i<num;i++)
    {
        j=i;
        k=i;
        while(j<num)
        {
          if(a[j*(A+2)+n]<a[k*(A+2)+n])
          {
              k=j;
          }
          j++;
        }
        for(j=0;j<A+2;j++)
        {
            aa=a[i*(A+2)+j];
            a[i*(A+2)+j]=a[k*(A+2)+j];
            a[k*(A+2)+j]=aa;
        }
    }
}

struct node * root()                        //生成根节点
{
    struct node * r=new node;
    noden++;
    int i;
    int k;                                  //标志
    double gainr[A];
    int maxi=0;
    double max=0;

    //如果训练集为空,则直接返回空
    if(N==0) return(NULL);
    //判断训练集是否只含一个类
    k=0;
    for(i=1;i<N;i++)
    {
        if(data[i][A+1]!=data[0][A+1]) {k=1;break;}
```

```
            else continue;
    }
    //如果标志 k==1,表示不止一个类
    if(k==0)
    {
        r->leaf=0;
        r->cla=data[0][A+1];
    }
    else
    {
        r->leaf=0;
        r->cla=0;
        for(i=0;i<A;i++)
        {
            r->att[i]=0;
            r->attvalue[i]=-1;
        }
        //计算每个未确定条件属性的信息增益比例
        for(i=0;i<A;i++)
        {
            gainr[i]=0;
            if(r->att[i]==1) continue;
            gainr[i]=gainratio(&data[0][0],N,i);
            if(gainr[i]>max) {maxi=i;max=gainr[i];}
        }//maxi 记录信息增益比例最大的属性(0~3)
        r->i=maxi;
    }
    return (r);
}


double gainratio(double * d,int n,int a)//求有 n 个样本的数据集 d 的属性 a 的信息增
                                        //益率
{
    sort(d,n,a);
    int i,j,k,m,s;
    double sp=0;                         //属性 a 的信息熵
    double I=0;                          //决策类的熵
    double E=0;                          //属性 a 的条件熵
    double E1=0;
    //value 数组记录属性 a 的各个取值
    //double * value=new double(attnum[a]);
    //num 数组记录决策类各个取值的个数
    int num[C];

/*********************求决策类的熵***********************/
    sort(d,n,A+1);
    i=0;
    k=1;
    for(j=1;j<n;j++)
```

```
        {
            if(d[j * (A+2)+A+1]==d[i * (A+2)+A+1]) k++;
            else
            {
                I=I-(double)k/(double)n * log((double)k/(double)n);
                i=j;
                k=1;
            }
        }
    I=I-(double)k/(double)n * log((double)k/(double)n);
//cout<<"I="<<I<<endl;

/********************求属性 a 的熵和条件熵********************/
    sort(d,n,a+1);
    i=0;
    k=1;
    for(j=1;j<n;j++)
    {

        if(d[j * (A+2)+a+1]==d[i * (A+2)+a+1]) {k++; continue;}
        else
        {
            sp=sp-(double)k/(double)n * log((double)k/(double)n);//熵
            for(m=0;m<C;m++) num[m]=0;
            for(s=i;s<j;s++)
            {
                for(m=0;m<C;m++)
                {
                    if(d[s * (A+2)+A+1]==(double)(m+1)) num[m]++;
                }
            }
            E1=0;
            for(m=0;m<C;m++)
            {
                if((double)num[m]/(double)k==0) continue;

                E1=E1-(double)num[m]/(double)k * log((double)num[m]/(double)k);
                                //条件熵
            }
            E=E+(double)k/(double)n * E1;

            i=j;
            k=1;
        }



    }
sp=sp-(double)k/(double)n * log((double)k/(double)n);
```

```
        for(m=0;m<C;m++) num[m]=0;
        for(s=i;s<j;s++)
        {
            for(m=0;m<C;m++)
            {
                if(d[s * (A+2)+A+1]==(double)(m+1)) num[m]++;
                // break;
            }
        }
        E1=0;
        for(m=0;m<C;m++)
        {
            if((double)num[m]/(double)k==0) continue;

            E1=E1-(double)num[m]/(double)k * log((double)num[m]/(double)k); //条件熵
        }
        E=E+(double)k/(double)n * E1;

        //cout<<"E="<<E<<endl;
        //cout<<"sp="<<sp<<endl;

/*******************求属性 a 的条件熵*********************/

        if(sp==0) return(-10000);
    return((I-E)/sp);
}


struct node *copynode(struct node *a,struct node *b) //复制 a 节点的数据到 b 节
                                                     //点,非完全复制,后 3 项
                                                     //重新赋初值
{
    int i;
    b->leaf=a->leaf;
    b->cla=a->cla;
    for(i=0;i<A;i++)
    {
        b->att[i]=a->att[i];
        b->attvalue[i]=a->attvalue[i];
    }
    b->i=0;
    for(i=0;i<MAX;i++)
    {
        b->nextvalue[i]=0;
        b->next[i]=NULL;
    }
    return(b);
}
void nextnode(struct node * p)       //根据当前节点生成孩子节点,返回非叶节点的个数
```

```
{
    int notleaf=0;
    sort(&data[0][0],N,0);
    int i,j,k;
    int jsq;
    struct node * q;
    //double gainr[A];
    //int maxi=0;
    //double max=0;

    /***************生成当前数组 d***************/
    double * d;
    int bz[N];
    int n;                              //d 中样本的个数
    for(i=0;i<N;i++) bz[i]=1;           //等于 1 为满足节点 p 的样本
    for(i=0;i<A;i++)
    {
        if(p->att[i]==0) continue;
        for(j=0;j<N;j++)
        {
            if(data[j][i+1]!=p->attvalue[i])
                bz[j]=bz[j] * 0;
        }
    }
    n=0;
    for(i=0;i<N;i++)
    {
        if(bz[i]==1) n++;
    }
    //cout<< "aaaaaaaaan"<<n<<endl;
    d=new double[n * (A+2)];
    k=0;
    for(i=0;i<n;i++)
    {
        while((bz[k]==0)&&(k<N)) k++;
        //cout<<k<<endl;
        for(j=0;j<A+2;j++)
        {
            d[i * (A+2)+j]=data[k][j];
        }
        k++;
    }

    //out(d,n);
//cout<< "aaaaaaaaaaaaaaan:"<<n<<endl;

    /************生成孩子节点************/
    sort(&d[0],n,(p->i)+1);
    //cout<< "p->i:"<<p->i<<endl;
```

```
    k=0;
    jsq=0;                        //计数器清零
    for(i=0;i<n;i++)
    {
        if(d[i*(A+2)+(p->i)+1]==d[k*(A+2)+(p->i)+1]) continue;
        q=new node;
        noden++;
        q=copynode(p,q);
        q->att[p->i]=1;
        q->attvalue[p->i]=d[k*(A+2)+(p->i)+1];
        p->nextvalue[jsq]=d[k*(A+2)+(p->i)+1];
        p->next[jsq]=q;
        jsq++;
        k=i;
    }
    //最后一个孩子节点
    q=new node;
    noden++;
    q=copynode(p,q);
    q->att[p->i]=1;
    q->attvalue[p->i]=d[k*(A+2)+(p->i)+1];
    p->nextvalue[jsq]=d[k*(A+2)+(p->i)+1];
    p->next[jsq]=q;
    jsq++;
    p->nextvalue[jsq]=-1;
//标志叶节点
    //cout<<"jsq:"<<jsq<<endl;
    for(i=0;i<jsq;i++)
    {
        //cout<<i<<endl;
        if(isleaf(p->next[i])!=0)
        {
            p->next[i]->leaf=1;
            p->next[i]->cla=isleaf(p->next[i]);
        }
        else
        {

            //if(p->nextvalue[i]==-1) break;
            notleaf++;
                //计算每个未确定条件属性的信息增益比

            p->next[i]->i=nodemaxi(p->next[i]);
            //cout<<"aaaaaaaaa"<<endl;
            nextnode(p->next[i]);


        }
    }
```

```
//return(notleaf);
}

int isleaf(struct node * p)//判断节点 p 是否为叶节点，若为否返回 0,若为
                          //是返回决策类的值
{
    sort(&data[0][0],N,0);
    int i,j,k;
    //int jsq;
    //struct node * q;
    /****************生成当前数组 d*************/
    double * d;
    int bz[N];
    int n;                            //d 中样本的个数
    for(i=0;i<N;i++) bz[i]=1;          //等于 1 为满足节点 p 的样本
    for(i=0;i<A;i++)
    {
        if(p->att[i]==0) continue;
        for(j=0;j<N;j++)
        {
            if(data[j][i+1]!=p->attvalue[i])
                bz[j]=bz[j] * 0;
        }
    }
    n=0;
    for(i=0;i<N;i++)
    {
        if(bz[i]==1) n++;
    }
    //cout<<"n"<<n<<endl;
    d=new double[n * (A+2)];
    k=0;
    for(i=0;i<n;i++)
    {
        while((bz[k]==0)&&(k<N)) k++;
        //cout<<k<<endl;
        for(j=0;j<A+2;j++)
        {
            d[i * (A+2)+j]=data[k][j];
        }
        k++;
    }

    for(i=1;i<n;i++)
    {
        if(d[i * (A+2)+A+1]!=d[0 * (A+2)+A+1]) return(0);
    }
    p->cla=(int)d[0 * (A+2)+A+1];
```

```
    return((int)d[0 * (A+2)+A+1]);
}

void outnode(struct node * p)        //输出节点 p
{
    int i;
    cout<<"p->leaf:"<<p->leaf<<endl;
    cout<<"p->cla:"<<p->cla<<endl;
    cout<<"   att:    ";
    for(i=0;i<A;i++)
    {
        cout<<i<<"\t";
    }
    cout<<endl;
    cout<<" att[i]: ";
    for(i=0;i<A;i++)
    {
        cout<<p->att[i]<<"\t";
    }
    cout<<endl;
    cout<<"attvalue: ";
    for(i=0;i<A;i++)
    {
        cout<<p->attvalue[i]<<"\t";
    }
    cout<<endl;
    cout<<"p->i:"<<p->i<<endl;

    cout<<" next[i]: "<<endl;
    i=0;
    while(p->nextvalue[i]!=-1)
    {
        cout<<p->nextvalue[i]<<"\t"<<isleaf(p->next[i])<<endl;;
        i++;
    }
    cout<<endl;

    cout<<endl;
    cout<<endl;
    cout<<endl;
}


void outTree(struct node * p)                //输出树
{
    int i;

    if(isleaf(p)!=0)                         //是叶子
    {
        for(i=0;i<A;i++)
```

```
//        cout<<p->attvalue[i] * p->att[i]<<"\t";
//    cout<<p->cla<<endl;
/*******写入规则集*******/
        rule[bb][0]=bb;
        for(i=0;i<A;i++)
        {
            rule[bb][i+1]=p->attvalue[i] * p->att[i];
        }
        rule[bb][A+1]=p->cla;

        bb++;

    }
    else                                //是中间节点
    {
        i=0;
        while(p->nextvalue[i]!=-1)
        {
            outTree(p->next[i]);
            i++;
        }
    }
}


int nodemaxi(struct node * p)               //求节点 p 的 i
{
    int notleaf=0;
    sort(&data[0][0],N,0);
    int i,j,k;
    //int jsq;
    //struct node * q;
    double gainr[A];
    int maxi=-1;
    double max=-1;
    /***************生成当前数组 d**************/
    double * d;
    int bz[N];
    int n;                              //d中样本的个数
    for(i=0;i<N;i++) bz[i]=1;           //等于 1 为满足节点 p 的样本
    for(i=0;i<A;i++)
    {
        if(p->att[i]==0) continue;
        for(j=0;j<N;j++)
        {
            if(data[j][i+1]!=p->attvalue[i])
                bz[j]=bz[j] * 0;
        }
    }
```

```
    n=0;
    for(i=0;i<N;i++)
    {
        if(bz[i]==1) n++;
    }

    //cout<<"n"<<n<<endl;
    d=new double[n*(A+2)];
    k=0;
    for(i=0;i<n;i++)
    {
        while((bz[k]==0)&&(k<N)) k++;
      //cout<<k<<endl;
        for(j=0;j<A+2;j++)
        {
            d[i*(A+2)+j]=data[k][j];
        }
        k++;
    }

    //out(d,n);
        max=-1;
        for(j=0;j<A;j++)
        {

            gainr[j]=0;
            if(p->att[j]==1) continue;
            gainr[j]=gainratio(d,n,j);
            //if(gainr[j]<=0) continue;
            //cout<<"aaaaaaaaaaa"<<gainr[j]<<endl;
            if(gainr[j]>max) {maxi=j;max=gainr[j];}
        }//maxi 记录信息增益比最大的属性(0~3)
        //cout<<max<<","<<maxi<<endl;

return(maxi);

}
```

运行结果如图 4-9~图 4-14 所示。

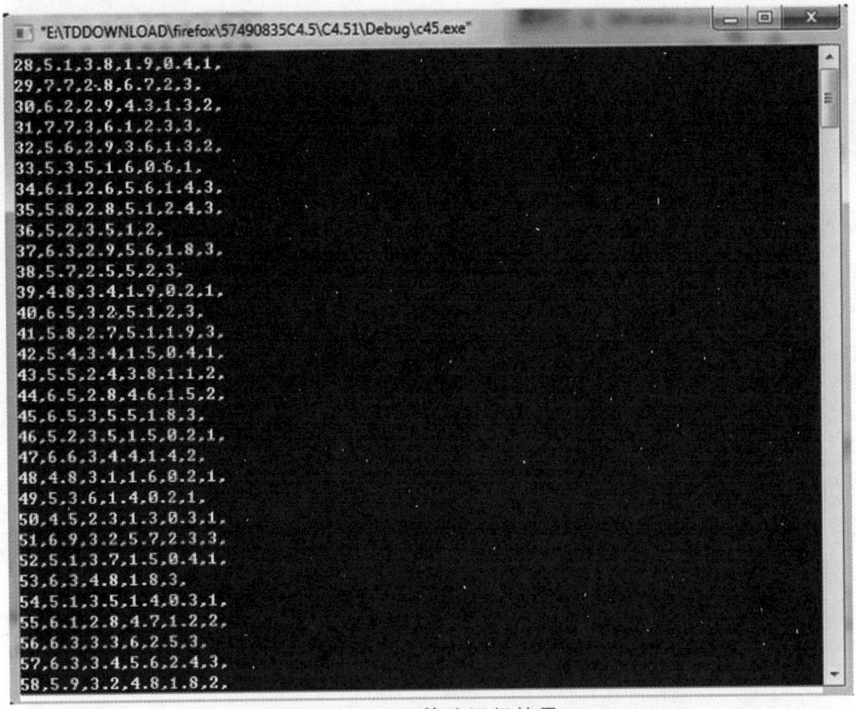

图 4-9　C4.5 算法运行结果 1

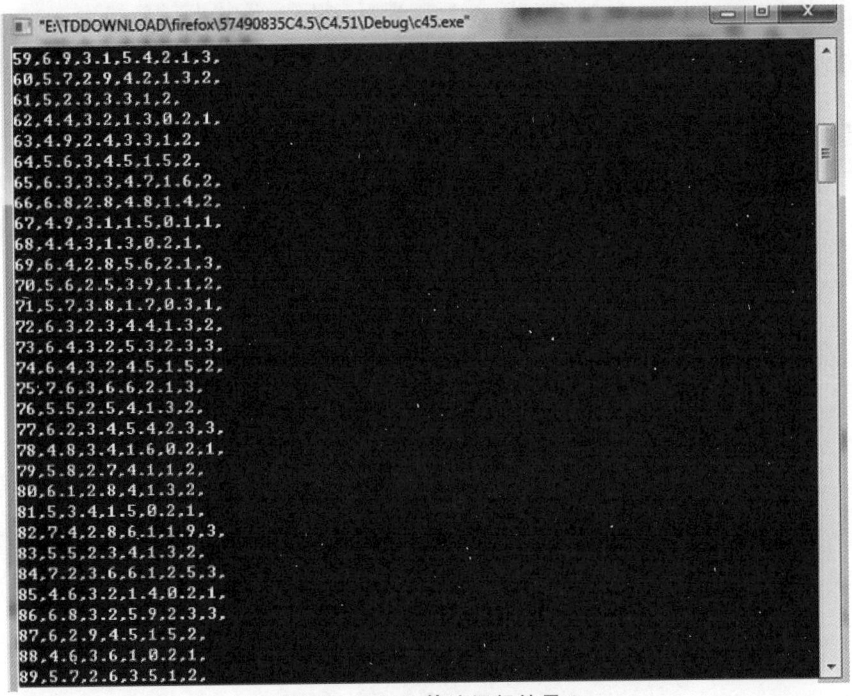

图 4-10　C4.5 算法运行结果 2

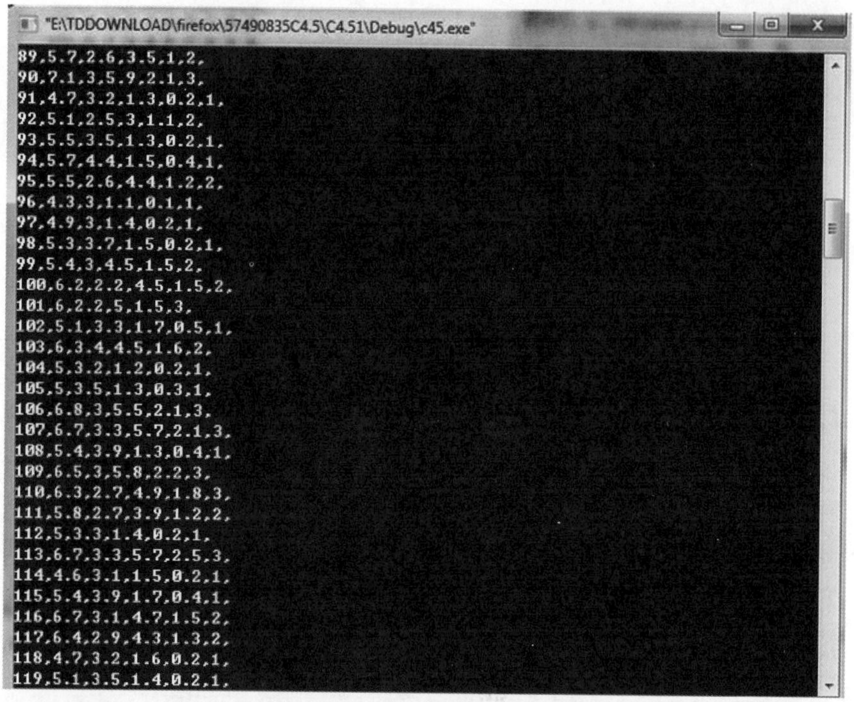

图 4-11　C4.5 算法运行结果 3

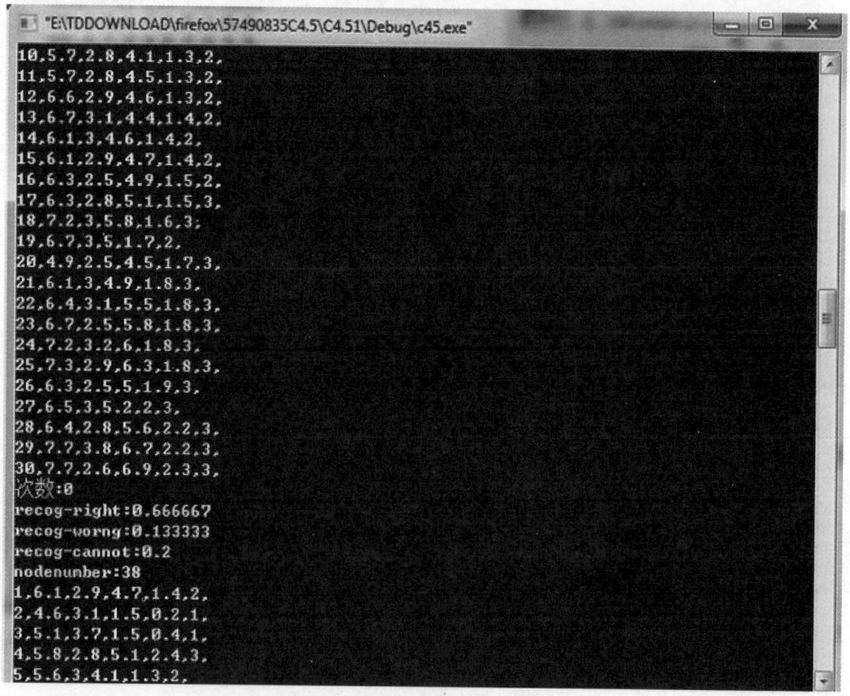

图 4-12　C4.5 算法运行结果 4

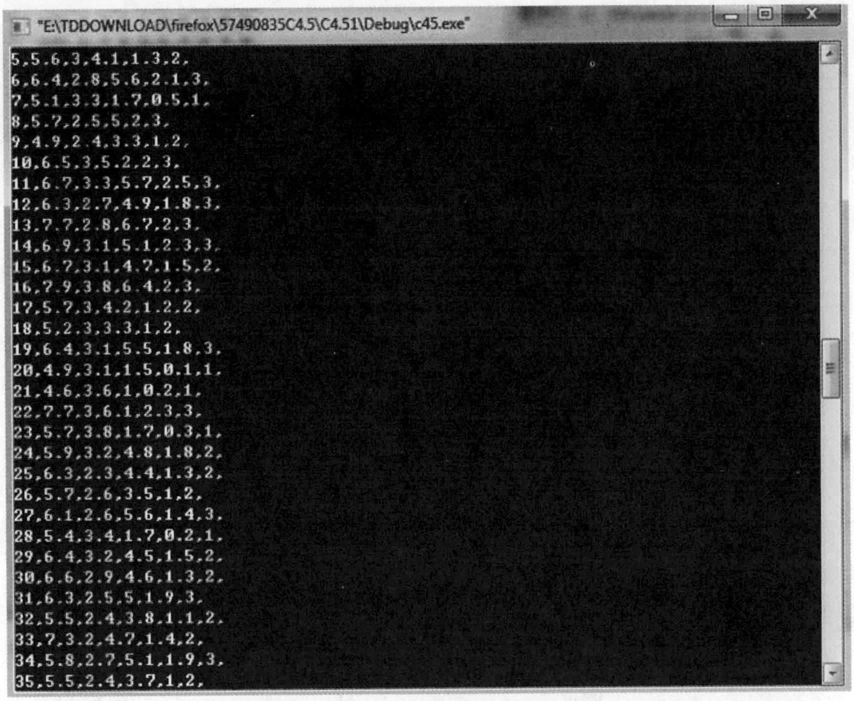

图 4-13　C4.5 算法运行结果 5

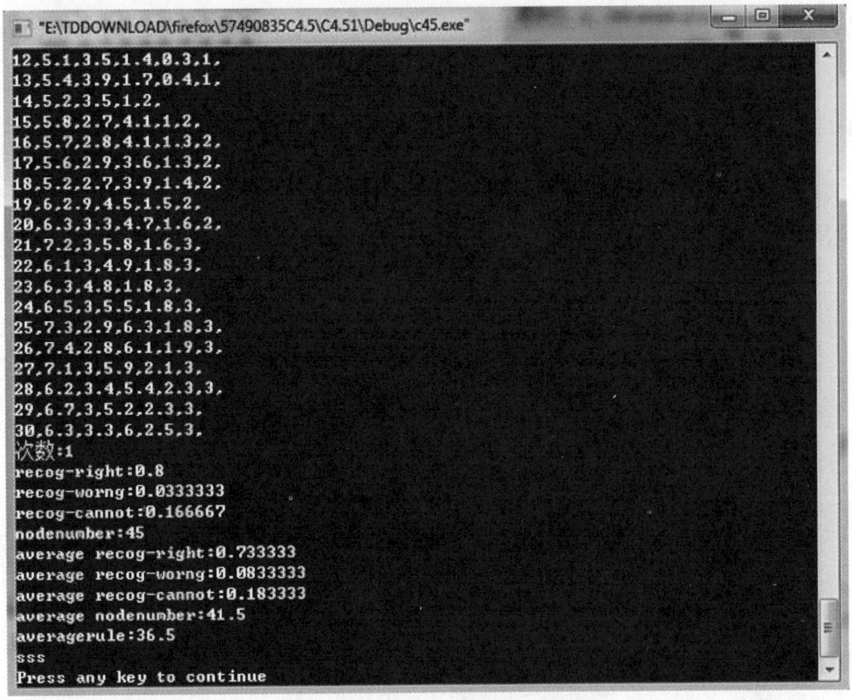

图 4-14　C4.5 算法运行结果 6

4.9 C4.5算法的特点及应用

4.9.1 C4.5算法特点

C4.5算法的优点:产生的分类规则易于理解,准确率较高。

C4.5算法的缺点:在构造树的过程中,需要对数据集进行多次顺序扫描和排序,因而导致算法效率较低。

4.9.2 C4.5算法应用

1. C4.5算法在保险客户流失分析中的应用

随着我国改革开放的深入,保险市场在逐步对外开放,保险市场的竞争更加激烈。客户是保险公司生存和发展的根基,而吸引客户、保持客户、避免客户流失是保险公司提高竞争力的关键。数据挖掘在保险领域有着广泛的应用,通过挖掘,可发现购买某一保险险种的客户的特征,从而可以向那些具有同样特征却没有购买该保险险种的客户进行推销;还可找到流失客户的特征,在那些具有相似特征的客户还未流失之前,采取针对性的措施避免客户的流失。利用数据挖掘中的面向属性归纳和分类决策树C4.5算法,对保险公司的客户基本信息进行分析,找出客户流失的特征,可以帮助保险公司有针对性地改善客户关系,避免客户流失。

2. C4.5算法在高校教学决策支持中的应用

随着我国高等教育的发展,各高校的招生规模不断扩大,教育模式也不断更新,使用基于校园网的教学管理系统,实现了信息化、网络化的教学,但同时也积累了大量的数据,如何从这些数据中挖掘出有价值的信息,为学校教学决策提供参考依据,是各高校面临的问题。决策树C4.5算法可以从学校积累的数据中进行有效分类,实现根据现有数据来预测未来的发展趋势。例如,可以通过C4.5对学生成绩进行分析,找出影响学生成绩的原因,提出相应的解决策略,更好地指导教学。

3. C4.5算法在网络入侵检测中的应用

随着计算机网络技术的迅猛发展和广泛应用,从网络资源中获得共享信息已经成为了人们日常生活中必不可少的方式之一。与此同时,人们也不得不面对由于入侵而引发的一系列网络安全问题的困扰。传统的防火墙技术已经难以单独保障网络的安全,入侵检测作为防火墙技术的补充开始发挥出不可替代的作用。入侵检测是一种通过实时监测目标系统来发现入侵攻击行为的安全技术。当前的大多数入侵检测系统采用基于规则的简单模式匹配技术,它们存在计算量大、误报漏报率高等缺点。针对这些不足,以决策树方法作为描述模型,实现决策树C4.5算法,使用训练集构建分类树来实现对入侵行为的检测。决策树分类算法具有构造速度快、分类精度高、检测速率快,以及良好的自适应和自学习等特点,适合用于攻击检测中。

4.10　小结

本章内容是决策树分类算法,其通常分为两个步骤:决策树生成和决策树修剪。重点介绍了两种决策树分类算法:ID3 算法和 C4.5 算法。本章阐述了它们的原理,C4.5 算法的核心思想与 ID3 完全一样。总结了它们的优点与缺点,并佐以实例和程序。最后简单介绍了它们的应用。

思考题

1. 连续属性如何离散化? 用 ID3 算法或 C4.5 算法举例说明。
2. 结合实例,应用 C4.5 算法挖掘决策树,并与 ID3 算法比较结果。
3. 决策树分类算法的过拟合问题如何解决?
4. 决策树分类算法的实质是什么?

第5章 贝叶斯分类算法

5.1 基本概念

5.1.1 主观概率

贝叶斯算法是一种研究不确定性的推理方法。不确定性常用贝叶斯概率表示,它是一种主观概率。通常的经典概率代表事件的物理特性,是不随人意识变化的客观存在。而贝叶斯概率则是人的认识,是个人主观的估计,随个人主观认识的变化而变化。例如,事件的贝叶斯概率只指个人对该事件的置信程度,因此是一种主观概率。

投掷硬币可能出现正反面两种情形,经典概率代表硬币正面朝上的概率,这是一个客观存在;而贝叶斯概率则指个人相信硬币会正面朝上的程度。

同样的例子还有,一个企业家认为"一项新产品在未来市场上销售"的概率是0.8,这里的0.8是根据他多年的经验和当时的一些市场信息综合而成的个人信念。

一个投资者认为"购买某种股票能获得高收益"的概率是0.6,这里的0.6是投资者根据自己多年股票生意经验和当时股票行情综合而成的个人信念。

贝叶斯概率是主观的,对其估计取决于先验知识的正确性和后验知识的丰富和准确度。因此贝叶斯概率常常可能随个人掌握信息的不同而发生变化。

对即将进行的羽毛球单打比赛结果进行预测,不同人对胜负的主观预测都不同。如果对两人的情况和各种现场的分析一无所知,就会认为二者的胜负比例为1∶1;如果知道其中一人为奥运会羽毛球单打冠军,而另一人只是某省队新队员,则可能给出的概率是奥运会冠军和省队队员的胜负比例为3∶1;如果进一步知道奥运会冠军刚好在前一场比赛中受过伤,则对他们胜负比例的主观预测可能会下调为2∶1。所有的预测推断都是主观的,基于后验知识的一种判断,取决于对各种信息的掌握。

经典概率方法强调客观存在,它认为不确定性是客观存在的。在同样的羽毛球单打比赛预测中,从经典概率的角度看,如果认为胜负比例为1∶1,则意味着在相同的条件下,如果两人进行100场比赛,其中一人可能会取得50场的胜利,同时丢掉另外50场。

主观概率不像经典概率那样强调多次重复,因此在许多不可能出现重复事件的场合能得到很好的应用。上面提到的企业家对未来产品的预测,投资者对股票是否能取得高收益的预测以及羽毛球比赛胜负的预测中,都不可能进行重复的实验,因此,利用主观概率,按照个人对事件的相信程度而对事件做出推断是一种很合理且易于解释的方法。

5.1.2　贝叶斯定理

1. 基础知识

（1）已知事件 A 发生的条件下，事件 B 发生的概率，叫作事件 B 在事件 A 发生下的条件概率，记为 $P(B|A)$，其中 $P(A)$ 叫作先验概率，$P(B|A)$ 叫作后验概率，计算条件概率的公式为

$$P(B|A) = \frac{P(A \cap B)}{P(A)} \tag{5-1}$$

条件概率公式通过变形得到乘法公式为

$$P(A \cap B) = P(B|A)P(A) \tag{5-2}$$

（2）设 A,B 为两个随机事件，如果 $P(AB) = P(A)P(B)$ 成立，则称事件 A 和 B 相互独立。此时有 $P(A|B) = P(A)$，$P(AB) = P(A)P(B)$ 成立。

设 $A_1, A_2, \cdots, A_n$ 为 n 个随机事件，如果对其中任意 m $(2 \leqslant m \leqslant n)$ 个事件 A_{k_1}，$A_{k_2}, \cdots, A_{k_m}$，都有

$$P(A_{k_1}, A_{k_2}, \cdots, A_{k_m}) = P(A_{k_1})P(A_{k_2}) \cdots P(A_{k_m}) \tag{5-3}$$

成立，则称事件 $A_1, A_2, \cdots, A_n$ 相互独立。

（3）设 $B_1, B_2, \cdots, B_n$ 为互不相容事件，$P(B_i) > 0$，$i = 1, 2, \cdots, n$，且 $\bigcup_{i=1}^{n} B_i = \Omega$，对任意的事件 $A \subset \bigcup_{i=1}^{n} B_i$，计算事件 A 概率的公式为

$$P(A) = \sum_{i=1}^{n} P(B_i)P(A|B_i) \tag{5-4}$$

设 $B_1, B_2, \cdots, B_n$ 为互不相容事件，$P(B_i) > 0$，$i = 1, 2, \cdots, n$，$P(A) > 0$，则在事件 A 发生的条件下，事件 B_i 发生的概率为

$$P(B_i|A) = \frac{P(B_iA)}{P(A)} = \frac{P(B_i)P(A|B_i)}{\sum_{i=1}^{n} P(B_i)P(A|B_i)} \tag{5-5}$$

则称该公式为贝叶斯公式。

2. 贝叶斯决策准则

假设 $\Omega = \{C_1, C_2, \cdots, C_m\}$ 是有 m 个不同类别的集合，特征向量 $\boldsymbol{X}$ 是 d 维向量，$P(\boldsymbol{X}|C_i)$ 是特征向量 $\boldsymbol{X}$ 在类别 C_i 状态下的条件概率，$P(C_i)$ 为类别 C_i 的先验概率。根据前面所述的贝叶斯公式，后验概率 $P(C_i|\boldsymbol{X})$ 的计算公式为

$$P(C_i|\boldsymbol{X}) = \frac{P(\boldsymbol{X}|C_i)}{P(\boldsymbol{X})} P(C_i) \tag{5-6}$$

其中，$P(\boldsymbol{X}) = \sum_{j=1}^{m} P(\boldsymbol{X}|C_j)P(C_j)$。

贝叶斯决策准则：如果对于任意 $i \neq j$，都有 $P(C_i|\boldsymbol{X}) > P(C_j|\boldsymbol{X})$ 成立，则样本模式

X 被判定为类别 C_i。

3. 极大后验假设

根据贝叶斯公式可得到一种计算后验概率的方法：在一定假设的条件下，根据先验概率和统计样本数据得到的概率，可以得到后验概率。

令 $P(c)$ 是假设 c 的先验概率，它表示 c 是正确假设的概率，$P(X)$ 表示的是训练样本 X 的先验概率，$P(X|c)$ 表示在假设 c 正确的条件下样本 X 发生或出现的概率，根据贝叶斯公式可以得到后验概率的计算公式为

$$P(c|X) = \frac{P(X|c)P(c)}{P(X)} \tag{5-7}$$

设 C 为类别集合，也就是待选假设集合，在给定未知类别标号样本 X 时，通过计算找到可能性最大的假设 $c \in C$，具有最大可能性的假设或类别被称为极大后验假设（maximum a posteriori），记作 c_{map}。

$$c_{map} = \underset{c \in C}{\mathrm{argmax}} P(c|X) = \underset{c \in C}{\mathrm{argmax}} \frac{P(X|c)P(c)}{P(X)} \tag{5-8}$$

由于 $P(X)$ 与假设 c 无关，故上式可变为

$$c_{map} = \underset{c \in C}{\mathrm{argmax}} P(X|c)P(c) \tag{5-9}$$

当没有给定类别概率的情形下，可做一个简单的假定。假设 C 中每个假设都有相等的先验概率，也就是对于任意的 $c_i, c_j \in C (i \neq j)$，都有 $P(c_i) = P(c_j)$，再做进一步简化，只需计算 $P(X|c)$ 找到使之达到最大的假设。$P(X|c)$ 被称为极大似然假设（maximum likelihood），记为 c_{ml}。

$$c_{ml} = \underset{c \in C}{\mathrm{argmax}} P(X|c) \tag{5-10}$$

5.2 贝叶斯分类算法原理

5.2.1 朴素贝叶斯分类模型

贝叶斯分类器诸多算法中朴素贝叶斯分类模型是最早的。它的算法逻辑简单，构造的朴素贝叶斯分类模型结构也比较简单，运算速度比同类算法快很多，分类所需的时间也比较短，并且大多数情况下分类精度也比较高，因而在实际中得到了广泛的应用。该分类器有一个朴素的假定：以属性的类条件独立性假设为前提，即在给定类别状态的条件下，属性之间是相互独立的。朴素贝叶斯分类器的结构示意图如图 5-1 所示。

假设样本空间有 m 个类别 $\{C_1, C_2, \cdots, C_m\}$，数据集有 n 个属性 $A_1, A_2, \cdots, A_n$，给定一未知类别的样本 $X = (x_1, x_2, \cdots, x_n)$，其中 x_i 表示第 i 个属性的取值，即 $x_i \in A_i$，则可用贝叶斯公式计算样本 $X = (x_1, x_2, \cdots, x_n)$ 属于类别 $C_k (1 \leqslant k \leqslant m)$ 的概率。由贝叶斯公式，有 $P(C_k|X) = \frac{P(C_k)P(X|C_k)}{P(X)} \propto P(C_k)P(X|C_k)$，即要得到 $P(C_k|X)$ 的值，关键是要计算 $P(X|C_k)$ 和 $P(C_k)$。令 $C(X)$ 为 X 所属的类别标签，由贝叶斯分类准则，如

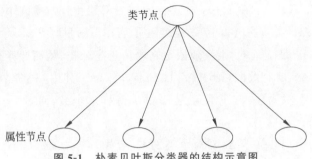

类节点

属性节点

图 5-1 朴素贝叶斯分类器的结构示意图

果对于任意 $i \neq j$ 都有 $P(C_i | \boldsymbol{X}) > P(C_j | \boldsymbol{X})$ 成立,则把未知类别的样本 $\boldsymbol{X}$ 指派给类别 C_i,贝叶斯分类器的计算模型为

$$V(\boldsymbol{X}) = \arg\max_i P(C_i) P(\boldsymbol{X} | C_i) \tag{5-11}$$

由朴素贝叶斯分类器的属性独立性假设,假设各属性 $x_i (i = 1, 2, \cdots, n)$ 间相互类条件独立,则

$$P(\boldsymbol{X} | C_i) = \prod_{k=1}^{n} P(x_k | C_i) \tag{5-12}$$

于是式(5-11)被修改为

$$V(\boldsymbol{X}) = \arg\max_i P(C_i) \prod_{k=1}^{n} P(x_k | C_i) \tag{5-13}$$

$P(C_i)$ 为先验概率,可通过 $P(C_i) = d_i / d$ 计算得到。其中,d_i 是属于类别 C_i 的训练样本的个数,d 是训练样本的总数。若属性 A_k 是离散的,则概率可由 $P(x_k | C_i) = d_{ik} / d_i$ 计算得到。其中,d_{ik} 是训练样本集合中属于类 C_i 并且属性 A_k 取值为 x_k 的样本个数,d_i 是属于类 C_i 的训练样本个数。朴素贝叶斯分类的工作过程如下。

(1)用一个 n 维特征向量 $\boldsymbol{X} = (x_1, x_2, \cdots, x_n)$ 来表示数据样本,描述样本 $\boldsymbol{X}$ 对 n 个属性 $A_1, A_2, \cdots, A_n$ 的量度。

(2)假定样本空间有 m 个类别状态 $C_1, C_2, \cdots, C_m$,对于给定的一个未知类别标号的数据样本 $\boldsymbol{X}$,分类算法将 $\boldsymbol{X}$ 判定为具有最高后验概率的类别,也就是说,朴素贝叶斯分类算法将未知类别的样本 $\boldsymbol{X}$ 分配给类别 C_i,当且仅当对于任意的 j,始终有 $P(C_i | \boldsymbol{X}) > P(C_j | \boldsymbol{X})$ 成立,$1 \leqslant i \leqslant m, 1 \leqslant j \leqslant m, j \neq i$。使 $P(C_i | \boldsymbol{X})$ 取得最大值的类别 C_i 被称为最大后验假定。

(3)由于 $P(\boldsymbol{X})$ 不依赖类别状态,对于所有类别都是常数,故根据贝叶斯定理,最大化 $P(C_i | \boldsymbol{X})$ 只需要最大化 $P(\boldsymbol{X} | C_i) P(C_i)$ 即可。如果类的先验概率未知,则通常假设这些类别的概率是相等的,即 $P(C_1) = P(C_2) = \cdots = P(C_m)$,所以只需要最大化 $P(\boldsymbol{X} | C_i)$ 即可,否则就要最大化 $P(\boldsymbol{X} | C_i) P(C_i)$。其中,可用频率 S_i / S 对 $P(C_i)$ 进行估计计算,S_i 是给定类别 C_i 中训练样本的个数,S 是训练样本(实例空间)的总数。

(4)当实例空间中训练样本的属性较多时,计算 $P(\boldsymbol{X} | C_i)$ 可能会比较费时,开销较大,此时可以做类条件独立性的假定:在给定样本类别标号的条件下,假定属性值是相互条件独立的,属性之间不存在任何依赖关系,则下面等式成立:$P(\boldsymbol{X} | C_i) = \prod_{k=1}^{n} P(x_k | C_i)$。

其中,概率 $P(x_1|C_i),P(x_2|C_i),\cdots,P(x_n|C_i)$ 的计算可由样本空间中的训练样本进行估计。实际问题中根据样本属性 A_k 的离散连续性质,考虑下面两种情形。

- 如果属性 A_k 是连续的,则一般假定它服从正态分布,从而计算类条件概率。
- 如果属性 A_k 是离散的,则 $P(x_k|C_i)=S_{ik}/S_i$。其中,S_{ik} 是在实例空间中类别为 C_i 的样本中属性 A_k 上取值为 x_k 的训练样本个数,而 S_i 是属于类别 C_i 的训练样本个数。

(5) 对于未知类别的样本 $\boldsymbol{X}$,对每个类别 C_i 分别计算 $P(\boldsymbol{X}|C_i)P(C_i)$。样本 $\boldsymbol{X}$ 被认为属于类别 C_i,当且仅当 $P(\boldsymbol{X}|C_i)P(C_i)>P(\boldsymbol{X}|C_j)P(C_j),1\leqslant i\leqslant m,1\leqslant j\leqslant m,j\neq i$,也就是说,样本 $\boldsymbol{X}$ 被指派到使 $P(\boldsymbol{X}|C_i)P(C_i)$ 取得最大值的类别 C_i。

朴素贝叶斯分类模型的算法描述如下。

(1) 对训练样本数据集和测试样本数据集进行离散化处理和缺失值处理。

(2) 扫描训练样本数据集,分别统计训练集中类别 C_i 的个数 d_i 和属于类别 C_i 的样本中属性 A_k 取值为 x_k 的实例样本个数 d_{ik},构成统计表。

(3) 计算先验概率 $P(C_i)=d_i/d$ 和条件概率 $P(A_k=x_k|C_i)=d_{ik}/d_i$,构成概率表。

(4) 构建分类模型 $V(\boldsymbol{X})=\underset{i}{\arg\max}P(C_i)P(\boldsymbol{X}|C_i)$。

(5) 扫描待分类的样本数据集,调用已得到的统计表、概率表以及构建好的分类准则,得出分类结果。

5.2.2 贝叶斯信念网络

朴素贝叶斯分类器的条件独立假设似乎太严格了,特别是对那些属性之间有一定相关性的分类问题。下面介绍一种更灵活的类条件概率 $P(X|Y)$ 的建模方法。该方法不要求给定类的所有属性条件独立,而是允许指定哪些属性条件独立。

1. 模型表示

贝叶斯信念网络(Bayesian Belief Network,BBN),简称贝叶斯网络,用图形表示一组随机变量之间的概率关系。贝叶斯网络有以下两个主要成分。

(1) 一个有向无环图(Directed Acyclic Graph,DAG),表示变量之间的依赖关系。

(2) 一个概率表,把各节点和它的直接父节点关联起来。

考虑 3 个随机变量 A、B 和 C,其中 A 和 B 相互独立,并且都直接影响第 3 个变量 C。3 个变量之间的关系可以用图 5-2(a)中的有向无环图概括。图中每个节点表示一个变量,每条弧表示变量之间的依赖关系。如果从 X 到 Y 有一条有向弧,则 X 是 Y 的父母,Y 是 X 的子女。另外,如果网络中存在一条从 X 到 Z 的有向路径,则 X 是 Z 的祖先,而 Z 是 X 的后代。例如,在图 5-2(b)中,A 是 D 的后代,D 是 B 的祖先,而且 B 和 D 都不是 A 的后代节点。贝叶斯网络的重要性质:贝叶斯网络中的一个节点,如果它的父节点已知,则它条件独立于其所有的非后代节点。图 5-2(b)中给定 C,A 条件独立于 B 和 D,

因为 B 和 D 都是 A 的非后代节点。朴素贝叶斯分类器中的条件独立假设也可以用贝叶斯网络来表示。如图 5-2(c)所示,其中 Y 是目标类,$\{X_1, X_2, \cdots, X_5\}$ 是属性集。

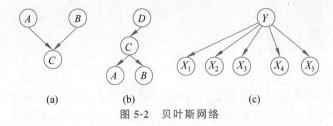

图 5-2　贝叶斯网络

在贝叶斯网络中,除了网络拓扑结构要求的条件独立性外,每个节点还关联一个概率表。如果节点 X 没有父节点,则表中只包含先验概率 $P(X)$;如果节点 X 只有一个父节点 Y,则表中包含条件概率 $P(X|Y)$;如果节点 X 有多个父节点 $\{Y_1, Y_2, \cdots, Y_k\}$,则表中包含条件概率 $P(X|Y_1, Y_2, \cdots, Y_k)$。

图 5-3 是贝叶斯网络的一个例子,对心脏病或心口痛患者建模。假设图中每个变量都是二值的。心脏病节点(HD)的父节点对应于影响该疾病的危险因素,如锻炼(E)和饮食(D)等。心脏病节点的子节点对应该病的症状,如胸痛(CP)和高血压(BP)等。如图 5-3 所示,心口痛(HB)可能源于不健康的饮食,同时又可能导致胸痛。

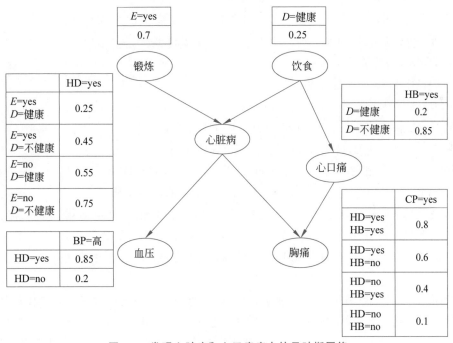

图 5-3　发现心脏病和心口痛病人的贝叶斯网络

影响疾病的危险因素对应的节点只包含先验概率,而心脏病、心口痛以及它们的相应症状所对应的节点都包含条件概率。为了节省空间,图中省略了一些概率。注意 $P(X=\bar{x})=1-P(X=x)$,$P(X=\bar{x}|Y)=1-P(X=x|Y)$,其中 $\bar{x}$ 表示与 x 相反的结

果。因此,省略的概率可以很容易求得。例如,条件概率

$$P(心脏病 = no | 锻炼 = no,饮食 = 健康) = 1 - P(心脏病 = yes | 锻炼 = no,饮食 = 健康)$$
$$= 1 - 0.55$$
$$= 0.45$$

2. 模型建立

贝叶斯网络的建模包括两个步骤:创建网络结构以及估计每个节点的概率表中的概率值。网络拓扑结构可以通过对主观的领域专家知识编码获得,算法 5.1 给出了归纳贝叶斯网络拓扑结构的一个系统过程。

算法 5.1 贝叶斯网络拓扑结构的生成算法。

(1) 设 $T = (X_1, X_2, \cdots, X_d)$ 表示变量的一个总体次序。

(2) FOR $j = 1$ to d DO。

(3) 令 $X_T(j)$ 表示 T 中第 j 个次序最高的变量。

(4) 令 $\pi(X_T(j)) = \{X_1, X_2, \cdots, X_T(j-1)\}$ 表示排在 $X_T(j)$ 前面的变量的集合。

(5) 从 $\pi(X_T(j))$ 中去掉对 X_j 没有影响的变量(使用先验知识)。

(6) 在 $X_T(j)$ 和 $\pi(X_T(j))$ 中剩余的变量之间画弧。

(7) END FOR。

以图 5-3 为例解释上述步骤,执行步骤(1)后,设变量次序为 (E, D, HD, HB, CP, BP),从变量 D 开始,经过步骤(2)~(7),得到以下条件概率。

- $P(D | E)$ 化简为 $P(D)$。
- $P(HD | E, D)$ 不能化简。
- $P(HB | HD, E, D)$ 化简为 $P(HB | D)$。
- $P(CP | HB, HD, E, D)$ 化简为 $P(CP | HB, HD)$。
- $P(BP | CP, HB, HD, E, D)$ 化简为 $P(BP | HD)$。

基于以上条件概率,创建节点之间的弧 (E, HD)、(D, HD)、(D, HB)、(HD, CP)、(HB, CP) 和 (HD, BP)。这些弧构成了如图 5-3 所示的网络结构。

算法 5.1 保证生成的拓扑结构不包括环。这一点的证明也很简单。如果存在环,至少有一条弧从低序节点指向高序节点,并且至少存在另一条弧从高序节点指向低序节点。由于算法 5.1 不允许从低序节点到高序节点的弧存在,因此拓扑结构中不存在环。

然而,如果对变量采用不同的排序方案,得到的网络拓扑结构可能会有变化。某些拓扑结构可能质量很差,因为它在不同的节点对之间产生了很多条弧。从理论上讲,可能需要检查所有 d! 种可能的排序才能确定最佳的拓扑结构,这是一项计算开销很大的任务。一种替代的方法是把变量分为原因变量和结果变量,然后从各原因变量向其对应的结果变量画弧。这种方法简化了贝叶斯网络结构的建立。一旦找到了合适的拓扑结构,与各节点关联的概率表就确定了。对这些概率的估计比较容易,与朴素贝叶斯分类器中所用的方法类似。

5.3 贝叶斯算法实例分析

5.3.1 朴素贝叶斯分类器

【例 5.1】 应用朴素贝叶斯分类器来解决这样一个分类问题：根据天气状况来判断某天是否适合打网球。给定如表 5-1 所示的 14 个训练实例，其中每天由属性 outlook，temperature，humidity 和 windy 来表征，类属性为 play tennis。

表 5-1 14 个训练实例

day	outlook	temperature	humidity	windy	play tennis
1	sunny	hot	high	weak	no
2	sunny	hot	high	strong	no
3	overcast	hot	high	weak	yes
4	rain	mild	high	weak	yes
5	rain	cool	normal	weak	yes
6	rain	cool	normal	strong	no
7	overcast	cool	normal	strong	yes
8	sunny	mild	high	weak	no
9	sunny	cool	normal	weak	yes
10	rain	mild	normal	weak	yes
11	sunny	mild	normal	strong	yes
12	overcast	mild	high	strong	yes
13	overcast	hot	normal	weak	yes
14	rain	mild	high	strong	no

现有一测试实例 x：＜outlook＝sunny，temperature＝cool，humidity＝high，windy＝strong＞，问这一天是否适合打网球？显然，我们的任务就是要预测此新实例的类属性 play tennis 的取值（yes 或 no），为此，我们构建了如图 5-4 所示的朴素贝叶斯分类器。

图中的类节点 C 表示类属性 play tennis，其他 4 个节点 A_1，A_2，A_3，A_4 分别代表 4 个属性 outlook，temperature，humidity，windy，类节点 C 是

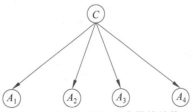

图 5-4 朴素贝叶斯分类器的结构

所有属性节点的父节点，属性节点和属性节点之间没有任何的依赖关系。根据公式有

$$V(x) = \underset{c \in \{\text{yes}, \text{no}\}}{\arg\max} P(c) P(\text{sunny} \mid c) P(\text{cool} \mid c) P(\text{high} \mid c) P(\text{strong} \mid c)$$

为计算 $V(x)$，需要从如表 5-1 所示的 14 个训练实例中估计出概率：$P(\text{yes})$，$P(\text{sunny}|\text{yes})$，$P(\text{cool}|\text{yes})$，$P(\text{high}|\text{yes})$，$P(\text{strong}|\text{yes})$，$P(\text{no})$，$P(\text{sunny}|\text{no})$，$P(\text{cool}|\text{no})$，$P(\text{high}|\text{no})$，$P(\text{strong}|\text{no})$。具体的计算如下：

$$P(\text{yes})=9/14$$
$$P(\text{sunny}|\text{yes})=2/9$$
$$P(\text{cool}|\text{yes})=3/9$$
$$P(\text{high}|\text{yes})=3/9$$
$$P(\text{strong}|\text{yes})=3/9$$
$$P(\text{no})=5/14$$
$$P(\text{sunny}|\text{no})=3/5$$
$$P(\text{cool}|\text{no})=1/5$$
$$P(\text{high}|\text{no})=4/5$$
$$P(\text{strong}|\text{no})=3/5$$

所以有

$$P(\text{yes})P(\text{sunny}|\text{yes})P(\text{cool}|\text{yes})P(\text{high}|\text{yes})P(\text{strong}|\text{yes})=0.005\,291$$

$$P(\text{no})P(\text{sunny}|\text{no})P(\text{cool}|\text{no})P(\text{high}|\text{no})P(\text{strong}|\text{no})=0.020\,570\,4$$

可见，朴素贝叶斯分类器将此实例分类为 no。

【例 5.2】 应用朴素贝叶斯分类器来解决这样一个分类问题：给出一个商场顾客数据库（训练样本集合），判断某一顾客是否会买计算机。给定如表 5-2 所示的 15 个训练实例，其中每个实例由属性 age，income，student，credit rating 来表征，样本集合的类别属性为 buy computer，该属性有两个不同的取值，即 {yes,no}，因此就有两个不同的类别（$m=2$）。设 C_1 对应 yes 类别，C_2 对应 no 类别。

表 5-2　15 个训练实例

age	income	student	credit rating	buy computer
≤30	high	no	fair	no
≤30	high	no	excellent	no
31~40	high	no	fair	yes
>40	medium	no	fair	yes
>40	low	yes	fair	yes
>40	low	yes	excellent	no
31~40	low	yes	excellent	yes
≤30	medium	no	fair	no
≤30	low	yes	fair	yes
>40	medium	yes	fair	yes

续表

age	income	student	credit rating	buy computer
≤30	medium	yes	excellent	yes
31~40	medium	no	excellent	yes
31~40	high	yes	fair	yes
>40	medium	no	excellent	no

现有一测试实例 x：(age≤30,income＝medium,student＝yes,credit rating＝fair)，问：这一实例是否会买计算机？我们的任务是要判断给定的测试实例是属于 C_1 还是 C_2。

根据公式有

$$V(x) = \operatorname*{argmax}_{c \in \{\text{yes,no}\}} P(c) P(\text{age} \leqslant 30 \mid c) P(\text{medium} \mid c) P(\text{yes} \mid c) P(\text{fair} \mid c)$$

为计算 $V(x)$，计算每个类的先验概率 $P(C_i)$，即

$$P(C_i): P(\text{buy computer} = \text{'yes'}) = 9/14 = 0.643$$

$$P(\text{buy computer} = \text{'no'}) = 5/14 = 0.357$$

为计算 $P(X \mid C_i)$，$i = 1$、2，计算下面的条件概率：

$P(\text{age} = '\leqslant 30' \mid \text{buy computer} = \text{'yes'}) = 2/9 = 0.222$

$P(\text{age} = '\leqslant 30' \mid \text{buy computer} = \text{'no'}) = 3/5 = 0.6$

$P(\text{income} = \text{'medium'} \mid \text{buy computer} = \text{'yes'}) = 4/9 = 0.444$

$P(\text{income} = \text{'medium'} \mid \text{buy computer} = \text{'no'}) = 2/5 = 0.4$

$P(\text{student} = \text{'yes'} \mid \text{buy computer} = \text{'yes'}) = 6/9 = 0.667$

$P(\text{student} = \text{'yes'} \mid \text{buy computer} = \text{'no'}) = 1/5 = 0.2$

$P(\text{credit rating} = \text{'fair'} \mid \text{buy computer} = \text{'yes'}) = 6/9 = 0.667$

$P(\text{credit rating} = \text{'fair'} \mid \text{buy computer} = \text{'no'}) = 2/5 = 0.4$

$X = (\text{age} \leqslant 30, \text{income} = \text{medium}, \text{student} = \text{yes}, \text{credit rating} = \text{fair})$

$P(X \mid C_i): P(X \mid \text{buy computer} = \text{'yes'}) = 0.222 \times 0.444 \times 0.667 \times 0.667 = 0.044$

$$P(X \mid \text{buy computer} = \text{'no'}) = 0.6 \times 0.4 \times 0.2 \times 0.4 = 0.019$$

$P(X \mid C_i) \cdot P(C_i): P(X \mid \text{buy computer} = \text{'yes'}) \cdot P(\text{buy computer} = \text{'yes'}) = 0.028$

$$P(X \mid \text{buy computer} = \text{'no'}) \cdot P(\text{buy computer} = \text{'no'}) = 0.007$$

因此，对于样本 X，朴素贝叶斯分类预测 buy computer＝'yes'。

5.3.2　贝叶斯信念网络应用

使用如图 5-3 所示的 BBN 来诊断一个人是否患有心脏病。下面阐释在不同的情况下如何做出诊断。

情况一：没有先验信息。

在没有任何先验信息的情况下，可以通过计算先验概率 $P(\text{HD}=\text{yes})$ 和 $P(\text{HD}=\text{no})$ 来确定一个病人是否可能患心脏病。为了表述方便，设 $\alpha\in\{\text{yes},\text{no}\}$ 表示锻炼的两个值，$\beta\in\{\text{健康},\text{不健康}\}$ 表示饮食的两个值。

$$P(\text{HD}=\text{yes})=\sum_\alpha\sum_\beta P(\text{HD}=\text{yes}\mid E=\alpha,D=\beta)P(E=\alpha,D=\beta)$$

$$=\sum_\alpha\sum_\beta P(\text{HD}=\text{yes}\mid E=\alpha,D=\beta)P(E=\alpha)P(D=\beta)$$

$$=0.25\times0.7\times0.25+0.45\times0.7\times0.75+$$
$$0.55\times0.3\times0.25+0.75\times0.3\times0.75$$
$$=0.49$$

因为 $P(\text{HD}=\text{no})=1-P(\text{HD}=\text{yes})=0.51$，所以，此人不得心脏病的概率略微大一些。

情况二：高血压。

如果一个人患有高血压，可以通过比较后验概率 $P(\text{HD}=\text{yes}\mid\text{BP}=\text{高})$ 和 $P(\text{HD}=\text{no}\mid\text{BP}=\text{高})$ 来诊断他是否患有心脏病。为此，必须先计算 $P(\text{BP}=\text{高})$，即

$$P(\text{BP}=\text{高})=\sum_\gamma P(\text{BP}=\text{高}\mid\text{HD}=\gamma)P(\text{HD}=\gamma)$$
$$=0.85\times0.49+0.20\times0.51=0.5185$$

其中，$\gamma\in\{\text{yes},\text{no}\}$。因此，此人患心脏病的后验概率为

$$P(\text{HD}=\text{yes}\mid\text{BP}=\text{高})=\frac{P(\text{BP}=\text{高}\mid\text{HD}=\text{yes})P(\text{HD}=\text{yes})}{P(\text{BP}=\text{高})}$$

$$=\frac{0.85\times0.49}{0.5185}=0.8033$$

同理，$P(\text{HD}=\text{no}\mid\text{BP}=\text{高})=1-P(\text{HD}=\text{yes}\mid\text{BP}=\text{高})=1-0.8033=0.1967$。因此，当一个人有高血压时，他患心脏病的危险就增加了。

情况三：高血压、饮食健康、经常锻炼身体。

假设得知此人经常锻炼身体并且饮食健康。加上这些新信息，此人患心脏病的后验概率为

$$P(\text{HD}=\text{yes}\mid\text{BP}=\text{高},D=\text{健康},E=\text{yes})$$
$$=\left[\frac{P(\text{BP}=\text{高}\mid\text{HD}=\text{yes},D=\text{健康},E=\text{yes})}{P(\text{BP}=\text{高}\mid D=\text{健康},E=\text{yes})}\right]\times$$
$$P(\text{HD}=\text{yes}\mid D=\text{健康},E=\text{yes})$$
$$=\frac{P(\text{BP}=\text{高}\mid\text{HD}=\text{yes})P(\text{HD}=\text{yes}\mid D=\text{健康},E=\text{yes})}{\sum_\gamma P(\text{BP}=\text{高}\mid\text{HD}=\gamma)P(\text{HD}=\gamma\mid D=\text{健康},E=\text{yes})}$$
$$=\frac{0.85\times0.25}{0.85\times0.25+0.2\times0.75}=0.5862$$

此人不患心脏病的概率为

$$P(\text{HD}=\text{no}\mid\text{BP}=\text{高},D=\text{健康},E=\text{yes})$$
$$=1-P(\text{HD}=\text{yes}\mid\text{BP}=\text{高},D=\text{健康},E=\text{yes})$$

$$=1-0.5862=0.4138$$

因此,该模型暗示健康的饮食和有规律的体育锻炼可以降低患心脏病的危险。

5.4 贝叶斯算法源程序分析

```cpp
//bys.cpp：定义控制台应用程序的入口点

#include "stdafx.h"

#include <iostream>
#include <fstream>
#include <string>
#include <vector>
#include <map>
using namespace std;
vector<string>split(const string& src,const string& delimiter);
                                            //根据定界符分离字符串
void rejudge();                             //重新判断原输入数据的类别
vector<vector<string>>vect;                 //二维容器
map<string,int>category;                    //存放类别
map<string,double>pro_map;                  //存放各种概率的map容器
int main()
{
    string strLine;
    ifstream readfile("weather.txt");
    if(!readfile)                           //打开文件失败
    {
        cout<<"Fail to open file weather!"<<endl;
        cout<<getchar();
        return 0;
    }
    else
    {
        cout<<"读取原始数据如下："<<endl;
        vector<vector<string>>::size_type st_x;   //二维容器 x 坐标
        vector<string>::size_type st_y;           //二维容器 y 坐标
        vector<string>temp_vect;
        while(getline(readfile,strLine))          //逐行读取数据
        {
            cout<<strLine<<endl;
            temp_vect=split(strLine,",");         //调用分隔函数分隔一行字符串
            vect.push_back(temp_vect);            //插入二维容器
            temp_vect.clear();                    //清空容器
        }
        string temp_string;                       //临时字符串
```

```
        vector<string>::size_type temp_size1=vect.size()-1;              //总行数
        vector<string>::size_type temp_size2=vect[0].size();             //总列数
        for(st_x=1;st_x<temp_size1+1;st_x++)
                          //遍历二维容器,统计各种类别、属性|类别的个数,以便后面的
                          //概率计算(跳过第一行的属性标题)
        {
            for(st_y=0;st_y<temp_size2;st_y++)
            {
                if(st_y!=temp_size2-1)      //处理每行前面的属性,统计属性|类别的个数
                {
                    temp_string=vect[0][st_y]+"="+vect[st_x][st_y]+"|"+
                    vect[0][temp_size2-1]+"="+vect[st_x][temp_size2-1];
                    pro_map[temp_string]++;          //计数加1
                }
                else                              //处理每行的类别,统计类别的个数
                {
                    temp_string=vect[0][temp_size2-1]+"="+vect[st_x][temp_size2-1];
                    pro_map[temp_string]++;          //计数加1
                    category[vect[st_x][temp_size2-1]]=1;
                                          //还没有类别,则加入新的类别
                }
                temp_string.erase();
            }
        }
        string::size_type st;
        cout<<"统计过程如下:"<<endl;
        for(map<string,double>::iterator it=pro_map.begin();it!=pro_map.end
        ();it++)                                 //计算条件概率(属性|类别)
        {
            cout<<it->first<<":"<<it->second<<endl;
            if((st=it->first.find("|"))!=string::npos)
            {
                it->second=it->second/pro_map[it->first.substr(st+1)];
            }
        }
        cout<<"计算概率过程如下:"<<endl;
        for(map<string,double>::iterator it2=pro_map.begin();it2!=pro_map.
        end();it2++)                             //计算概率(类别)
        {
            if((st=it2->first.find("|"))==string::npos)
            {
                pro_map[it2->first]=pro_map[it2->first]/(double)temp_size1;
            }
            cout<<it2->first<<":"<<it2->second<<endl;
        }
        //cout<<"play=no:"<<(no/(double)temp_size1)<<endl;
        //cout<<"play=yes:"<<(yes/(double)temp_size1)<<endl;
```

```
       rejudge();
   }

   cout<<getchar();
   return 0;
}
vector<string>split(const string& src,const string& delimiter)
                                    //根据定界符分离字符串
{
   string::size_type st;
   if(src.empty())
   {
       throw "Empty string!";
   }
   if(delimiter.empty())
   {
       throw "Empty delimiter!";
   }
   vector<string>vect;
   string::size_type last_st=0;
   while((st=src.find_first_of(delimiter,last_st))!=string::npos)
   {
       if(st!=last_st)                  //两个标记间的字符串为一个子字符串
       {
         vect.push_back(src.substr(last_st,st-last_st));
       }
       last_st=st+1;
   }
   if(last_st!=src.size())              //标记不为最后一个字符
   {
       vect.push_back(src.substr(last_st,string::npos));
   }
   return vect;
}
void rejudge()                          //重新判断原输入数据的类别
{
   string temp_string;
   double temp_pro;
   map<string,double>temp_map;          //存放后验概率的临时容器
   cout<<"经过简单贝叶斯算重新分类的结果如下:"<<endl;
   for(vector<vector<string>>::size_type st_x=1;st_x<vect.size();st_x++)
                                        //处理每行数据
   {
     for(map<string,int>::iterator it=category.begin();it!=category.end();it++)
                                    //遍历类别,取出 p(x|c1)和 p(x|c2)等的概率值
     {
       temp_pro=1.0;
```

```
          temp_string=vect[0][vect[0].size()-1]+"="+it->first;
          temp_pro* =pro_map[temp_string];                    //乘以 p(ci)
          temp_string.erase();
          for(vector<string>::size_type st_y=0;st_y<vect[st_x].size();st_y++)
                                                               //处理列
          {
              if(it==category.begin()&&st_y!=vect[st_x].size()-1)
                         //不输出原始数据已有的类别,使用预测出来的类别(只输出一次)
              {
                  cout<<vect[st_x][st_y]<<" ";
              }
              if(st_y!=vect[st_x].size()-1)
                              //乘以 p(xi|cj),跳过最后一列,因为是类别而非属性
              {
                  temp_string=vect[0][st_y]+"="+vect[st_x][st_y]+"|"+vect[0]
                  [vect[0].size()-1]+"="+it->first;
                  temp_pro* =pro_map[temp_string];             //乘以 p(xi|cj)
                  temp_string.erase();
              }
          }
          temp_map[it->first]=temp_pro;                        //存下概率
      }
      //根据概率最大判断哪条记录应属于哪个类别
      string temp_string2;
      temp_pro=0;                                              //初始化概率为 0
      cout<<"后验概率:";
      for(map<string,double>::iterator it2=temp_map.begin();it2!=temp_map.
      end();it2++)                          //遍历容器,找到后验概率最大的类别
      {
          cout<<it2->first<<":"<<it2->second<<" ";
          if(it2->second>temp_pro)
          {
              temp_string2.erase();
              temp_string2=it2->first;
              temp_pro=it2->second;
          }
      }
      cout<<"归类:"<<vect[0][vect[0].size()-1]<<"="<<temp_string2<<endl;
                                                 //输出该条记录所属的类别
  }
}
```

程序运行结果如图 5-5 所示。

```
C:\Users\Administrator\Desktop\bys\Debug\bys.exe
读取原始数据如下:
outlook,temperature,humidity,wind,Play tennis
sunny,hot,high,weak,no
sunny,hot,high,strong,no
overcast,hot,high,weak,yes
rain,mild,high,weak,yes
rain,cool,normal,weak,yes
rain,cool,normal,strong,no
overcast,cool,normal,strong,yes
sunny,mild,high,weak,no
sunny,cool,normal,weak,yes
rain,mild,normal,weak,yes
sunny,mild,normal,strong,yes
overcast,mild,high,strong,yes
overcast,hot,normal,weak,yes
rain,mild,high,strong,no
统计过程如下:
Play tennis=no:5
Play tennis=yes:9
humidity=high!Play tennis=no:4
humidity=high!Play tennis=yes:3
humidity=normal!Play tennis=no:1
humidity=normal!Play tennis=yes:6
outlook=overcast!Play tennis=yes:4
outlook=rain!Play tennis=no:2
```

(a)

```
C:\Users\Administrator\Desktop\bys\Debug\bys.exe
outlook=rain!Play tennis=no:2
outlook=rain!Play tennis=yes:3
outlook=sunny!Play tennis=no:3
outlook=sunny!Play tennis=yes:2
temperature=cool!Play tennis=no:1
temperature=cool!Play tennis=yes:3
temperature=hot!Play tennis=no:2
temperature=hot!Play tennis=yes:2
temperature=mild!Play tennis=no:2
temperature=mild!Play tennis=yes:4
wind=strong!Play tennis=no:3
wind=strong!Play tennis=yes:3
wind=weak!Play tennis=no:2
wind=weak!Play tennis=yes:6
计算概率过程如下:
Play tennis=no:0.357143
Play tennis=yes:0.642857
humidity=high!Play tennis=no:0.8
humidity=high!Play tennis=yes:0.333333
humidity=normal!Play tennis=no:0.2
humidity=normal!Play tennis=yes:0.666667
outlook=overcast!Play tennis=yes:0.444444
outlook=rain!Play tennis=no:0.4
outlook=rain!Play tennis=yes:0.333333
outlook=sunny!Play tennis=no:0.6
```

(b)

```
C:\Users\Administrator\Desktop\bys\Debug\bys.exe
outlook=sunny!Play tennis=no:0.6
outlook=sunny!Play tennis=yes:0.222222
temperature=cool!Play tennis=no:0.2
temperature=cool!Play tennis=yes:0.333333
temperature=hot!Play tennis=no:0.4
temperature=hot!Play tennis=yes:0.222222
temperature=mild!Play tennis=no:0.4
temperature=mild!Play tennis=yes:0.444444
wind=strong!Play tennis=no:0.6
wind=strong!Play tennis=yes:0.333333
wind=weak!Play tennis=no:0.4
wind=weak!Play tennis=yes:0.666667
经过简单贝叶斯算法重新分类的结果如下:
sunny hot high weak 后验概率:no:0.0274286 yes:0.00705467 归类:Play tennis=no
sunny hot high strong 后验概率:no:0.0411429 yes:0.00352734 归类:Play tennis=no
overcast hot high weak 后验概率:no:0 yes:0.0141093 归类:Play tennis=yes
rain mild high weak 后验概率:no:0.0182857 yes:0.021164 归类:Play tennis=yes
rain cool normal weak 后验概率:no:0.00228571 yes:0.031746 归类:Play tennis=yes
rain cool normal strong 后验概率:no:0.00342857 yes:0.015873 归类:Play tennis=yes

overcast cool normal strong 后验概率:no:0 yes:0.021164 归类:Play tennis=yes
sunny mild high weak 后验概率:no:0.0274286 yes:0.0141093 归类:Play tennis=no
sunny cool normal weak 后验概率:no:0.00342857 yes:0.021164 归类:Play tennis=yes
rain mild normal weak 后验概率:no:0.00457143 yes:0.042328 归类:Play tennis=yes
sunny mild normal strong 后验概率:no:0.0102857 yes:0.0141093 归类:Play tennis=ye
```

(c)

图 5-5　程序运行结果

(d)

图 5-5（续）

上面的程序为应用朴素贝叶斯分类器来解决这样一个分类问题：根据天气状况来判断某天是否适合打网球。程序读取了 14 个训练实例，并显示出来，如图 5-5(a)所示。然后对训练样本数据集进行扫描，统计出打网球的频数为 9，不打网球的频数为 5，以及在打网球和不打网球两类条件下，各种天气状况出现的频数。例如，在不打网球的情况下湿度较高的频数为 4，并利用贝叶斯公式分别计算其概率。又如，在不打网球的情况下湿度正常的概率为 0.2，如图 5-5(b)所示。最后由朴素贝叶斯算法分类模型 $V(X) = \underset{i}{\arg\max} P(C_i)P(X \mid C_i)$ 计算在 4 种天气状况的共同影响下是否应该去打网球，如图 5-5(c)所示。如在 sunny hot high weak 的情况下，后验概率为 no=0.027 428 6，yes=0.007 054 67，所以不适宜去打网球。

5.5 贝叶斯算法特点及应用

5.5.1 朴素贝叶斯分类算法

1. 朴素贝叶斯算法特点

朴素贝叶斯分类算法有诸多优点：逻辑简单、易于实现、分类过程中算法的时间、空间开销比较小；算法比较稳定、分类性能对于具有不同数据特点的数据集合差别不大，即具有比较好的健壮性等优点。

尽管在实际情况中难以满足朴素贝叶斯模型的属性类条件独立性假定，但它分类预测效果在大多数情况下仍比较精确，原因有以下 3 个：要估计的参数比较少，从而加强了估计的稳定性；虽然概率估计是有偏的，但人们大多关心的不是它的绝对值，而是它的排列次序，因此有偏的概率估计在某些情况下可能并不要紧；现实中很多时候已经对数据进行预处理，如对变量进行了筛选，可能已经去掉了高度相关的量等。除了分类性能很好外，贝叶斯分类模型还具有形式简单、可扩展性很强和可理解性很容易等优点。

朴素贝叶斯分类器的缺点是属性间类条件独立这个假定，而很多实际问题中这个独立性假设并不成立，如果在属性间存在相关性的实际问题中忽视这一点，就会导致分类效果下降。

朴素贝叶斯分类模型虽然在某些不满足独立性假设的情况下分类效果仍比较好,但是大量研究表明可以通过各种改进方法来提高朴素贝叶斯分类器的性能。朴素贝叶斯分类器的改进方法主要有两类:一类是弱化属性类条件独立性假设,在朴素贝叶斯分类器的基础上构建属性间的相关性,如构建相关性量度公式,增加属性间可能存在的依赖关系;另一类是构建新的样本属性集,期望在新的属性集中,属性间存在较好的类条件独立关系。

2. 朴素贝叶斯算法应用

朴素贝叶斯算法应用如下。

(1)贝叶斯方法在中医证候和症状描述中的应用。中医证候和症状描述错综复杂,如何较好地对病患所属的证候进行鉴别诊断,一直是临床医疗工作者的首要目标,把数据挖掘技术的朴素贝叶斯分类方法应用到中医证候的诊断识别中,是一个较好的尝试。在使用朴素贝叶斯分类方法对中医证候进行分类识别并用遗传算法改进时,经历了以下过程:首先,合理抽象鉴别诊断过程并建立数学模型;其次,提出使用数据挖掘技术中的朴素贝叶斯分类方法对模型进行求解;再次,考虑到特征数量较大,运用遗传算法进行特征优化;最后,使用医学上常用的 ROC 曲线评价方法对改进前后的分类识别效率进行分析比较。

(2)贝叶斯方法在玉米叶部病害图像识别中的应用。在图像分割和特征提取的基础上,利用朴素贝叶斯分类器的统计学习方法,可以实现对玉米叶部病斑的分类识别。贝叶斯分类器具有网络结构简单、易于扩展等特点,对玉米叶部病害的分类识别效果较好,也为其他作物病害图像识别的研究提供了借鉴。

5.5.2　贝叶斯信念网

1. 贝叶斯信念网的特点

(1)BBN 提供了一种用图形模型来捕获特定领域的先验知识的方法。网络还可以用来对变量间的因果依赖关系进行编码。

(2)构造网络可能既费时又费力。然而,一旦网络结构确定下来,添加新变量就十分容易了。

(3)贝叶斯网络很适合处理不完整的数据。对有属性遗漏的实例可以通过对该属性的所有可能取值的概率求和或求积分来加以处理。

(4)因为数据和先验知识以概率的方式结合起来了,所以该方法对模型的过分拟合问题是非常健壮的。

2. 贝叶斯信念网应用

贝叶斯信念网的应用如下。

(1)基于贝叶斯信念网的网络流量分类与识别研究。网络流量分类识别技术是许多网络研究和应用领域的基础,但随着动态端口、端口伪装和信息加密等技术的使用,传统的纯端口识别法已不再有效,用基于贝叶斯信念网的网络流量分类方法可以解决这个问题,通过使用有向无环图和节点概率表,可以解决流属性之间条件独立的问题。这种方法具有稳定可靠的分类识别效果。

(2)贝叶斯网络在火灾调查中的应用。火灾的发生会对人类社会和人类生存环境造成巨大的破坏,随着国家科技进步和经济发展,火灾的发生呈现多元化发展的趋势。火灾调查对于国家安全和社会稳定、同类灾害的防治以及火灾事故原因的认定等具有重大的意义。由于在火灾调查中涉及众多的不确定因素,贝叶斯网络能够通过数学概率算法从不确定因素以及信息不完全的因素中提取确定因素和信息。所以,可通过贝叶斯网络研究如何协助火灾调查人员在众多不确定的火灾因素中确定关键影响因素。

思考题

1. 简述朴素贝叶斯分类的工作过程。

2. 表 5-3 是购买汽车的顾客分类训练样本集。假设顾客的属性集家庭经济状况、信用级别和月收入之间条件独立,则对于某顾客(测试样本),已知其属性集 $X = <$一般,优秀,1.2$>$,应用朴素贝叶斯分类器计算这位顾客购买汽车的概率。

表 5-3 购买汽车的顾客分类训练样本集

序 号	家庭经济状况	信用级别	月收入/万元	购买汽车
1	一般	优秀	1	是
2	好	优秀	1.2	是
3	一般	优秀	0.6	是
4	一般	良好	0.85	否
5	一般	良好	0.9	否
6	一般	优秀	0.75	是
7	好	一般	2.2	是
8	一般	一般	0.95	否
9	一般	良好	0.7	是
10	好	良好	1.25	是

第6章 人工神经网络算法

6.1 基本概念

6.1.1 生物神经元模型

人的神经系统是由众多神经元相互连接而成的一个复杂系统,神经元又称神经细胞,它是神经组织的基本单位。如图 6-1 所示,神经元由细胞体和延伸部分组成,延伸部分按功能分为两类:一类为树突,用来接收来自其他神经元的信息;另一类则用来传递和输出信息,称为轴突。神经元对信息的接收和传递都是通过突触来进行的。单个神经元可以从别的神经细胞接收多达上千个的突触输入,前一个神经元的信息经由其轴突传到末梢之后,通过突触对后面的各个神经元产生影响。当若干突触输入时,其中有些是兴奋性的,有些是抑制性的,如果兴奋性突触活动强度总和超过抑制性突触活动强度总和,使得细胞体内电位超过某一阈值时,细胞体的膜就会发生单发性的尖峰电位,这一尖峰电位将会沿着轴突传播到四周与其相联的神经细胞。

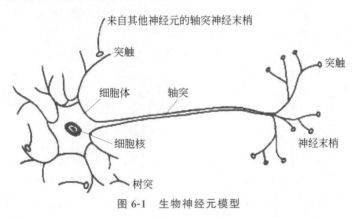

图 6-1 生物神经元模型

从生物控制论的观点来看,神经元作为控制和信息处理的基本单元,具有下列一些重要的功能和特性。

(1)时空整合功能。

(2)兴奋与抑制状态。

(3)脉冲与电位转换。

(4)神经纤维传导速度迅速。

(5)学习、遗忘和疲劳。

人工神经元

6.1.2 人工神经元模型

人们通过研究发现，大脑之所以能够处理极其复杂的分析、推理工作，一方面是因为其神经元个数庞大，另一方面还在于神经元能够对输入信号进行非线性处理。人工神经元模型就是用人工方法模拟生物神经元而形成的模型，是对生物神经元的抽象、模拟与简化，它是一个多输入、单输出的非线性元件，单个神经元是前向型的。将人工神经元的基本模型和激励函数合在一起构成的人工神经元，就是著名的 McCulloch-Pitts 模型，简称 M-P 模型。

图 6-2 表明，人工神经元具有许多输入信号，针对每个输入都有一个加权系数 w_{ij} 称为权值（Weight），权值的正负模拟了生物神经元中突触的兴奋和抑制，其大小则代表了突触的不同连接强度，而中间的神经元对所有的输入信号进行计算处理，然后将结果输出。在神经元中，对信号进行处理采用的是数学函数，通常称为激活函数、激励函数或挤压函数，其输入输出关系可描述为

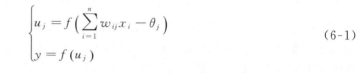

$$\begin{cases} u_j = f\left(\sum_{i=1}^{n} w_{ij}x_i - \theta_j\right) \\ y = f(u_j) \end{cases} \tag{6-1}$$

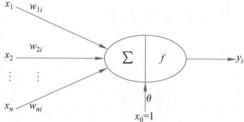

图 6-2　人工神经元模型

式中，$x_i\,(i=1,2,\cdots,n)$ 是从其他神经元传来的输入信号；θ_j 是该神经元的阈值；w_{ij} 表示从神经元 i 到神经元 j 的连接权值；$f(\cdot)$ 为激活函数或挤压函数。由于神经元采用了不同的激活函数，使得神经元具有不同的信息处理特性，而神经元的信息处理特性是决定神经网络整体性能的主要因素之一，因此激活函数具有重要的意义。下面介绍 4 种常用的激活函数形式。

（1）阈值型函数，即 $f(x)$ 为阶跃函数。

$$f(x) = \begin{cases} 1, & x \geqslant 0 \\ 0, & x < 0 \end{cases} \tag{6-2}$$

具有这一作用方式的神经元称为阈值型神经元，是神经元模型中最简单的一种，经典的 M-P 模型神经元就属于这一类。

（2）分段线性函数。此函数的特点：神经元的输入输出在一定区间内满足线性关系。这类函数也称伪线性函数，表达式如下：

$$f(x) = \begin{cases} 0, & x \leqslant 0 \\ x, & 0 < x \leqslant x_c \\ 1, & x_c < x \end{cases} \qquad (6\text{-}3)$$

（3）Sigmoid 函数。Sigmoid 函数也称 S 型函数，通常是在（0,1）或（-1,1）内连续取值的单调可微分函数。它是一类非常重要的激活函数，无论神经网络用于分类、函数逼近或优化，Sigmoid 函数都是常用的激活函数。常用指数或正切等一类曲线表示。

$$f(x) = \frac{1}{1 + e^{-\lambda x}} \quad \text{或} \quad f(x) = \frac{1 - e^{-\lambda x}}{1 + e^{-\lambda x}} \qquad (6\text{-}4)$$

式中，λ 又称为 Sigmoid 函数的增益，其值决定了函数非饱和段的斜率，λ 越大，曲线就越陡。

（4）高斯函数。高斯函数（也称钟形函数）也是极为重要的一类激活函数，常用于径向基函数（Radial Basis Function，RBF）神经网络，其表达式为

$$f(x) = e^{\frac{x^2}{\delta^2}} \qquad (6\text{-}5)$$

式中，δ 为高斯函数的宽度或扩展常数。δ 越大，函数曲线就越平坦；反之，δ 越小，函数曲线就越陡峭。

6.1.3 主要的神经网络模型

人工神经网络是由大量的神经元按照大规模并行的方式通过一定的拓扑结构连接而成的。神经元只是单个的处理单元，并不能实现复杂的功能，只有大量神经元组成庞大的神经网络，才能实现对复杂信息的处理与存储，并表现出各种优越的特性。因此，必须按一定的规则将神经元连接成神经网络，并使网络中各神经元的连接权按一定的规则变化，这样就产生了各式各样的神经网络模型。我们可以按下述 4 方面对神经网络进行分类。

（1）按神经网络的拓扑结构可以分为反馈神经网络模型和前向神经网络模型。

（2）按神经网络模型的性能可分为连续型神经网络模型与离散型神经网络模型，确定型神经网络模型与随机型神经网络模型。

（3）按学习方式可以分为有教师学习神经网络模型和无教师学习神经网络模型。

（4）按连接突触的性质可分为一阶线性关联神经网络模型和高阶非线性关联神经网络模型。

在目前的使用中，比较典型的一些神经网络模型主要有以下 7 类。

（1）误差后向传播（Back-Propagation，BP）神经网络。BP 神经网络是前馈网络中最具代表性的网络类型。该类神经网络模型是一种多层映射神经网络，采用的是最小均方根误差的学习方式，是目前使用最广泛的神经网络模型之一。多层感知网络是一种具有三层或三层以上的阶层型神经网络。典型的多层感知网络是三层、前馈的阶层网络，即输入层、隐含层（也称中间层）、输出层。相邻层之间的各神经元实现全连接，即下一层的每个神经元与上一层的每个神经元都实现全连接，而且每层各神经元之间无连接。

（2）RBF 神经网络。除 BP 神经网络外，RBF 神经网络也是一类常用的前馈网络。一般情况下，RBF 神经网络采用三层结构，层间的神经元连接方式与 BP 神经网络类似，也采用层间全连接、层内无连接方式。与 BP 神经网络最大的不同之处在于，RBF 神经网络的隐节点的基函数采用距离函数（如欧氏距离），并使用径向基函数（如高斯函数）作为激活函数。

（3）Hopfield 神经网络。Hopfield 神经网络作为一种单层对称全反馈神经网络，使用与层次型神经网络不同的结构特征和学习方法，模拟生物神经网络的记忆机理，获得了令人满意的结果。它是由相同的神经元构成的单层，并且不具有学习功能的自联想网络。网络的权值按一定的规则计算出来，一经确定就不再改变，而网络中各神经元的状态在运行过程中不断更新，网络演变到稳态时各神经元的状态便是问题之解。

Hopfield 神经网络有离散型和连续型两种。其中，离散型的激活函数为二值型的，其输入输出为 $\{0,1\}$ 的反馈网络，主要用于联想记忆；而连续型 Hopfield 神经网络的激活函数的输入输出之间的关系为连续可微的单调上升函数，主要用于优化计算。

（4）随机型神经网络。在 BP 算法和 Hopfield 算法中，导致网络学习过程陷入局部极小值的原因主要有以下两点。

① 网络结构上存在着输入输出之间的非线性函数关系，从而使网络误差和能量函数所构成的空间是一个含有多极点的非线性空间。

② 网络误差和能量函数只能按单方面减小而不能有丝毫的上升趋势。

随机型神经网络从导致网络学习过程陷入局部极小值的第②点原因入手，其基本思想：不但让网络的误差和能量函数向减小的方向变化，而且还可按某种方式向增大的方向变化，目的是使网络有可能跳出局部极小值而向全局最小点收敛。随机型神经网络的典型算法是模拟退火算法。

（5）Kohonen 神经网络。Kohonen 神经网络的构想来源于人的视网膜及大脑皮层对刺激的反应机理。对于某个输入模式，通过竞争在输出层中只激活一个相应的输出神经元。模式在输出层中将激活许多个神经元，从而形成一个反映输入数据的许多输入特征图形。

Kohonen 神经网络含有两层：输入缓冲层用于接收输入模式；输出层的神经元一般按正则二维阵列排列，每个输出神经元连接至所有输入神经元。连接权值形成与已知输出神经元相连的参考矢量的分量。Kohonen 神经网络是一种以无导师方式进行网络训练的网络。它通过自身训练，自动对输入模式进行分类。

（6）玻耳兹曼机。玻耳兹曼机由 Hinton 等人提出，它的思想主要来源于统计物理学。在统计物理学中，经常基于能量来考虑状态的转移，状态向着能量最小的方向转移，在状态转移的过程中，由于热骚动引起系统的不稳定。统计物理学中的玻耳兹曼分布指出：能量越小的状态，发生的概率就越大，即系统趋向于能量最小的状态。而神经网络中的玻耳兹曼机就是利用这种分布寻求最优解的。玻耳兹曼机本质上是建立在 Hopfield 神经网络基础上的，具有学习能力，能够通过一个模拟退火过程寻求解答。

（7）对向传播（Counter-Propagation，CP）神经网络。CP 神经网络是美国神经计算机专家 Robert Hecht-Nielsen 于 1987 年提出的。它是将 Kohonen 特征映射网络与 Grossberg 基本竞争型网络巧妙结合的一种新型特征映射网络。实际上，CP 神经网络就是用无导师学习来解决网络隐含层的理想输出未知的问题，用有导师学习解决输出层按系统要求给出指定输出的问题。这一网络被有效地应用于模式分类、函数近似、统计分析和数据压缩等领域。

6.2 BP 算法原理

6.2.1 Delta 学习规则的基本原理

Delta 学习规则又称梯度法或最速下降法，其要点是改变单元间的连接权重来减小系统实际输出与期望输出间的误差。Delta 学习规则是最常用的神经网络学习算法，主要应用在误差纠正学习过程中，它也是一种有导师学习算法。

假定神经元权值修正的目标是极小化标量函数 $F(w)$，其中，$F(\cdot)$ 函数代表神经网络的误差目标函数，w 代表神经网络中的某一连接权值。如果神经元的当前权值为 $w(t)$，并且假设下一时刻的权值调节公式为

$$w(t+1) = w(t) + \Delta w(t) \tag{6-6}$$

式中，$\Delta w(t)$ 表示当前时刻的权值修正方向。显然，我们期望每次权值修正都能满足

$$F[w(t+1)] < F[w(t)] \tag{6-7}$$

这样神经网络输出的误差才会随着训练过程的进行而不断地向最小化的目标靠近。对 $F[w(t+1)]$ 进行一阶泰勒公式展开，得

$$F[w(t+1)] = F[w(t) + \Delta w(t)] \approx F[w(t) + g^{\mathrm{T}}(t)\Delta w(t)] \tag{6-8}$$

式中，$g^{\mathrm{T}}(t) = \nabla F[w(t)]\big|_{w=w(t)}$，即 $F(w)$ 在 $w=w(t)$ 时的梯度矢量。显然，如果取

$$\Delta w(t) = -cg(t) \tag{6-9}$$

式中，c 取较小的正数（称为学习率），即权值修正量沿网络误差曲面的负梯度方向取较小值，则式(6-8)的右边第二项必然小于零，式(6-7)必然满足。这就是 Delta 学习规则的基本原理。

6.2.2 BP 神经网络的结构

BP 神经网络的结构

BP 神经网络是具有三层或三层以上的阶层型神经网络，由输入层、隐含层和输出层构成，相邻层之间的神经元全互连，同一层内的神经元无连接，下面以如图 6-3 所示的具有一个隐含层的三层 BP 神经网络来介绍 BP 算法的实现。

图 6-3 中，假设输入层、隐含层和输出层的单元数分别是 I、J 和 K，输入为 $(x_0, x_1, x_2, \cdots, x_{I-1})$，隐含层输出为 $(h_0, h_1, h_2, \cdots, h_{J-1})$，网络实际输出为 $(y_0, y_1, y_2, \cdots, y_{K-1})$，$(d_0, d_1, d_2, \cdots, d_{K-1})$ 表示训练样本的期望输出。输入层单元 i 到隐含层单元 j 的权值为 v_{ij}，隐含层单元 j 到输出层单元 k 的权值为 w_{jk}，用 θ_j 和 θ_k 来分别表示

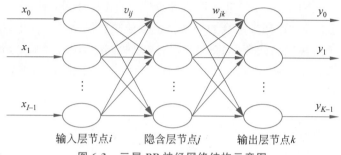

图 6-3 三层 BP 神经网络结构示意图

隐含层单元和输出层单元的阈值。

于是，该网络隐含层单元的输出值为

$$h_j = f\Big(\sum_{i=0}^{I-1} v_{ij} x_i - \theta_j \Big) \tag{6-10}$$

输出层各单元的输出值为

$$y_k = f\Big(\sum_{j=0}^{J-1} w_{jk} h_j - \theta_k \Big) \tag{6-11}$$

BP 神经网络的算法描述

6.2.3 BP 神经网络的算法描述

BP 算法的主要思想是从后向前（反向）逐层传播输出层的误差，以间接算出隐含层误差。算法分为两个阶段：第一阶段（正向传播过程）输入信息从输入层经隐含层逐层计算各单元的输出值；第二阶段（反向传播过程）输出误差逐层向前算出隐含层各单元的误差，并用此误差修正前层权值。其中，网络权值调整采用 Delta 学习规则，即根据梯度法沿着误差曲面的梯度最速下降，从而实现网络误差的最小化。

1. 正向计算输出阶段

以如图 6-3 所示的 BP 神经网络为例，假设 BP 神经网络的输入层节点数为 I，隐含层节点数为 J，输出层节点数为 K。输入向量为 $\boldsymbol{X}^p = (x_0, x_1, x_2, \cdots, x_{I-1})$，其期望输出向量为 $\boldsymbol{D}^p = (d_0, d_1, d_2, \cdots, d_{K-1})$，则有：

（1）输入层：

$$O_i = x_i, \qquad i = 0, 1, 2, \cdots, I-1。 \tag{6-12}$$

（2）隐含层：为简化推导，把各点的阈值当作一种特殊的连接权值，其对应的输入恒为 -1。对于第 j 个神经元的输入为

$$\text{net}_j = \sum_{i=0}^{I} v_{ij} O_i \tag{6-13}$$

式中，$O_i = -1$、v_{ij} 为阈值。其第 j 个节点的输出为

$$O_j = f(\text{net}_j), \quad j = 0, 1, 2, \cdots, J-1 \tag{6-14}$$

（3）输出层：同理，对于第 k 个神经元的输入为

$$\mathrm{net}_k = \sum_{j=0}^{J} w_{jk} O_j \tag{6-15}$$

式中，$O_j = -1$、w_{jk} 为阈值。其第 k 个节点的输出为

$$O_k = f(\mathrm{net}_k), \quad k = 0, 1, 2, \cdots, K-1 \tag{6-16}$$

定义 BP 神经网络的能量函数（误差函数）为

$$E_p = \frac{1}{2} \sum_{k=0}^{K-1} (d_k^p - O_k^p)^2 \tag{6-17}$$

则 N 个样本的总误差为

$$E_{总} = \frac{1}{2N} \sum_{p=0}^{N-1} \sum_{k=0}^{K-1} (d_k^p - O_k^p)^2 \tag{6-18}$$

式中：E_p 为 p 的输出误差；d_k^p 为样本 p 的期望输出；O_k^p 为输出层神经元的实际输出。

2. 误差反向传播阶段

通过调整权值和阈值，使误差能量达到最小时，网络趋于稳定状态，学习结束。求解无约束最优化方程式(6-17)的常用方法：拟牛顿迭代法、最佳梯度下降法等。但前一种方法涉及矩阵求逆，其计算量大，因此采用后一种方法来调整权值。

1）输出层与隐含层之间的权值调整

对每个 w_{jk} 的修正值为

$$\Delta w_{jk} = -\eta \frac{\partial E}{\partial w_{jk}} = -\eta \frac{\partial E}{\partial \mathrm{net}_k} \cdot \frac{\partial \mathrm{net}_k}{\partial w_{jk}} \tag{6-19}$$

式中，η 为学习步长，取值区间为 $(0,1)$。

对式(6-15)求偏导得

$$\frac{\partial \mathrm{net}_k}{\partial w_{jk}} = O_j \tag{6-20}$$

记

$$\delta_k = -\frac{\partial E}{\partial \mathrm{net}_k}$$

则有

$$\delta_k = -\frac{\partial E}{\partial \mathrm{net}_k} = -\frac{\partial E}{\partial O_k} \cdot \frac{\partial O_k}{\partial \mathrm{net}_k} = (d_k - O_k) f'(\mathrm{net}_k) \tag{6-21}$$

将式(6-20)、式(6-21)代入式(6-19)中得

$$\Delta w_{jk} = -\eta \frac{\partial E}{\partial w_{jk}} = -\eta \frac{\partial E}{\partial \mathrm{net}_k} \cdot \frac{\partial \mathrm{net}_k}{\partial w_{jk}} = \eta \delta_k O_j \tag{6-22}$$

2）隐含层与输入层的权值调整

同理，对每个 v_{ij} 的调整值为

$$\Delta v_{ij} = -\eta \frac{\partial E}{\partial v_{ij}} = -\eta \frac{\partial E}{\partial \mathrm{net}_j} \cdot \frac{\partial \mathrm{net}_j}{\partial v_{ij}} = \eta \left(-\frac{\partial E}{\partial \mathrm{net}_j} \right) O_i = \eta \delta_j O_i \tag{6-23}$$

其中，

$$\delta_j = -\frac{\partial E}{\partial \mathrm{net}_j} = -\frac{\partial E}{\partial O_j} \cdot \frac{\partial O_j}{\partial \mathrm{net}_j}$$

再由

$$-\frac{\partial E}{\partial O_j} = -\frac{\partial}{\partial O_j}\left[\frac{1}{2}\sum_{k=0}^{K-1}(d_k - O_k)^2\right] = \sum_{k=0}^{K-1}(d_k - O_k)\frac{\partial O_k}{\partial \mathrm{net}_k}\cdot\frac{\partial \mathrm{net}_k}{\partial O_j}$$

$$= \sum_{k=0}^{K-1}(d_k - O_k)f'(\mathrm{net}_k)w_{jk} = \sum_{k=0}^{K-1}\delta_k w_{jk} \tag{6-24}$$

得

$$\delta_j = f'(\mathrm{net}_j)\sum_{k=0}^{K-1}\delta_k w_{jk} \tag{6-25}$$

综上所述,若 BP 神经网络每层的激活函数均取单极 S 型函数,即

$$f(\mathrm{net}) = \frac{1}{1+e^{-\mathrm{net}}} \tag{6-26}$$

则可以方便地计算该网络各层的权值修正量。

(1) 对于输出层

$$\Delta w_{jk} = \eta O_j(d_k - O_k)f'(\mathrm{net}_k) = \eta O_j(d_k - O_k)O_k(1-O_k) \tag{6-27}$$

(2) 对于隐含层

$$\Delta v_{ij} = \eta\cdot f'(\mathrm{net}_j)\sum_{k=0}^{K-1}\delta_k w_{jk}\cdot O_i = \eta O_j(1-O_j)\sum_{k=0}^{K-1}\delta_k w_{jk}\cdot O_i \tag{6-28}$$

6.2.4　标准 BP 神经网络的工作过程

BP 神经网络的工作过程通常由两个阶段组成:第一个阶段,神经网络各节点的连接权值固定不变,网络的计算从输入层开始,逐层逐个节点地计算每个节点的输出。计算完毕后,进入第二个阶段,即学习阶段。在学习阶段,各节点的输出保持不变,网络学习从输出层开始,反向逐层逐个节点地计算各连接权值的修改量,以修改各连接的权值,直到输入层为止。这两个阶段称为正向传播和反向传播过程,在正向传播中,如果在输出层的网络输出与期望输出相差较大,则开始反向传播过程,根据网络输出与所期望输出的信号误差,对网络节点间的各连接权值进行修改,以此来减小网络实际输出与所期望输出的误差。BP 神经网络正是通过这样不断进行正向传播和反向传播计算过程,最终使得网络输出层的输出值与期望值趋于一致。

BP 神经网络的工作过程大致如下。

(1) 权值初始化:$w_{ij} = \mathrm{Random}(\cdot)$,$w_{jk} = \mathrm{Random}(\cdot)$。其中,$w_{ij}$ 表示网络输入层单元到隐含层单元的连接权值,w_{jk} 表示网络隐含层单元到输出层单元的连接权值。

(2) 依次输入 P 个训练样本。设当前输入为第 p 个样本。

(3) 依次计算各层的输出:O_j、O_k。其中,O_j 为隐含层第 j 个神经元的输出,O_k 为输出层第 k 个神经元的输出。

(4) 根据式(6-21)、式(6-25),求网络各层的反传误差。

$$\delta_k = (d_k - O_k)f'(\mathrm{net}_k) \tag{6-29}$$

$$\delta_j = f'(\mathrm{net}_j)\sum_{k=0}^{K-1}\delta_k w_{jk} \tag{6-30}$$

并记下各个 $O_j^{(p)}$、$O_k^{(p)}$ 的值。

（5）记录已经学习过的样本个数 p。如果 $p<P$，就转到步骤（2）继续计算；如果 $p=P$，则转到步骤（6）。

（6）按权值修正公式修正各层的权值和阈值。

（7）按新的权值再计算 $O_j^{(p)}$、$O_k^{(p)}$ 和 $E_{\text{总}}=\dfrac{1}{2N}\sum\limits_{p=0}^{N-1}\sum\limits_{k=0}^{K-1}(d_k^p-O_k^p)^2$，若每个 p 样本和相应的第 k 个输出神经元都满足 $|d_k^{(p)}-O_k^{(p)}|<\varepsilon$，或达到最大学习次数，则终止学习；否则转到步骤（2）继续新一轮的网络学习。

为形象起见，将标准 BP 算法的整个过程连贯起来，得到的 BP 神经网络学习算法流程如图 6-4 所示。

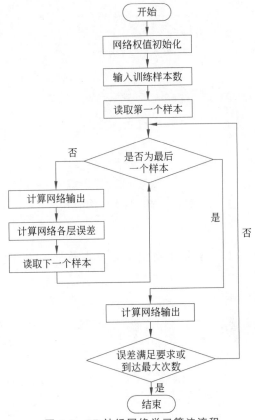

图 6-4　BP 神经网络学习算法流程

6.3　BP 算法实例分析

【例 6.1】　采用 BP 神经网络映射得到如图 6-5 所示的曲线规律。

设计单隐含层 1-4-1 BP 神经网络结构如图 6-6 所示。

权系数随机选取为 $w_{12}=0.2,w_{13}=0.3,w_{14}=0.4,w_{15}=0.5,w_{26}=0.5,w_{36}=0.2,w_{46}=$

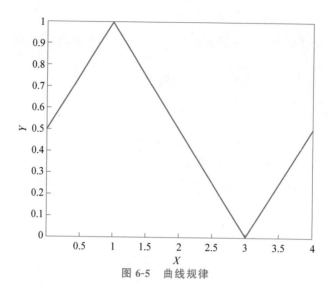

图 6-5　曲线规律

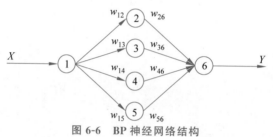

图 6-6　BP 神经网络结构

$0.1, w_{56} = 0.4$。

取学习率 $\eta = 1$。按图 6-5 中曲线确定学习样本数据如表 6-1(每 0.05 取一学习数据,共 80 对)所示。

表 6-1　学习样本

x(输入信号)	y(教师信号)	…	x(输入信号)	y(教师信号)
0.0000	0.5000	…	3.0000	0.0000
⋮	⋮	⋮	⋮	⋮
1.0000	1.0000	…	4.0000	0.5000

按表 6-1 中的数据开始学习。

第一次学习,输入 $x_1^1 = 0.0000$(1 节点第 1 次学习),$d_6^1 = 0.5000$,计算 $2,3,4,5$ 单元状态 net_i。

$$\text{net}_i = w_{1i} x_1^1 = w_{1i} \cdot 0.0000 = 0.0000, \quad i = 2,3,4,5$$

计算 $2,3,4,5$ 各隐含层单元输出 $y_i (i=2,3,4,5)$。

$$y_i^1 = f(\text{net}_i) = 1/(1+e^{-\text{net}_i}) = 0.5$$

计算输出层单元 6 的状态值 net_6 及输出值 y_6^1。

$$\text{net}_6 = \boldsymbol{W}_6^{\mathrm{T}} \boldsymbol{Y}_i = \begin{bmatrix} 0.5 & 0.2 & 0.1 & 0.4 \end{bmatrix} \begin{bmatrix} 0.5 \\ 0.5 \\ 0.5 \\ 0.5 \end{bmatrix} = -0.6$$

$$y_6^1 = 1/(1 + \mathrm{e}^{-\text{net}_6}) = 1/(1 + \mathrm{e}^{-0.6}) = 0.6457$$

反推确定第二层权系数变化。

$$\delta_{i6}^0 = y_6^1 (d_6^1 - y_6^1)(1 - y_6^1) = 0.6457(0.5 - 0.6457)(1 - 0.6457) = -0.0333$$

$$w_{i6} = w_{i6}^0 + \eta \delta_{i6}^0 y_i^1, \qquad i = 2,3,4,5$$

第一次反传修正的输出层权为

$$\boldsymbol{W}_6 = \begin{bmatrix} 0.5 \\ 0.2 \\ 0.1 \\ 0.4 \end{bmatrix} + 1 \cdot (-0.0333) \begin{bmatrix} 0.5 \\ 0.5 \\ 0.5 \\ 0.5 \end{bmatrix} = \begin{bmatrix} 0.4833 \\ 0.1833 \\ 0.0833 \\ 0.3833 \end{bmatrix}$$

反推第一层权系数修正。

$$\delta_{1i}^1 = \delta_{i6}^0 w_{i6}^0 y_i^1 (1 - y_i^1), \qquad i = 2,3,4,5$$

$$w_{1i} = w_{1i}^0 + \eta \delta_{1i}^1 x_1^1$$

$$\boldsymbol{W}_{1i} = \begin{bmatrix} 0.2 & 0.3 & 0.4 & 0.5 \end{bmatrix}^{\mathrm{T}}$$

第二次学习，$x_1^2 = 0.0500, d_6^2 = 0.5250$

$$\text{net}_i = w_{1i} x_1^2, \qquad i = 2,3,4,5$$

$$y_2^2 = 1/[1 + \mathrm{e}^{-(w_{12} x_1^2)}] = 1/[1 + \mathrm{e}^{-(0.2 \times 0.0500)}] = 0.5025$$

$$y_3^2 = 1/[1 + \mathrm{e}^{-(w_{13} x_1^2)}] = 1/[1 + \mathrm{e}^{-(0.3 \times 0.0500)}] = 0.5037$$

$$y_4^2 = 1/[1 + \mathrm{e}^{-(0.4 \times 0.0500)}] = 0.5050$$

$$y_5^2 = 0.5062$$

计算单元 6 的状态值 net_6。

$$\text{net}_6 = \boldsymbol{W}_6^{\mathrm{T}} \boldsymbol{Y}_i = \begin{bmatrix} 0.4833 & 0.1833 & 0.0833 & 0.3833 \end{bmatrix} \begin{bmatrix} 0.5025 \\ 0.5037 \\ 0.5050 \\ 0.5062 \end{bmatrix} = 0.5713$$

$$y_6^2 = f(\text{net}_6) = 1/(1 + \mathrm{e}^{-0.5713}) = 0.6390$$

按表中的数据依次训练学习，学习次数足够高时，可达到学习目的，实现权值成熟。

【例 6.2】　图 6-7 是一个单隐含层 3-2-1 BP 神经网络。

学习样本、初始各层权系数、阈值如表 6-2 所示。

表 6-2　初始值

x_1	x_2	x_3	w_{14}	w_{15}	w_{24}	w_{25}	w_{34}	w_{35}	w_{46}	w_{56}	θ_4	θ_5	θ_6
1	0	1	0.2	−0.3	0.4	0.1	−0.5	0.2	−0.3	−0.2	−0.4	0.2	0.1

计算各隐含层以及输出层的输入输出值，如表 6-3 所示。

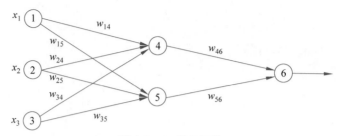

图 6-7　BP 神经网络

表 6-3　各隐含层以及输出层的输入输出值

节点	输 入 值	输 出 值
4	$0.2+0-0.5-0.4=-0.7$	$1/(1+e^{0.7})=0.332$
5	$-0.3+0+0.2+0.2=0.1$	$1/(1+e^{-01})=0.525$
6	$(-0.3)(0.332)-(0.2)(0.525)+0.1=-0.105$	$1/(1+e^{0.105})=0.474$

反推各层系数修正，如表 6-4 所示。

表 6-4　各层系数修正

节点	权系数变化
6	$(0.474)(1-0.474)(1-0.474)=0.1311$
5	$(0.525)(1-0525)(01311)(-0.2)=-0.0065$
4	$(0.332)(1-0332)(01311)(-0.3)=-0.0087$

经过第一次学习得到的新的权系数和阈值如表 6-5 所示。

表 6-5　新的权系数和阈值

权系数和阈值	新 的 值
w_{46}	$-0.3+(0.9)(0.1311)(0.332)=-0.261$
w_{56}	$-0.2+(0.9)(0.1311)(0.525)=-0.138$
w_{14}	$0.2+(0.9)(-0.0087)(1)=0.192$
w_{15}	$-0.3+(0.9)(-0.0065)(1)=-0.306$
w_{24}	$0.4+(0.9)(-0.0087)(0)=0.4$
w_{25}	$0.1+(0.9)(-0.0065)(0)=0.1$
w_{34}	$-0.5+(0.9)(-0.0087)(1)=-0.508$
w_{35}	$0.2+(0.9)(-0.0065)(1)=0.194$
θ_6	$0.1+(0.9)(0.1311)=0.218$
θ_5	$0.2+(0.9)(-0.0065)=0.194$
θ_4	$-0.4+(0.9)(-0.0087)=-0.408$

6.4 BP 算法源程序分析

```cpp
#include <iostream.h>
#include <math.h>
#include <stdlib.h>
#include <time.h>
#include <fstream.h>
//------------------------------------------------------------
#define RANDOM rand()/32767.0                    //0~1 随机数生成函数

const int Layer_Max=5;                           //神经网络的层数
const double PI=3.1415927;                       //圆周率
const int Layer_number[Layer_Max]={2,4,4,2,1};   //神经网络各层的神经元个数
const int Neural_Max=4;                          //神经网络各层的最大神经元个数
const int InMax=21;                              //样本输入的个数
ofstream Out_W_File("All_W.txt",ios::out);
ofstream Out_Error("Error.txt",ios::out);
//定义类 BP
class BP
{
public:
BP();                                            //BP 类的构造函数
void BP_Print();                                 //打印权系数
double F(double x);                              //神经元的激发函数
double Y(double x1,double x2);                   //要逼近的函数

double NetWorkOut(int x1, int x2);               //网络输出,它的输入为
                                                 //第 input 个样本

void AllLayer_D(int x1, int x2);                 //求所有神经元的输出误差微分

void Change_W();                                 //改变权系数

void Train();                                    //训练函数
void After_Train_Out();                          //经过训练后,21 个样本的神经网络输出
double Cost(double out,double Exp);              //代价函数
private:
double W[Layer_Max][Neural_Max][Neural_Max];     //保存权系数
        //规定 W[i][j][k]表示网络第 i 层第 j 个神经元连接到
        //第 i-1 层第 k 个神经元的权系数
double Input_Net[2][InMax];                      //21 个样本输入,约定 Input_Net[0][i]
                                                 //表示第 i 个样本的输入 x1
                                 //而 Input_Net[1][i]表示第 i 个样本的输入 x2
double Out_Exp[InMax][InMax];                    //期望输出

double Layer_Node[Layer_Max][Neural_Max];        //保存各神经元的输出
      //规定 Layer_Node[i][j]表示第 i 层第 j 个神经元的输出
double D[Layer_Max][Neural_Max];                 //保存各神经元的误差微分
```

```
        //规定 D[i][j]表示第 i 层第 j 个神经元的误差微分
double Study_Speed;                              //学习速度
double e;                                        //误差
};
//构造函数,用来初始化权系数、输入、期望输出和学习速度
BP::BP()
{
srand(time(NULL));                               //播种,以便产生随机数
for(int i=1; i<Layer_Max; i++)
{
    for(int j=0; j<Layer_number[i]; j++)
    {
        for(int k=0; k<Layer_number[i-1]+1; k++)
        {
         W[i][j][k]=RANDOM;                       //随机初始化权系数
        }
        //Q[i][j]=RANDOM;                         //初始化各神经元的阈值
    }
}
//输入输出归一化
for(int l=0; l<InMax; l++)
{
    Input_Net[0][l]=l * 0.05;                    //把 0~1 分成 21 等份,表示 x1
    Input_Net[1][l]=1-l * 0.05;                  //表示 x2
}
for(i=0; i<InMax; i++)
{
    for(int j=0; j<InMax; j++)
    {
     Out_Exp[i][j]=Y(Input_Net[0][i],Input_Net[1][j]);    //期望输出
        Out_Exp[i][j]=Out_Exp[i][j]/3.000000;   //期望输出归一化
    }
}

Study_Speed=0.5;                                 //初始化学习速度

e=0.0001;                                        //误差精度
}//end
//激发函数 F()
double BP::F(double x)
{
return(1.0/(1+exp(-x)));
}//end
//要逼近的函数 Y()
//输入:两个浮点数
//输出:一个浮点数
double BP::Y(double x1,double x2)
{
double temp;
```

```
temp=pow(x1-1,4)+2 * pow(x2,2);
return temp;
}//end
//------------------------------------------------------------
//代价函数
double BP::Cost(double Out,double Exp)
{
return(pow(Out-Exp,2));
}//end
//网络输出函数
//输入:第 input 个样本
double BP::NetWorkOut(int x1, int x2)
{
int i,j,k;
double N_node[Layer_Max][Neural_Max];
        //约定 N_node[i][j]表示网络第 i 层第 j 个神经元的总输入
//第 0 层的神经元为输入,不用权系数和阈值,即输入什么即输出什么
N_node[0][0]=Input_Net[0][x1];
Layer_Node[0][0]=Input_Net[0][x1];
N_node[0][1]=Input_Net[1][x2];
Layer_Node[0][1]=Input_Net[1][x2];
for(i=1; i<Layer_Max; i++)                      //神经网络的第 i 层
{
    for(j=0; j<Layer_number[i]; j++)            //Layer_number[i]为第 i 层的
    {                                           //神经元个数
            N_node[i][j]=0.0;
     for(k=0; k<Layer_number[i-1]; k++)         //Layer_number[i-1]
     {                                          //表示与第 i 层第 j 个神经元连接的上一层的
                                                //神经元个数

     //求上一层神经元对第 i 层第 j 个神经元的输入之和
     N_node[i][j]+=Layer_Node[i-1][k] * W[i][j][k];
     }
     N_node[i][j]=N_node[i][j]-W[i][j][k];      //减去阈值
     //求 Layer_Node[i][j],即第 i 层第 j 个神经元的输出
     Layer_Node[i][j]=F(N_node[i][j]);
    }
}
return Layer_Node[Layer_Max-1][0];              //最后一层的输出
}//end
//求所有神经元的输出误差微分函数
//输入: 第 input 个样本
//计算误差微分并保存在 D[][]数组中
void BP::AllLayer_D(int x1, int x2)
{
int i,j,k;
double temp;
D[Layer_Max-1][0]=Layer_Node[Layer_Max-1][0] *
```

```
                        (1-Layer_Node[Layer_Max-1][0]) *
                        (Layer_Node[Layer_Max-1][0]-Out_Exp[x1][x2]);
    for(i=Layer_Max-1; i>0; i--)
    {
        for(j=0; j<Layer_number[i-1]; j++)
        {
         temp=0;
         for(k=0; k<Layer_number[i]; k++)
         {
          temp=temp+W[i][k][j] * D[i][k];
         }
         D[i-1][j]=Layer_Node[i-1][j] * (1-Layer_Node[i-1][j]) * temp;
        }
    }
}//end
//修改权系数和阈值
void BP::Change_W()
{
int i,j,k;
for(i=1; i<Layer_Max; i++)
{
    for(j=0;j<Layer_number[i];j++)
    {
     for(k=0;k<Layer_number[i-1];k++)
     {
      //修改权系数
      W[i][j][k]=W[i][j][k]-Study_Speed *
            D[i][j] * Layer_Node[i-1][k];

     }
     W[i][j][k]=W[i][j][k]+Study_Speed * D[i][j];            //修改阈值
    }
}
}//end
//训练函数
void BP::Train()
{
int i,j;
int ok=0;
double Out;
long int count=0;
double err;
     ofstream Out_count("Out_count.txt",ios::out);
//把其中的 5 个权系数的变化保存到文件里
ofstream outWFile1("W[2][0][0].txt",ios::out);
ofstream outWFile2("W[2][1][1].txt",ios::out);
```

```cpp
ofstream outWFile3("W[1][0][0].txt",ios::out);
ofstream outWFile4("W[1][1][0].txt",ios::out);
ofstream outWFile5("W[3][0][1].txt",ios::out);
while(ok<441)
{
    count++;
    //21个样本输入
    for(i=0,ok=0; i<InMax; i++)
    {
     for(j=0; j<InMax; j++)
     {
        Out=NetWorkOut(i,j);
        AllLayer_D(i,j);

        err=Cost(Out,Out_Exp[i][j]);                //计算误差

        if(err<e)ok++;                              //是否满足误差精度

        else Change_W();                           //是否修改权系数和阈值
     }

    }
    if((count%1000)==0)                            //每1000次,保存权系数
    {
     cout<<count<<"        "<<err<<endl;
     Out_count<<count<<",";
     Out_Error<<err<<",";
     outWFile1<<W[2][0][0]<<",";
     outWFile2<<W[2][1][1]<<",";
     outWFile3<<W[1][0][0]<<",";
     outWFile4<<W[1][1][0]<<",";
     outWFile5<<W[3][0][1]<<",";
     for(int p=1; p<Layer_Max; p++)
     {
      for(int j=0; j<Layer_number[p]; j++)
      {
       for(int k=0; k<Layer_number[p-1]+1; k++)
       {
        Out_W_File<<'W'<<'['<<p<<']'
                  <<'['<<j<<']'
            <<'['<<k<<']'
            <<'='<<W[p][j][k]<<' '<<' ';
       }
      }
     }
     Out_W_File<<'\n'<<'\n';
    }
}
```

```
cout<<err<<endl;
}//end
//打印权系数
void BP::BP_Print()
{
//打印权系数
cout<<"训练后的权系数"<<endl;
for(int i=1; i<Layer_Max; i++)
{
    for(int j=0; j<Layer_number[i]; j++)
    {
        for(int k=0; k<Layer_number[i-1]+1; k++)
        {
         cout<<W[i][j][k]<<"            ";
        }
        cout<<endl;
    }
}
cout<<endl<<endl;
}//end
//把结果保存到文件
void BP::After_Train_Out()
{
int i,j;
ofstream Out_x1("Out_x1.txt",ios::out);

ofstream Out_x2("Out_x2.txt",ios::out);

ofstream Out_Net("Out_Net.txt",ios::out);

ofstream Out_Exp("Out_Exp.txt",ios::out);
ofstream W_End("W_End.txt",ios::out);
ofstream Q_End("Q_End.txt",ios::out);
ofstream Array("Array.txt",ios::out);
ofstream Out_x11("x1.txt",ios::out);
ofstream Out_x22("x2.txt",ios::out);
ofstream Result1("result1.txt",ios::out);
ofstream Out_x111("x11.txt",ios::out);
ofstream Out_x222("x22.txt",ios::out);
ofstream Result2("result2.txt",ios::out);

for(i=0; i<InMax; i++)
{
    for(j=0; j<InMax; j++)
    {
     Out_x11<<Input_Net[0][i]<<',';
     Out_x22<<Input_Net[1][j]<<",";
     Result1<<3*NetWorkOut(i,j)<<",";
     Out_x1<<Input_Net[0][i]<<",";
```

```
       Array<<Input_Net[0][i]<<"            ";

         Out_x2<<Input_Net[1][j]<<",";
       Array<<Input_Net[1][j]<<"            ";
         Out_Net<<3 * NetWorkOut(i,j)<<",";
        Array<<Y(Input_Net[0][i],Input_Net[1][j])<<"          ";
          Out_Exp<<Y(Input_Net[0][i],Input_Net[1][j])<<",";
        Array<<3 * NetWorkOut(i,j)<<"            ";
        Array<<'\n';
        }
       Out_x1<<'\n';
       Out_x2<<'\n';
       Out_x11<<'\n';
       Out_x22<<'\n';
       Result1<<'\n';

   }
   for(j=0; j<InMax; j++)
   {
       for(i=0; i<InMax; i++)
       {
        Out_x111<<Input_Net[0][i]<<",";
        Out_x222<<Input_Net[1][j]<<",";
        Result2<<3 * NetWorkOut(i,j)<<",";
       }
       Out_x111<<'\n';
       Out_x222<<'\n';
       Result2<<'\n';
   }

   //把经过训练后的权系数和阈值保存到文件里
   for(i=1; i<Layer_Max; i++)
   {
       for(int j=0; j<Layer_number[i]; j++)
       {
          for(int k=0; k<Layer_number[i-1]+1; k++)
       {

        W_End<<W[i][j][k]<<",";                    //保存权系数
       }
       }
   }//end for

   }//end

   void main(void)
   {
   BP B;                                  //生成一个 BP 类对象 B
```

```
B.Train();                          //开始训练
B.BP_Print();                       //把结果打印出来
B.After_Train_Out();                //把结果保存到文件
}
```

运行结果如图 6-8 所示,程序采用 BP 神经网络结构(正向神经网络结构为 2-4-4-2-1)去逼近函数。

$$f(x_1, x_2) = (x_1 - 1)^4 + 2x_2^2$$

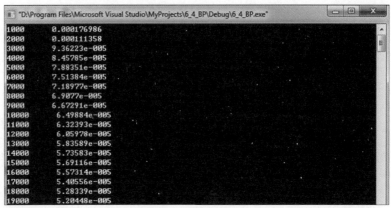

图 6-8　输出的结果

(1) 网络各神经元的激发函数：s 函数——$F(x) = 1/[1+\exp(-x)]$。

(2) 输入层的神经元不是真正的神经元,它们的输出等于输入。

(3) 取 21 个样本值作为训练用。

(4) x_1, x_2 的取值范围：$0 \leqslant x_1, x_2 \leqslant 1$。

(5) 误差小于 0.0001。

对要逼近的函数 $f(x_1, x_2) = (x_1 - 1)^4 + 2x_2^2$ 进行分析。x_1, x_2 的取值范围：$0 \leqslant x_1, x_2 \leqslant 1$。那么,输入就不用归一化了(若 x_1, x_2 的值域不在 $0 \sim 1$,那就要输入归一化,因为可以从神经网络的激发函数看出,输入在 $0 \sim 1$ 时,变化率是很大的,所以网络对输出很敏感)。求该函数的值域,很显然该函数的值域为 $0 \sim 3$,这就需要归一化了,因为神经网络输出的值只能为 $0 \sim 1$。设 Out_Exp[i]为第 i 个输入样本的期望值,那么归一化后的期望输出就为 Out_Exp[i]/3,用这个值和网络的输出比较,进行训练。最后在网络输出时要反归一化,即把网络的输出乘以 3。

首先,考虑如何在计算机程序设计中表示权系数和阈值,在这里定义了三维数组 W[Layer_Max][Node_Max][Node_Max+1]用来表示神经网络的全部权系数和阈值,Layer_Max 表示网络结构的层数,Node_Max 表示整个神经网络各层中含神经元最大数目的个数,Layer[i]数组表示网络中第 i 层的神经元个数。约定 $W[i][j][k]$ 存储网络的权系数,其中,i 表示神经网络的第 i 层,j 表示第 i 层第 j 个神经元,k 表示第 $i-1$ 层第 k 个神经网络。那么,$W[i][j][k]$ 表示第 i 层第 j 个神经元和第 $i-1$ 层第 k 个神经元的权系数。$W[i][j][\text{Layer}[i-1]+1]$ 表示第 i 层第 j 个神经元的阈值。

然后,定义网络输入和期望输出的数组。定义二维数组 Input_Net[2][21] 为网络的输入数组,在这里为了方便,取 21 个样本,其中 x_1 取值从 0 开始,以每次加 0.05 的步长作为下一个样本取值,而 x_2 的取值则与之相反。那么,由于 x_1 和 x_2 各有 21 个值,由排列组合得出网络训练样本一共有 $21 \times 21 = 421$ 个。再定义一个二维数组 Out_Exp[21][21] 表示期望输出。定义二维数组 Layer_Node[i][j] 存储各层神经元的输出,表示第 i 层第 j 个神经元的输出。定义二维数组 $D[i][j]$ 存储各层神经元的误差微分,表示第 i 层第 j 个神经元的误差微分。代价函数为 $(\text{NetOut}(i,j) - \text{Out\_Exp}[i][j])^2/2$。其中,$\text{NetOut}(i,j)$ 表示输入 x_1 的第 i 个值和 x_2 的第 j 个值所组成的样本时,网络的实际输出。

确定 BP 算法的关键子程序如下。

(1) $F(\text{double } x)$,该函数是该神经网络的唯一激发函数,它的数学表达式为 $F(x) = 1/[1 + \exp(-x)]$,它的输入为样本值 NetIn[i]。

(2) Initialize() 函数是网络初始化子程序,它初始化权系数和阈值、学习速率、误差精度等。

(3) NetWorkOut(int i, int j),该函数的输入为 x_1 的第 i 个值和 x_2 的第 j 个值所组成的样本,在计算网络输出时,同时计算各层神经元的输出,并保存在 Layer_Node[][] 数组里。输出为神经网络的实际输出。

(4) AllLayer_D(int i, int j),该函数的输入为输入 x_1 的第 i 个值和 x_2 的第 j 个值所组成的样本时的数组下标,目的是计算各层神经元的误差微分,并把它们保存在 $D[][]$ 数组里。

(5) Change_W(),该函数用于根据 AllLayer_D() 函数计算出来的误差微分改变权系数,根据经典的 BP 算法可以写出改变权系数和阈值的公式,即

$$W[i][j][k] = W[i][j][k] - \text{Study\_Speed} \cdot D[i][j] \cdot \text{Layer\_Node}[i-1][k]$$
$$W[i][j][\text{Layer}[i-1]+1] = W[i][j][\text{Layer}[i-1]+1] + \text{Study\_Speed} \cdot D[i][j] \cdot$$
$$\text{Layer\_Node}[i-1][\text{Layer}[i-1]+1]$$

其中,Study_Speed 为学习速率,取值为 $(0,1)$,如果太大,网络将会出现振荡,而不能收敛。

(6) Train() 函数用于神经网络训练。它调用了上面几个函数来完成网络训练。当训练完(即网络对于该问题是可以收敛的)时,网络就可以在特定的误差范围内逼近函数。

6.5 BP 算法的特点及应用

6.5.1 BP 算法特点

BP 神经网络具有以下优点。

(1) 非线性映射能力:BP 神经网络实质上实现了一个从输入到输出的映射功能,数学理论证明三层的神经网络就能够以任意精度逼近任何非线性连续函数。这使得其特别适合求解内部机制复杂的问题,即 BP 神经网络具有较强的非线性映射能力。

(2) 自学习和自适应能力:BP 神经网络在训练时,能够通过学习自动提取输入输出

数据间的"合理规则",并自适应地将学习内容记忆于网络的权值中。也就是说,BP神经网络具有高度自学习和自适应的能力。

（3）泛化能力:泛化能力是指在设计模式分类器时,既要考虑网络保证对所需分类的对象进行正确分类,还要关心网络在经过训练后,能否对未见过的模式或有噪声污染的模式进行正确的分类,即BP神经网络具有将学习成果应用于新知识的能力。

（4）容错能力:BP神经网络在其局部的或者部分的神经元受到破坏后对全局的训练结果不会造成很大的影响,也就是说,即使系统在受到局部损伤时还是可以正常工作的,即BP神经网络具有一定的容错能力。

BP神经网络也暴露出了越来越多的缺点和不足。

（1）局部极小化问题:从数学角度看,传统的BP神经网络为一种局部搜索的优化方法,它要解决的是一个复杂的非线性化问题,网络的权值是通过沿局部改善的方向逐渐进行调整的,这样会使算法陷入局部极值,权值收敛到局部极小点,从而导致网络训练失败。加上BP神经网络对初始网络权重非常敏感,以不同的权重初始化网络,其往往会收敛于不同的局部极小值,这也是很多学者每次训练得到不同结果的根本原因。

（2）BP算法的收敛速度慢:由于BP算法本质上为梯度下降法,它所要优化的目标函数是非常复杂的,因此,必然会出现"锯齿形现象",这使得BP算法低效;又由于优化的目标函数很复杂,它必然会在神经元输出接近0或1的情况下,出现一些平坦区,在这些区域内,权值误差改变很小,使训练过程几乎停顿;BP神经网络模型中,为了使网络执行BP算法,不能使用传统的一维搜索法求每次迭代的步长,而必须把步长的更新规则预先赋予网络,这种方法也会引起算法低效。以上种种,导致了BP算法收敛速度慢的现象。

（3）BP神经网络结构选择不一:BP神经网络结构的选择至今尚无一种统一而完整的理论指导,一般只能根据经验选定。网络结构选择过大,训练中效率不高,可能出现过拟合现象,造成网络性能低,容错性下降;若选择过小,则又会造成网络可能不收敛。而网络的结构直接影响网络的逼近能力及推广性质。因此,应用中如何选择合适的网络结构是一个重要的问题。

（4）应用实例与网络规模的矛盾问题:BP神经网络难以解决应用问题的实例规模和网络规模间的矛盾问题,其涉及网络容量的可能性与可行性的关系问题,即学习复杂性问题。

（5）BP神经网络预测能力和训练能力的矛盾问题:预测能力也称泛化能力或者推广能力,而训练能力也称逼近能力或者学习能力。一般情况下,训练能力差时,预测能力也差,并且在一定程度上,随着训练能力的提高,预测能力也会得到提高。但这种趋势不是固定的,其有一个极限,当达到此极限时,随着训练能力的提高,预测能力反而会下降,也即出现"过拟合"现象。出现该现象的原因是网络学习了过多的样本细节,导致学习出的模型已不能反映样本内含的规律,所以如何把握好学习的度,解决网络预测能力和训练能力间的矛盾也是BP神经网络的重要研究内容。

（6）BP神经网络样本依赖性问题:网络模型的逼近和推广能力与学习样本的典型性密切相关,而从问题中选取典型样本实例组成训练集是一个很困难的问题。

6.5.2　BP 算法应用

随着人工神经网络技术的不断成熟和发展,神经网络的智能化特征与能力使其应用领域日益扩大,许多用传统信息处理方法无法解决的问题采用神经网络后都取得了良好的效果,特别是在工程领域中得到了广泛的应用。神经网络目前主要应用于以下 5 个领域。

(1) 信息领域:作为一种新型智能信息处理系统,神经网络应用于信号处理、模式识别、数据压缩等方面。

(2) 自动化领域:神经网络和控制理论与控制技术相结合,发展为自动控制领域的一个前沿学科——神经网络控制。在系统辨识、神经控制器、智能检测等方面取得了发展。

(3) 工程领域:如汽车工程、军事工程、化学工程、水利工程等。

(4) 医学领域:在医学领域,神经网络可用于检测数据分析、生物活性研究、医学专家系统等。

(5) 经济领域:由于神经网络具有优化计算、聚类和预测等功能,在商业界得到了广泛的应用。金融市场采用神经网络建立信用卡和货币交易模型,用于识别信贷客户、股票预测和证券市场分析等方面。

6.6　小结

本章首先介绍了生物与人工神经元模型,然后简单列举了主要的神经网络模型,重点剖析了 BP 算法,阐述了它的原理、结构和工作过程。同时,还举了两个简单实例,使读者了解 BP 算法的具体工作过程。最后介绍了 BP 算法的特点以及应用。

思考题

1. 讨论 BP 神经网络处理分类问题的原理,并举例说明此网络的应用。

2. 简述 BP 算法的优点和不足。

3. 简述 BP 算法的学习过程。

4. 对如图 6-9 所示的 BP 神经网络,学习系数 $\eta = 1$,各点的阈值 $\theta = 0$。作用函数为

$$f(x) = \begin{cases} x, & x \geqslant 1 \\ 1, & x < 1 \end{cases}$$

输入样本 $x_1 = 1, x_2 = 0$,输出节点 z 的期望输出为 1,对于第 k 次学习得到的权值分别为 $w_{11}(k) = 0, w_{12}(k) = 2, w_{21}(k) = 2, w_{22}(k) = 1, T_1(k) = 1, T_2(k) = 1$,求第 k 次和第 $k+1$ 次学习得到的输出节点值 $z(k)$ 和 $z(k+1)$(写出计算公式和计算过程)。

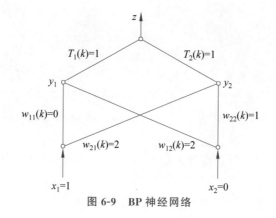

图 6-9 BP 神经网络

第7章 支持向量机

7.1 基本概念

7.1.1 支持向量机理论基础

在统计学习理论基础之上发展起来的支持向量机(Support Vector Machine,SVM)算法,是一种专门研究有限样本预测的学习方法。与传统统计学相比,SVM算法没有以传统的经验风险最小化原则作为基础,而是建立在结构风险最小化原理的基础之上,发展成为一种新型的结构化学习方法,统计学习理论是支持向量机理论发展的基础,为了进一步深入研究SVM,需要对统计学习的核心理论进行深入理解。

7.1.2 统计学习核心理论

统计学习理论被认为是目前针对小样本统计估计和预测学习的最佳理论,它从理论上较系统地研究了经验风险最小化原则成立的条件,有限样本下经验风险与期望风险的关系,以及如何利用这些理论找到新的学习原则。一般来说,经验风险最小并不一定意味着期望风险最小;学习的复杂性不但与学习目标有关,而且还要考虑样本集的有限性。这就是有限样本下学习机器的复杂性和泛化能力之间的矛盾。因此,需要一种新的学习原则来代替传统的经验风险最小化原则,它能够指导我们在有限样本或小样本的情况下获得具有优异泛化能力的学习机器。结构风险最小化归纳原理的出现,一举解决了这个难题,它包括学习的一致性、边界理论和结构风险最小化原理等部分。它所提出的结构风险最小化归纳学习过程克服了经验风险最小化的缺点,获得了更好的学习效果。

7.1.3 学习过程的一致性条件

学习过程的一致性条件是统计学习理论的基础,也是与传统渐近统计学的基本联系所在。学习过程的一致性(Consistency),指当训练样本数目趋于无穷大时,经验风险的最优值能够收敛到真实风险的最优值,只有满足学习过程的一致性条件,才能保证在学习样本无穷大时,经验风险最小化原则下得到的最优学习机器的性能趋近于期望风险最小时的最优结果。只有满足一致性条件,才能说明学习方法是有效的。经验风险和期望风险之间的这种关系,可以用图7-1表述,其中,$R(\alpha_l)$为实际可能的最小风险。

定义7.1:(一致性)$(x_1,y_1),(x_2,y_2),\cdots,(x_i,y_i)$是按照概率分布$F(x,y)$得到的独立同分布的观测样本集合,$f(x,\alpha_l)$是函数集$\Gamma$中使得经验风险$R_{emp}(\alpha_l)$最小化的预测函数。若对任意的$\varepsilon>0$,有

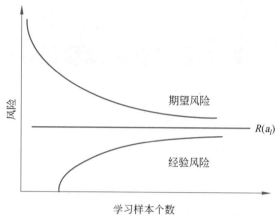

图 7-1　经验风险和期望风险关系示意图

$$\lim_{l\to\infty}P\{\,[R(\alpha_l)-\inf_{f\in\Gamma}R(\alpha)\,]>\varepsilon\}=0 \tag{7-1}$$

$$\lim_{l\to\infty}P\{\,[R_{\mathrm{emp}}(\alpha_l)-\inf_{f\in\Gamma}R(\alpha)\,]>\varepsilon\}=0 \tag{7-2}$$

则称经验风险最小化原则对于函数集 Γ 和概率分布 $F(x,y)$ 是一致的。换言之,如果经验风险最小化是一致的,那么它必须提供一个函数序列 $f(x,\alpha_l),l=1,2,\cdots$,使得期望风险和经验风险收敛到一个可能的最小风险值。

定理 7.1:设存在常数 A 和 B,使得对于函数集 $\Gamma=\{f(x,\alpha)\mid\alpha\in\Lambda\}$ 的所有函数和给定的概率分布 $F(x,y)$,有下列不等式成立:

$$A\leqslant\int L\,[y,f(x,\alpha)\,]\,\mathrm{d}F(x,y)\leqslant B,\quad\alpha\in\Lambda \tag{7-3}$$

则经验风险最小化原则一致性的充分必要条件:经验风险 $R_{\mathrm{emp}}(\alpha_l)$ 在整个函数集 Γ 上的一致单边收敛到期望风险 $R(\alpha)$,即

$$\lim_{l\to\infty}P\{\sup[R(\alpha)-R_{\mathrm{emp}}(\alpha_l)\,]>\varepsilon\}=0,\quad f\in\Gamma,\quad\forall\varepsilon>0 \tag{7-4}$$

定理 7.1 是 Vapnik 和 Chervonenkis 于 1989 年提出的,在统计学习理论中具有非常重要的地位,因此称为学习理论的关键定理。它把学习一致性问题转化为一致收敛问题,解释了经验风险最小化原则在什么条件下可以保证是一致的,但它并没有给出什么样的函数集才能够满足这些条件,也没有说明如何对事件 $\sup[R(\alpha)-R_{\mathrm{emp}}(\alpha_l)\,]>\varepsilon,f\in\Gamma$ 出现的概率进行估计。为此统计学习理论定义了一些指标来衡量函数集的性能,其中最重要的是函数集的 VC(Vapnik-Chervonenkis)维。

7.1.4　函数集的 VC 维

VC 维是统计学习理论中的一个核心概念,它是目前描述函数集学习性能最好的指标,并且在计算函数集与分布无关的泛化能力解中起着重要作用。指示函数集 VC 维的直观定义是对于一个指示函数集,如果存在 h 个样本能够被函数集里的函数按照所有可能的 2^h 种组合分成两类,则称函数集能够把样本数为 h 的样本集打散(Shattering)。函数集的 VC 维就是它能打散的最大样本数目 h。若对任意个数的样本,函数集内都有函

数能将它们打散,则称函数集的 VC 维是无穷大的,为此图 7-2 已说明。

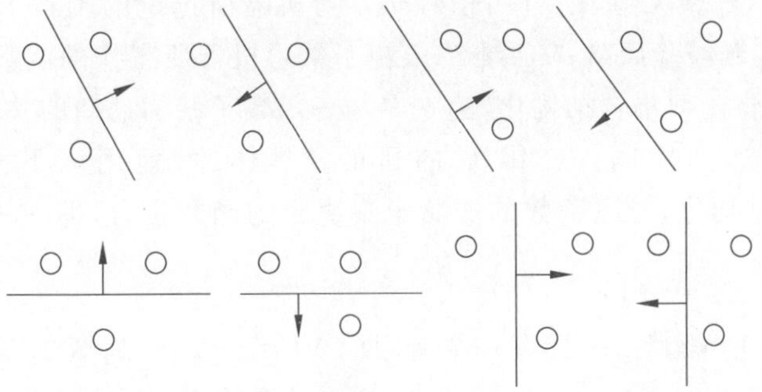

图 7-2　打散 3 个样本

不难看出,VC 维实质上反映了函数集的学习能力。一般而言,VC 维越大,则学习机器越复杂,学习容量也就越大。令人遗憾的是,目前尚没有通用的关于如何计算任意函数集的 VC 维的方法,只有一些特殊的函数集的 VC 维可以准确地知道。例如,n 维空间中的任意线性函数集的 VC 维是 $n+1$,而对于一些比较复杂的学习机器(如神经网络),其 VC 维除了与函数集选择有关外,通常也受学习算法等因素的影响,确定将更加困难。在实际应用中,通常采用精妙的数学技巧避免直接求解 VC 维。

7.1.5　泛化误差界

统计学习理论从 VC 维的概念出发,推导出关于经验风险和期望风险之间关系的重要结论,称为泛化误差界。这些界是分析学习机器性能和发展新的学习算法的重要基础。统计学习理论中给出了以下估计真实风险的不等式:对于任意 $\alpha \in \Gamma$(Γ 是抽象参数集合),以至少 $1-\eta$ 的概率满足下列不等式:

$$R(\alpha) \leqslant R_{\text{emp}}(\sigma) + \psi(h/l) \tag{7-5}$$

其中,$\psi(h/l) = \sqrt{\dfrac{h\left[\ln(2l/h)+1\right]-\ln(\eta/4)}{l}}$。$R_{\text{emp}}(\alpha)$ 表示经验风险;$\psi(h/l)$ 称为置信风险;l 代表样本个数;参数 h 则为一个函数集合的 VC 维。

上述不等式(也称定理)说明了学习机器的期望风险,是由两部分组成的:一部分是经验风险(学习误差引起的损失),依赖于预测函数的选择;另一部分为置信范围,是关于函数集 VC 维 h 的增函数。显然,如果 l/h 较大,则期望风险值由经验风险值决定,此时为了最小化期望风险,只需要最小化经验风险;相反,如果 l/h 较小,经验风险最小并不能保证期望风险一定最小,此时必须同时考虑不等式(7-5)右端的两项之和,称为结构风险。

7.1.6　结构风险最小化归纳原理

结构风险最小化归纳原理的基本想法:如果要求风险最小,就需要不等式(7-5)中的右端两项相互权衡,共同趋于最小;另外,在获得学习模型经验风险最小的同时,希望学习模型的推广能力尽可能大,这样就需要 h 尽可能小,即置信风险尽可能小。根据风险估

计不等式,如果固定训练样本个数 l 的大小,则控制风险 $R(\alpha)$ 的参数有两个: $R_{emp}(\alpha)$ 和 h。其中,经验风险 $R_{emp}(\alpha)$ 依赖于学习机器所选定的函数 $f(\alpha,x)$,这样就可以通过控制 α 来控制经验风险;VC 维 h 依赖于学习机器所工作的函数集合。为了获得对 h 的控制,可以将函数集合结构化,建立 h 与各函数子结构之间的关系,通过控制对函数结构的选择来达到控制 VC 维 h 的目的。具体地,运用以下方法将函数集合 $\{f(x,\sigma)|\sigma\in\Gamma\}$ 结构化,考虑函数的嵌套子集决定的函数集合,即 $S_1\subset S_2\subset S_3\subset\cdots\subset S_k\subset\cdots\subset S_n$,其中,$S_k=\{f(x,\sigma)|\sigma\in\Gamma_k\}$,并且 $S^*=\bigcup\limits_{k}S_k$。

结构 S^* 中的任何元素 S_k 拥有一个有限的 VC 维 h_k,且 $h_1\leqslant h_2\leqslant\cdots\leqslant h_n$。如果给定一组样本 $(x_1,y_1),(x_2,y_2),\cdots,(x_l,y_l)$,结构风险最小化原理就是在函数子集 S_k 中选择一个函数 $f(\sigma_i^k,x)$ 来最小化经验风险(通常它随着子集复杂度的增加而减小),同时,S_k 确保置信风险是最小的。选择最小经验风险与置信风险之和最小的子集就可以达到期望风险最小,这个子集中使经验风险最小的函数就是要求的最优函数,这种思想称为结构风险最小化。根据以上分析,可以得到两种运用结构风险最小化归纳原理构造学习机器的思路。

(1)给定一个函数集合,按照上述方法组织一个嵌套的函数结构,在每个子集中求取最小经验风险,然后选择经验风险与置信风险之和最小的子集。但是,当子集数目较大时,该方法较为费时,甚至不可行。

(2)构造函数集合的某种结构,使得在其中的各函数子集均可以取得最小的经验风险。例如,使训练误差为 0,然后选择适当的子集使置信风险最小,此时相应的函数子集中使经验风险最小的函数就是所求解的最优函数。支持向量机就是这种思想的具体体现。

7.2 支持向量机原理

7.2.1 支持向量机核心理论

支持向量机是在统计学习理论的 VC 维理论和结构风险最小化原理的基础上发展起来的一种新的机器学习方法。它根据有限的样本信息在模型的复杂性(即对特定训练样本的学习精度)和学习能力(即无错误地识别任意样本的能力)之间寻求最佳折中,以期获得最好的推广能力。目前,支持向量机已初步表现出很多优于已有方法的性能,一些学者认为,支持向量机正在成为继神经网络之后新的研究热点,并将推动机器学习理论和技术的重大发展。

7.2.2 最大间隔分类超平面

支持向量机最初是针对线性可分情况下的二类模式分类问题而提出的。给定观测样本集 $S=\{(x_1,y_1),(x_2,y_2),\cdots\}\subset X\times\{-1,1\}$,其中 $X\subset \mathbf{R}^n$ 称为输入空间或输入特征空间，$y_i \in \{-1,1\}$ 是样本的类标记。分类的目的就是找一个分类超平面将正负两类完全分开，如图 7-3 所示。

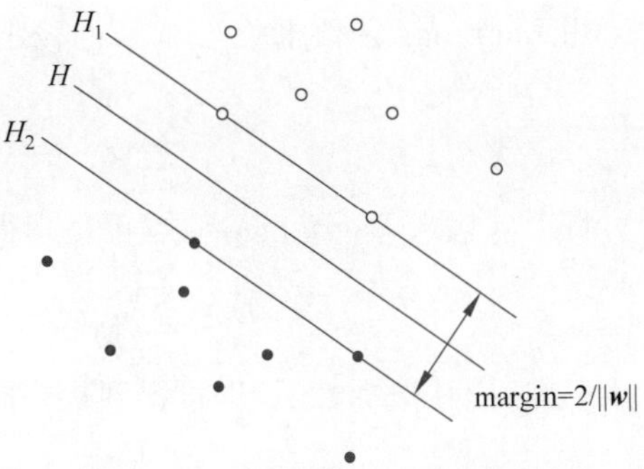

设 $G=\{w \cdot x+b=0 \,|\, w,x \in X,b \in \mathbf{R}\}$ 是所有能够对 S 完全正确分类（经验风险为 0）的超平面的集合。其中"·"是内积运算符。完全正确分类的意义：任意一个法向量 w（不失一般性，令 $\|w\|=1$）和常数 b 所确定分类超平面 H，它对样本集 S 的分类结果为

$$w \cdot x_i + b \geqslant 0, \quad 若 y_i = +1 \quad (7\text{-}6)$$

$$w \cdot x_i + b \leqslant 0, \quad 若 y_i = -1 \quad (7\text{-}7)$$

图 7-3　线性可分的分类超平面

在所有的超平面中，最大间隔分类器要寻找的是一个最优超平面（Optimal Hyperplane）。这个最优超平面是指满足两类的分类间隔（Margin）最大的超平面。分类间隔的定义：每类距离超平面最近的样本到超平面的距离之和。

此分类间隔可以经过如下的计算得到：设 H 为最优超平面，在 H 两侧分别做一个经过距离 H 最近的样本并且平行于 H 的超平面，记为 H_1 和 H_2。这两个超平面的表达式分别为

$$H_1: y = w \cdot x + b = 1, \quad H_2: y = w \cdot x + b = -1 \quad (7\text{-}8)$$

显然，超平面 $H: y = w \cdot x + b = 0$ 仍然属于 G。我们把超平面 H_1 和 H_2 之间的距离称为 H 的分类间隔 Δ，并将 H_1 和 H_2 称为 H 的间隔超平面或者间隔边界。容易计算 $\Delta = 2/\|w\| = d^+ + d^-$。

最大间隔分类超平面就是在正确分类所有学习样本（即满足约束条件 $y_i(w \cdot x_i + b) \geqslant 1$ 的前提下），使得分类间隔 Δ 取最大值的超平面，例如，图 7-3 中的平面 H。

7.2.3　支持向量机实现

1. 数据线性可分的情况

为了求解线性可分情况下的最大间隔分类超平面，需要在满足约束 $y_i[w \cdot x_i + b] \geqslant 1$，$i=1,2,\cdots,n$ 的前提下最大化间隔，等价于以下的优化问题：

$$\min_{w,b} \frac{1}{2}\|w\|^2 \quad (7\text{-}9)$$

约束条件是 $y_i[w \cdot x_i + b] \geqslant 1, i=1,2,\cdots,n$。

这是一个典型的线性约束凸二次规划问题，它唯一确定了最大间隔分类超平面。引入拉格朗日（Lagrange）乘子 $\alpha_i \geqslant 0, i=1,2,\cdots,n$，根据目标函数及其约束条件建立 Lagrange 函数。

$$L(w,b,\alpha) = \frac{1}{2}\|w\|^2 - \sum_{i=1}^{n} \alpha_i [y_i(w \cdot x_i + b) - 1] \quad (7\text{-}10)$$

用 Lagrange 函数求关于 w,b 的极小值，即由 $\frac{\partial L}{\partial b}=0,\frac{\partial L}{\partial w}=0$，得到以下算式：

$$\sum_{i=1}^{n}\alpha_i y_i=0,\quad w=\sum_{i=1}^{n}\alpha_i y_i x_i \tag{7-11}$$

将上式代入 Lagrange 函数，可整理得

$$L=\sum_{i=1}^{n}\alpha_i-\frac{1}{2}\sum_{i=1}^{n}\sum_{j=1}^{n}\alpha_i\alpha_j y_i y_j(x_i x_j) \tag{7-12}$$

考虑 Wolf 对偶性质，即可得到优化问题的对偶问题：

$$\max -\frac{1}{2}\sum_{i=1}^{n}\sum_{j=1}^{n}\alpha_i\alpha_j y_i y_j(x_i x_j)+\sum_{i=1}^{n}\alpha_i \tag{7-13}$$

$$\text{s.t}\quad \sum_{i=1}^{n}\alpha_i y_i=0$$

$$\alpha_i\geqslant 0,i=1,2,\cdots,n$$

可见对偶问题仍然是线性约束的凸二次优化，存在唯一的最优解 a^*。

根据约束优化问题的 KKT(Karush-Kuhn-Tucker)条件，优化最优解 a^* 时，应满足如下条件：

$$\alpha_i^*(y_i(w^*\cdot x_i+b^*)-1)=0,\quad i=1,2,\cdots,n \tag{7-14}$$

由于只有少部分观测样本 x_i 满足 $y_i(w^*\cdot x_i+b^*)=1$，它们对应的 Lagrange 乘子 $a_i^*>0$，而剩余的样本满足 $a_i^*=0$。我们称解 a_i^* 的这种性质为稀疏性。

通常把 $a_i^*>0$ 的观测样本称为支持向量(Support Vector)，它们位于间隔边界 H_1 或 H_2 上。结合式(7-11)和式(7-14)可知，w^* 和 b^* 均由支持向量决定。因此，最大间隔分类超平面 $w^*\cdot x_i+b^*=0$ 完全由支持向量决定，而与剩余的观测样本无关。

这时就可以得到如下的最优决策函数或者分类器：

$$f(x)=\text{sgn}(w^*\cdot x+b^*)=\text{sgn}\left(\sum_{i=1}^{n}\alpha_i y_i(x\cdot x_i)+b^*\right) \tag{7-15}$$

Vapnik 把上式称为线性硬间隔支持向量机，当样本线性不可分时，由于不存在使得分类间隔 Δ 取正值的超平面，严格要求所有样本被正确分类的硬间隔方法是行不通的。换句话说，必须适当松弛式(7-6)和式(7-7)中的约束条件。通过引入松弛变量 $\zeta_i\geqslant 0$，$i,\cdots,n$，可以得到软化的新约束条件：

$$y_i(w\cdot x_i+b)\geqslant 1-\zeta_i \tag{7-16}$$

显然当 ζ_i 充分大时，样本 (x_i,y_i) 总可以满足上述约束条件，如图 7-4 所示。

但另一方面，和项 $\sum_{i=1}^{n}\zeta_i$ 与样本的分类错误相关并且体现了经验风险，必须限制它的大小。因此，得到软化后的最大间隔分类器的优化问题：

$$\min_{w,b,\zeta_i}\frac{1}{2}\|w\|^2+C\sum_{i=1}^{n}\zeta_i \tag{7-17}$$

$$y_i(w\cdot x_i+b)\geqslant 1-\zeta_i \tag{7-18}$$

其中，实常数 $C>0$ 称为罚参数，它在分类器的复杂度和经验风险之间进行权衡。我们把上述问题确定的学习机称为线性软间隔支持向量机。

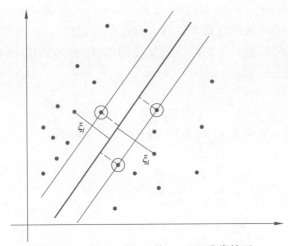

图 7-4 引入松弛因子的 SVM 两分类情形

2. 数据非线性可分的情况

经典非线性方法,如神经网络模型中,解决非线性可分问题的一个方法是利用多层感知器,其实质就是将近似函数集由简单线性指示函数扩展成由许多线性指示函数叠加成的一个更为复杂的近似函数集,再用 S 形函数来近似指示函数中的单位阶跃函数(或符号函数),从而得到使经验风险极小化的一种容易操作的算法。但是,这种方法存在着容易陷入局部极小点,网络结构设计依赖于先验知识以及泛化能力较差等问题。解决线性不可分类问题的另一个途径(支持向量机算法)是用超曲面代替超平面,找一个能够正确分类所有观测样本的最大间隔分类超曲面,如图 7-5 所示。

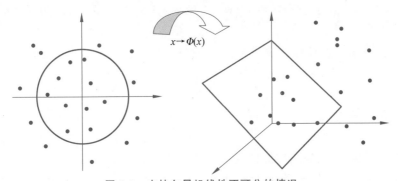

图 7-5 支持向量机线性不可分的情况

但是,最大间隔分类超曲面是难以描述和直接求解的。通过引入由输入空间 X 到某个高维空间 H(一般是 Hibert 空间)的非线性映射 $\Phi(x) = X \rightarrow H$,能够把 X 中寻找非线性的最大间隔分类超曲面问题转化为在高维空间 H 中求解线性的最大间隔分类超平面问题,从而更容易给出具体的模型进行求解。

其中,需要避免在 H 中进行高维的内积运算 $\Phi(x_i) \cdot \Phi(y_i)$。如果存在输入空间中定义的某个核函数 $K(x_i, x_j)$,且满足 $K(x_i, x_j) = \Phi(x_i) \cdot \Phi(y_i)$,就可以通过计算

$K(x_i,x_j)$的值而避免 H 中的内积运算,并且不需要知道映射函数。

因此,综合前面两种处理数据非线性可分问题的思想,得到更常用的非线性软间隔支持向量机,简称支持向量机。它的原始优化问题(P)和对偶优化问题(D)分别如下:

原始优化问题(P):

$$\min_{w,b,\zeta_i} \frac{1}{2}\parallel w \parallel^2 + C\sum_{i=1}^{n}\zeta_i \tag{7-19}$$

$$\text{s.t} \quad y_i(w \cdot \Phi(x_i)+b) \geqslant 1-\zeta_i, \quad \zeta_i \geqslant 0, i=1,2,\cdots,n$$

对偶优化问题(D):

$$\max_\alpha \sum_{i=1}^{n}\alpha_i - \frac{1}{2}\sum_{i=1}^{n}\sum_{j=1}^{n}\alpha_i\alpha_j y_i y_j K(x_i,x_j) \tag{7-20}$$

$$\text{s.t} \quad \sum_{i=1}^{n}\alpha_i y_i = 0, \quad C \geqslant \alpha_i \geqslant 0, i=1,2,\cdots,n$$

求解对偶问题的最优解 a^* 后,支持向量机的决策函数为

$$f(x)=\text{sgn}(w^* \cdot \Phi(x)+b^*)=\text{sgn}\left(\sum_{i=1}^{n}\alpha_i^* y_i K(x,x_i)+b^*\right) \tag{7-21}$$

同样根据 KKT 条件,优化对偶优化问题(D)取最优解时应该满足如下条件:

$$\alpha_i^* [y_i(w \cdot \Phi(x_i)+b^*)-1+\zeta_i^*]=0, \quad i=1,2,\cdots,n \tag{7-22}$$

$$(C-\alpha_i^*)\zeta_i^* = 0 \tag{7-23}$$

结合式(7-20)的约束条件和式(7-22)、式(7-23),可以推导出如下重要结论。

(1) 若 $\alpha_i^*=0$,则有 $\zeta_i^*=0$,且对应的样本 x_i 一定不是支持向量。

(2) 若 $0<\alpha_i^*<C$,则有 $\zeta_i^*=0$ 和 $y_i(w^* \cdot \Phi(x_i)+b^*)=1$,且对应的样本称为非边界支持向量机。

(3) 若 $\alpha_i^*=C$,则有 $\zeta_i^*=0$ 和 $y_i(w^* \cdot \Phi(x_i)+b^*)<1$,且对应的样本称为边界支持向量机。

可见,最优解的 α_i^* 稀疏性质同样满足,支持向量机的决策函数完全由 $\alpha_i^* \neq 0$ 的支持向量决定。

7.2.4 核函数分类

对支持向量机而言,核函数的构造和选择尤其重要。在满足 Mercer 条件的情况下,核函数可以有多种形式供选择。目前,在 SVM 理论研究与实际应用中,最常使用的有以下 4 类核函数。

(1) 线性核函数:$K(x,x_i)=x \cdot x_i$。

(2) 多项式核函数:$K(x,x_i)=[(x,x_i)+1]^q$,q 是自然数。此时得到的支持向量机是一个 q 阶多项式分类器。

(3) Gauss 径向基(RBF)核函数:$K(x,x_i)=\exp\left(\frac{-1}{2\sigma^2}\parallel x-x_i \parallel^2\right)$,$\sigma>0$。得到的支持向量机是一种径向基函数分类器。

（4）Sigmoid 核函数：$K(\boldsymbol{x}, x_i) = \tanh(a(\boldsymbol{x}, x_i) + t)$，$a$，$t$ 是常数，$\tanh$ 是 Sigmoid 函数。

支持向量机实现的其实是一个两层的感知器神经网络（故又称神经网络核函数），它包含了一个隐含层，隐含层节点数是由算法自动确定的，而且算法不存在困扰神经网络的局部极小点的问题。

其他形式的核函数，如傅里叶级数核函数、小波核函数等也都是特定于具体应用而产生的优化算子，应用也较为广泛。不同的核函数所产生的性能是不同的。对于某一具体问题，如何选择核函数的形式还没有一个指导原则。即使已经选定了某类核函数，其相应的参数（如多项式核函数的阶次 q、径向基核函数核半径 σ 等）也需要选择和优化。Keerthi 证明，径向基核函数在适当选择参数时可以代替多项式核，而且径向基核函数可以将样本映射到一个更高维的空间，可以处理当类标签（Class Label）和特征之间的关系是非线性时的样例。另外，由于参数的个数直接影响模型选择的复杂性，而径向基核函数只有一个待定参数 σ，与其他核函数相比具有参数少的优点，一般情况下选用径向基核函数的效果不会太差。

7.3　支持向量机实例分析

将支持向量机用到成矿的定性预测上。下面介绍思路：成矿预测是一项理论和实践紧密结合的、探索性极强的综合研究工作，预测理论和方法是提高找矿效果的首要条件，传统的成矿预测模型，如人工神经网络，它作为高度非线性动力系统，具有非线性映射、容错性好和自学习适应强等特征。特别是 BP 神经网络，在遥感图像分类与识别，资源预测等地学领域均有广泛应用。神经网络的关键技术是网络结构、权值参数及学习规则的设计，但目前神经网络的结构需要事先指定或应用启发式算法在训练过程中寻找，并且网络系数的调整和初始化方法没有理论指导，训练过程易于陷入局部极小、过学习、收敛速度慢。SVM 是一种新兴的机器学习方法，它具有强有力的非线性建模能力和良好的泛化性能，能解决小样本、非线性、高维数和局部极小点等实际问题。算法最终转化为二次寻优问题，从理论上得到全局最优解，有效避免了局部极值问题，同时通过非线性变换和核函数巧妙解决了高维数问题，使算法复杂度与样本维数无关，加速了训练学习速度；另外，它能根据有限样本信息在模型的复杂型和学习能力之间寻求最佳折中，保证其有较好的泛化能力。下面以一个例子来验证，算法流程如图 7-6 所示。

（1）原始数据准备。

成矿作用的复杂性决定了成矿信息往往具有多解性和隐含性，以云南某旧地质采样综合数据为研究对象，将基于 SVM 的模型引入地质数据的处理和解释。实际资料表明，该地区银、砷、钡、铋、铜、铅、锌、汞组合异常能够较好地指示矿化富集带，选取此地空间中8 个化学元素中具有代表性的元素作为输入数据，选择矿化程度作为输出。

（2）数据预处理。

在原始数据准备阶段主要完成对预测指标的选定和已有的历史数据资料的收集工作，并确定成矿因素的输入输出量。①输入向量 x_i' 的属性及含义：建模时对样本中的因

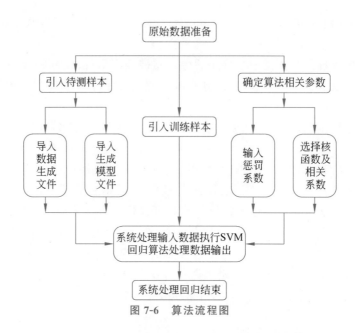

图 7-6　算法流程图

子进行归一化处理(减少各个因子之间的量级差别),使用$x_i' = \dfrac{x_i - \min(x_i)}{\max(x_i) - \min(x_i)}$将样本归一化到区间$[0,1]$,$x_i'$是 Zn 元素的含量;②对应的输出 Y 为两类,有矿与无矿,用 1 代表有矿,0 代表无矿,如表 7-1 所示。

表 7-1　数据预处理阶段

标号	Zn	矿化(Y)	标号	Zn	矿化(Y)
1	x_1'	1	6	x_6'	1
2	x_2'	1	7	x_7'	0
3	x_3'	0	8	x_8'	1
4	x_4'	0	9	x_9'	1
5	x_5'	1	10	x_{10}'	1

通过某矿 m 的前 k 个矿物的历史数据来预测 m 矿物的矿化程度,即对下面的函数进行预测:$y_m = f(x_{m-1}, x_{m-2}, \cdots, x_{m-k})$(这其实是一个回归模型),其过程:依据自变量和因变量的历史统计资料进行计算,在此基础上建立回归分析方程,即回归分析预测模型。

(3) SVM 成矿预测模型。

因为构造 SVM 的基础是 Mercer 定理,所以建立支持向量机的核函数必须满足 Mercer 定理条件。在该例子中采用 RBF 核函数作为基本函数建立 SVM 回归模型。

RBF 核函数的形式:$K(\boldsymbol{x}, \boldsymbol{x}_i) = \exp(-\gamma \parallel \boldsymbol{x} - \boldsymbol{x}_i \parallel^2)$,$\gamma > 0$。在构建 SVM 回归模型的过程中,$C$、$\gamma$ 和 ε 这 3 个参数需自主决定。其中,C 是惩罚常数,γ 为 Gauss 径向基核函数的参数,ε 为不敏感区域的宽度。模型参数选取使用交叉验证方法,利用 LibSVM

库文件实现参数的选取。当选取合适的 C、γ 和 ε 3 个参数后,对 SVM 模型进行训练样本训练和预测,按理论给出表 7-2。

表 7-2 建立 SVM 成矿预测模型阶段

标 号	实际值	SVM 预测值	标 号	实际值	SVM 预测值
1	X_1	Y_1	6	X_6	Y_6
2	X_2	Y_2	7	X_7	Y_7
3	X_3	Y_3	8	X_8	Y_8
4	X_4	Y_4	9	X_9	Y_9
5	X_5	Y_5	10	X_{10}	Y_{10}

$X_i, Y_i (i = 1,2,3,4,5,6,7,8,9,10)$ 分别是训练样本的实际值(标准值)和待测样本的 SVM 预测值(经过分类器输出的值)。X_i, Y_i 均是 Zn 元素的含量,只不过前者是标准值,后者是待测样本的 SVM 预测值,此处用了 10 个样本,从表 7-2 中可以看出:①分类器的预测效果;②可以通过预测值判断该样本是属于有矿的一类还是无矿的一类。

由于 SVM 的源代码过于庞大,受篇幅限制在此不具体列举。

7.4 支持向量机的特点及应用

7.4.1 支持向量机的特点

SVM 有以下主要优点。

(1)非线性映射是 SVM 方法的理论基础,SVM 利用内积核函数代替向高维空间的非线性映射。

(2)对特征空间划分的最优超平面是 SVM 的目标,最大化分类边际的思想是 SVM 方法的核心。

(3)支持向量是 SVM 的训练结果,在 SVM 分类决策中起决定作用的是支持向量。

(4)SVM 是一种有坚实理论基础的、新颖的小样本学习方法。它基本上不涉及概率测度及大数定律等,因此不同于现有的统计方法。从本质上看,它避开了从归纳到演绎的传统过程,实现了高效的从训练样本到预测样本的转导推理,大大简化了通常的分类和回归等问题。

(5)SVM 的最终决策函数只由少数的支持向量确定,计算的复杂性取决于支持向量的数目,而不是样本空间的维数,这在某种意义上避免了"维数灾难"。

(6)少数支持向量决定了最终结果,这不但可以帮助我们抓住关键样本、"剔除"大量冗余样本,而且注定了该方法不但算法简单,而且具有较好的健壮性。这种健壮性主要体现在以下 3 方面。

- 增、删非支持向量样本对模型没有影响。
- 支持向量样本集具有一定的健壮性。
- 在有些成功的应用中,SVM 方法对核的选取不敏感。

SVM 有以下两个不足。

(1) SVM 算法对大规模训练样本难以实施。由于 SVM 是借助二次规划来求解支持向量的,而求解二次规划将涉及 m 阶矩阵的计算(m 为样本的个数),当 m 数目很大时,该矩阵的存储和计算将耗费大量的机器内存和运算时间。针对以上问题的主要改进有 J. Platt 的 SMO 算法、T. Joachims 的 SVM、C. J. C. Burges 等的 PCGC、张学工的 CSVM 以及 O. L. Mangasarian 等的 SOR 算法。

(2) 用 SVM 解决多分类问题存在困难。经典的支持向量机算法只给出了二类分类的算法,而在数据挖掘的实际应用中,一般要解决多类的分类问题。可以通过多个二类支持向量机的组合来解决。主要有一对多组合模式、一对一组合模式和 SVM 决策树。还可以通过构造多个分类器的组合来解决。主要原理是克服 SVM 固有的缺点,结合其他算法的优势,解决多类问题的分类精度,如与粗集理论结合,形成一种优势互补的多类问题的组合分类器。

7.4.2 支持向量机的应用

SVM 方法在理论上具有突出的优势,贝尔实验室率先对美国邮政手写数字库识别研究方面应用了 SVM 方法,取得了较大的成功。近几年,有关 SVM 的应用研究得到了很多领域的学者的重视,在人脸检测、验证和识别、说话人/语音识别、文字/手写体识别、图像处理及其他应用研究等方面取得了大量的研究成果,从最初的简单模式输入的直接 SVM 方法研究,进入多种方法取长补短的联合应用研究,对 SVM 方法也有了很多改进。

1. 车辆行人检测

由于人体是一个非刚性的目标,并在尺寸、形状、颜色和纹理机构上有一定程度的可变性。行人检测主要是基于小波模板概念,按照图像中小波相关系数子集定义目标形状的小波模板。系统首先对图像中每个特定大小的窗口以及该窗口进行一定范围的比例缩放得到的窗口进行 Haar 小波变换,然后利用支持向量机检测变换的结果是否可以与小波模板匹配,如果匹配成功则认为检测到一个行人。

2. 图像中的文本定位

将支持向量机用于分析图像中文本的纹理特性。不需要专门提取纹理特征,而是直接将像素的灰度值作为支持向量机的输入,经支持向量机处理后输出分类结果(即文本或非文本);然后再通过消除噪声和合并文字区域就可得到定位结果。支持向量机对于文本定位有很好的健壮性,并且可在有限的样本中进行训练。

3. P2P 流量识别

P2P 流量识别问题本质上就是一个分类问题,将未知流量粗分为 P2P 和 non-P2P 应用,属于二值分类;将未知流量细分为各个具体 P2P 应用,属于多值分类。因此,支持向量机被自然地应用到 P2P 流量分类问题。

7.5　小结

本章介绍了在统计学习理论基础上发展起来的 SVM 算法。首先重点剖析了 SVM 原理,包括支持向量机核心理论、最大间隔分类超平面、支持向量机实现、核函数分类。其次举出一个将支持向量机用到成矿定性预测中的实例,并分析了一个具体的 SVM 实例。最后介绍了支持向量机的特点以及应用。

思考题

1. 简述一致性的定义。
2. 简述最大间隔分类超平面的定义。
3. 支持向量机的关键技术是什么?
4. 支持向量机的优缺点各是什么?
5. 支持向量机的基本思想是什么? 举例说明支持向量机的应用。

第 8 章　*K*-means 聚类算法

8.1　简介

    K-means 聚类算法由 J. B. MacQueen 于 1967 年提出,是最为经典的也是使用最为广泛的一种基于划分的聚类算法,它属于基于距离的聚类算法。基于距离的聚类算法是指采用距离作为相似性量度的评价指标,也就是说,当两个对象离得近时,二者之间的距离比较小,那么它们之间的相似性就比较大。这类算法通常是由距离比较相近的对象组成簇,把得到的紧凑而且独立的簇作为最终目标,因此将这类算法称为基于距离的聚类算法。*K*-means 聚类算法就是其中比较经典的一种算法。*K*-means 聚类是数据挖掘的重要分支,同时也是实际应用中最常用的聚类算法之一。

8.2　*K*-means 聚类算法原理

    K-means 聚类算法的最终目标就是根据输入参数 *K*(这里的 *K* 表示需要将数据对象聚成几簇),把数据对象分成 *K* 个簇。该算法的基本思想:首先,指定需要划分的簇的个数 *K* 值;其次,随机地选择 *K* 个初始数据对象点作为初始的聚类中心;再次,计算其余的各个数据对象到这 *K* 个初始聚类中心的距离(这里一般采用距离作为相似性度量),把数据对象划归到距离它最近的那个中心所处的簇类中;最后,调整新类并且重新计算出新类的中心,如果两次计算出来的聚类中心未曾发生任何变化,就可以说明数据对象的调整已经结束,也就是说,聚类采用的准则函数(这里采用的是误差平方和的准则函数)是收敛的,表示算法结束。

    K-means 聚类算法属于一种动态聚类算法,也称逐步聚类法,该算法的一个比较显著的特点就是迭代过程,每次都要考察对每个样本数据的分类正确与否,如果不正确,就要进行调整。当调整完全部的数据对象之后,再来修改中心,最后进入下一次迭代的过程中。若在一个迭代中,所有的数据对象都已经被正确分类,那么就不会有调整,聚类中心也不会改变,聚类准则函数也表明已经收敛,那么该算法就成功结束。

    传统的 *K*-means 聚类算法的基本工作过程:首先随机选择 *K* 个数据作为初始中心,计算各个数据到所选出的各个中心的距离,将数据对象指派到最近的簇中。然后计算每个簇的均值,循环往复执行,直到满足聚类准则函数收敛为止,其具体的工作步骤如下。

    输入:初始数据集 DATA 和簇的数目 *K*。

    输出:*K* 个簇,满足平方误差准则函数收敛。

    (1)任意选择 *K* 个数据对象作为初始聚类中心。

    (2)Repeat。

    (3)根据簇中对象的平均值,将每个对象赋给最类似的簇。

（4）更新簇的平均值，即计算每个对象簇中对象的平均值。

（5）计算聚类准则函数 E。

（6）Until 准则函数 E 值不再进行变化。

K-means 聚类算法的工作流程如图 8-1 所示。

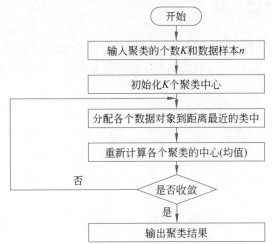

图 8-1　*K*-means 聚类算法的工作流程

K-means 聚类算法的工作框架如下：

（1）给出 n 个数据样本，令 $I=1$，随机选择 K 个初始聚类中心 $Z_j(I)$，$j=1$，$2,\cdots,K$。

（2）求解每个数据样本与初始聚类中心的距离 $D[x_i,Z_j(I)]$，$i=1,2,\cdots,n$；$j=1$，$2,\cdots,K$。若满足 $D[x_i,Z_j(I)]=\min\{D[x_i,Z_j(I)],i=1,2,\cdots,n\}$，那么 $x_i\in w_k$。

（3）令 $I=I+1$，计算新聚类中心 $Z_j(2)=\dfrac{1}{n}\sum_{i=1}^{n_j}x_i^{(j)}$，$j=1,2,\cdots,K$ 以及误差平方和准则函数 J_c 的值：$J_c(2)=\sum_{j=1}^{K}\sum_{k=1}^{n_j}\parallel x_k^{(j)}-Z_j(2)\parallel^2$。

（4）判断：如果 $|J_c(I+1)-J_c(I)|<\xi$ 表示算法结束；反之，若 $I=I+1$，则重新返回第（2）步执行。

从该算法的框架能够得出：K-means 聚类算法的特点就是调整一个数据样本后修改一次聚类中心以及聚类准则函数 J_c 的值，当 n 个数据样本完全被调整完后表示一次迭代完成，这样就会得到新的 J_c 和聚类中心的值。若在一次迭代完成之后，J_c 的值没有发生变化，则表明该算法已经收敛，在迭代过程中 J_c 值逐渐缩小，直到达到最小值为止。该算法的本质是把每个样本点划分到离它最近的聚类中心所在的类。

K-means 聚类算法的本质是一个最优化求解的问题，目标函数虽然有很多局部最小值点，但是只有一个全局最小值点。之所以只有一个全局最小值点是由于目标函数总是按照误差平方准则函数变小的轨迹来进行查找的。

K-means 聚类算法对聚类中心采取的是迭代更新的方法，根据 K 个聚类中心，将周围的点划分成 K 个簇；在每次的迭代中将重新计算每个簇的质心，即簇中所有点的均值,作为下一次迭代的参照点。也就是说,每次的迭代都会使选取的参照点越来越接近簇的几何中心,也就是簇心,所以如果目标函数越来越小,那么聚类的效果也会越来越好。

K-means
聚类算法
实例分析

8.3 *K*-means 聚类算法实例分析

【例 8.1】 利用 *K*-means 聚类算法,把 $A \sim L$ 12 个数据分成两类。初始的随机点指定为 $M_1(20,60)$,$M_2(80,80)$。列出每次分类结果及每类中的平均值(中心点),如表 8-1 所示。

表 8-1 *A*～*L* 12 个数据

坐标点	X	Y	点 M_1		点 M_2	
A	2.273	68.367	20	60	80	80
B	27.89	83.127				
C	30.519	61.07				
D	62.049	69.343				
E	29.263	68.748				
F	62.657	90.094				
G	75.735	62.761				
H	24.344	43.816				
I	17.667	86.765				
J	68.816	76.874				
K	69.076	57.829				
L	85.691	88.114				

1. 第一次分类

1）点到 M_1 的距离

在单元格 F_2 中输入函数"=SQRT(SUMSQ((B2−D＄2),(C2−E＄2)))",计算点 A 到点 M_1 的距离后,将 F_2 以下的单元格下拉依次得到其他点到点 M_1 的距离。

2）点到 M_2 的距离

在单元格 I_2 中输入函数"=SQRT(SUMSQ((B2−G＄2),(C2−H＄2)))",计算点 A 到点 M_2 的距离后,将 I_2 以下的单元格下拉依次得到其他点到点 M_2 的距离。

点到 M_1 的距离与点到 M_2 的距离比较并排序:在单元格 J_2 中输入函数"=IF(F2≥I2,"M2","M1")"并按升序排列,如表 8-2 所示。

表 8-2 第一次分类排序结果

坐标点	X	Y	点到 M_1 的距离	点到 M_2 的距离	归属于 M_1/M_2 点
A	2.273	68.367	19.602 377 87	78.592 704 61	M_1
B	27.89	83.127	24.435 839 03	52.203 737 69	M_1
C	30.519	61.07	10.573 280 52	52.978 432 04	M_1
E	29.263	68.748	12.740 905 5	51.969 709 19	M_1
H	24.344	43.816	16.756 855 07	66.384 276 69	M_1
I	17.667	86.765	26.866 486 82	62.699 028 01	M_1
D	62.049	69.343	43.074 470 98	20.876 064 04	M_2
F	62.657	90.094	52.204 104 1	20.066 601 23	M_2
G	75.735	62.761	55.803 345 29	17.758 754 07	M_2
J	68.816	76.874	51.650 108 73	11.612 653 96	M_2
K	69.076	57.829	49.123 996 35	24.716 128 68	M_2
L	85.691	88.114	71.454 212 45	9.910 826 252	M_2

第一次分类结果如表 8-3 所示。

表 8-3 第一次分类结果

M_1 类			M_2 类		
A	2.273	68.367	D	62.049	69.343
B	27.89	83.127	F	62.657	90.094
C	30.519	61.07	G	75.735	62.761
E	29.263	68.748	J	68.816	76.874
H	24.344	43.816	K	69.076	57.829
I	17.667	86.765	L	85.691	88.114
M_1 类中心 M_1' 点	21.992 67	68.648 833 33	M_2 类中心 M_2' 点	70.670 67	74.169 166 7

绘制的散点图如图 8-2 所示。

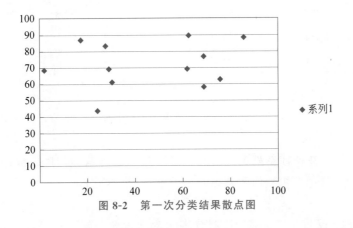

图 8-2 第一次分类结果散点图

2. 第二次分类

使用 AVERAGE 函数求第一次分类后各类的质心 M_1' 和 M_2'。

依据第一次分类时的步骤,得到了第二次分类的结果,如表 8-4 和表 8-5 所示。

表 8-4　第二次分类排序结果

坐标点	X	Y	到 M_1' 点的距离	到 M_2' 点的距离	M_1'/M_2'
A	2.273	68.367	19.721 683 83	68.643 327 7	M_1
B	27.89	83.127	15.633 166 91	43.708 448 2	M_1
C	30.519	61.07	11.407 759 09	42.234 403 73	M_1
E	29.263	68.748	7.271 006 326	41.761 037 09	M_1
H	24.344	43.816	24.943 901 03	55.384 792 88	M_1
I	17.667	86.765	18.625 440 57	54.479 757 4	M_1
D	62.049	69.343	40.062 344 48	9.880 542 012	M_2
F	62.657	90.094	45.972 633 71	17.827 482 08	M_2
G	75.735	62.761	54.063 893 46	12.481 737 9	M_2
J	68.816	76.874	47.540 274 02	3.279 619 816	M_2
K	69.076	57.829	48.310 544 24	16.417 799 12	M_2
L	85.691	88.114	66.606 081 46	20.495 575 06	M_2

表 8-5　第二次分类结果

M_1' 类			M_2' 类		
A	2.273	68.367	D	62.049	69.343
B	27.89	83.127	F	62.657	90.094
C	30.519	61.07	G	75.735	62.761
E	29.263	68.748	J	68.816	76.874
H	24.344	43.816	K	69.076	57.829
I	17.667	86.765	L	85.691	88.114

绘制的散点图如图 8-3 所示。

根据以上分析过程,可以明显看出第二次聚类结果和第一次聚类结果没有发生变化,由此可以确定聚类结束。

【例 8.2】 设有数据样本集合为 $X=\{1,5,10,9,26,32,16,21,14\}$,将 X 聚为 3 类,即 $K=3$。随即选择前 3 个数值为初始的聚类中心,即 $z_1=1$, $z_2=5$, $z_3=10$(采用欧氏距离进行计算)。

第一次迭代:按照 3 个聚类中心将样本集合分为 3 个簇 $\{1\}$, $\{5\}$, $\{10,9,26,32,16,$

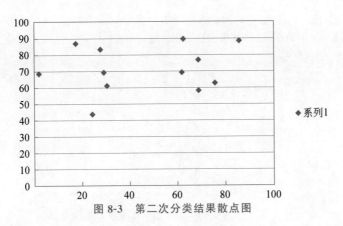

图 8-3　第二次分类结果散点图

$21,14$}。对于产生的簇分别计算平均值,得到平均值点填入第二步的 z_1,z_2,z_3 栏中。

第二次迭代:通过平均值调整对象所在的簇,重新聚类。即将所有点按距离平均值点 $1,5,18.3$ 最近的原则重新分配,得到 3 个新的簇{1},{$5,10,9$},{$26,32,16,21,14$}。填入第二步的 C_1,C_2,C_3 栏中。重新计算簇平均值点,得到新的平均值点为 $1,8,21.8$。

以此类推,第五次迭代时,得到的 3 个簇与第四次迭代的结果相同,而且准则函数 E 收敛,迭代结束,结果如表 8-6 所示。

表 8-6　K-means 聚类算法

步骤	z_1	z_2	z_3	C_1	C_2	C_3	E
1	1	5	10	{1}	{5}	{10,9,26,32,16,21,14}	433.43
2	1	5	18.3	{1}	{5,10,9}	{26,32,16,21,14}	230.8
3	1	8	21.8	{1}	{5,10,9,14}	{26,32,16,21}	181.76
4	1	9.5	23.8	{1,5}	{10,9,14,16}	{26,32,21}	101.43
5	3	12.3	26.3	{1,5}	{10,9,14,16}	{26,32,21}	101.43

8.4　K-means 聚类算法源程序分析

```cpp
#include <iostream>
#include <fstream>
#include <cmath>
#include <cstdlib>
#include <ctime>
using namespace std;
//数据对象,size 为维度
struct Vector
{
  double * coords;                          //所有维度的数值
  int size;
  Vector():  coords(0), size(0){}
```

```cpp
    Vector(int d){ create(d); }
    //创建维度为 d 的数据,并将各维度初始化为 0
    void create(int d)
    {
      size=d;
      coords=new double[size];
      for(int i=0; i<size; i++)
        coords[i]=0.0;
    }
    //复制一个数据
    void copy(const Vector& other)
    {
      if(size==0)                      //如果原来没有数据就创建
        create(other.size);

      for(int i=0; i<size; i++)
        coords[i]=other.coords[i];
    }
    //将另一个数据的各个维度加在自身的维度上
    void add(const Vector& other)
    {
      for(int i=0; i<size; i++)
        coords[i]+=other.coords[i];
    }
    //释放数值的空间
    ~Vector()
    {
      if(coords)
        delete[] coords;
      size=0;
    }
};
//聚类结构
struct Cluster
{
  Vector center;                 //中心/引力数据对象
  int * member;                  //该聚类中各个数据的索引
  int memberNum;                 //数据的数量
};

//KMeans 聚类算法类
class KMeans
{
private:
  int num;                       //输入数据的数量
  int dimen;                     //数据的维数
  int clusterNum;                //数据的聚类数
  Vector * observations;         //所有数据存放在这个数组中
  Cluster * clusters;            //聚类数组
```

```
    int passNum;                           //迭代的次数
public:
  //初始化参数和动态分配内存
  KMeans(int n, int d, int k, Vector * ob)
    : num(n)
    , dimen(d)
    , clusterNum(k)
    , observations(ob)
    , clusters(new Cluster[k])
  {
    for(int x=0; x<clusterNum; x++)
      clusters[x].member=new int[n];
  }
  //释放内存
  ~KMeans()
  {
    for(int k=0; k<clusterNum; k++)
      delete [] clusters[k].member;
    delete [] clusters;
  }

  void initClusters()
  {
    //由于初始数据中心是任意的
    //所以直接把前个数据作为 clustersNum 个聚类的数据中心
    for(int i=0; i<clusterNum; i++)
    {
      clusters[i].member[0]=i;               //记录这个数据的索引到第 i 个聚类中
      clusters[i].center.copy(observations[i]);//把这个数据作为数据中心
    }
  }
  void run()
  {
    bool converged=false;                //是否收敛
    passNum=0;
    while(!converged && passNum<999)     //如果没有收敛,就再次迭代
                         //正常情况下总会收敛,passNum<999 是以防万一
    {
      distribute();                      //将数据分配到聚类中心最近的聚类
      converged=recalculateCenters();
                         //计算新的聚类中心,如果计算结果和上次相同,就认为已经收敛
      passNum++;
    }
  }
  void distribute()
  {
    //将上次记录的该聚类中的数据数量清零,重新开始分配数据
    for(int k=0; k<clusterNum; k++)
```

```
        getCluster(k).memberNum=0;
    //找出每个数据最近的聚类中心,并将该数据分配到该聚类
    for(int i=0; i<num; i++)
    {
        Cluster& cluster=getCluster(closestCluster(i));
                                            //找出最接近其聚类中心的聚类
        int memID=cluster.memberNum;
            //memberNum是当前记录的数据数量,也是新加入的数据在member数组中的位置
        cluster.member[memID]=i;            //将数据索引加入member数组
        cluster.memberNum++;                //聚类中的数据数量加1
    }
}
int closestCluster(int id)
{
    int clusterID=0;                        //暂时假定索引为id的数据最接近第一个聚类
    double minDist=eucNorm(id, 0);
                    //计算到第一个聚类中心的误差(本程序中用距离的平方和作为误差)
    //计算其他聚类中心到数据的误差,找出其中最小的一个
    for(int k=1; k<clusterNum; k++)
    {
        double d=eucNorm(id, k);
        if(d<minDist)                       //如果小于前最小值,就将该值作为当前最小值
        {
            minDist=d;
            clusterID=k;
        }
    }
    return clusterID;
}
//索引为id的数据到第k个聚类中心的误差(距离的平方)
double eucNorm(int id, int k)
{
    Vector& observ=observations[id];
    Vector& center=clusters[k].center;
    double sumOfSquare=0;
    //将每个维度的差的平方相加,得到距离的平方
    for(int d=0; d<dimen; d++)
    {
        double dist=observ.coords[d]-center.coords[d];
                                            //在一个维度上聚类中心到数据的距离
        sumOfSquare+=dist * dist;
    }
    return sumOfSquare;
}
//重新计算聚类中心
bool recalculateCenters()
{
    bool converged=true;
```

```
    for(int k=0; k<clusterNum; k++)
    {
      Cluster& cluster=getCluster(k);
      Vector average(dimen);                //初始的数据平均值
      //统计这个聚类中数据的总和(因为在构造函数中会将各维数值清零,所以可以直接相加)
      for(int m=0; m<cluster.memberNum; m++)
        average.add(observations[cluster.member[m]]);
      //计算各个维度的评价值
      for(int d=0; d<dimen; d++)
      {
        average.coords[d] /=cluster.memberNum;
        if(average.coords[d] !=cluster.center.coords[d])
                                    //如果和原来的聚类中心不同
                                    //表示没有收敛

        {
          converged=false;
          cluster.center.coords[d]=average.coords[d];
                                    //用这次的平均值作为新的聚类中心

        }
      }
    }
    return converged;
  }
  //获得第 id 个聚类
  Cluster& getCluster(int id)
  {
    return clusters[id];
  }
};
//打印一个数据
void printVector(ostream& output, const Vector& v)
{
  for(int i=0; i<v.size; i++)
  {
    if(i !=0)
      output<<",";
    output<<v.coords[i];
  }
}
void partitionObservations(istream& input)
{
  //从 input 输入中获取数据
  int n, dimen, k;
  //文本文件中前 3 个数据分别是数据数量(n)、数据维度(dimen)和聚类数量(k)
  input>>n>>dimen>>k;
  //创建存储数据的数值
  Vector * obs=new Vector[n];
```

```
    //将数据读入数组
    for(int i=0; i<n; i++)
    {
      obs[i].create(dimen);                    //创建数据
      //依次读入各个维度的数值
      for(int d=0; d<dimen; d++)
      {
        input>>obs[i].coords[d];
      }
    }
    //建立 KMeans 聚类算法类实例
    KMeans kmeans(n, dimen, k, obs);
    kmeans.initClusters();                     //初始化
    kmeans.run();                              //执行算法

    //输出聚类数据,如果希望输出到文件中
    //将后面的 output 的定义改为下面的形式即可
    //ofstream output("result.txt");
    ostream& output=cout;
    for(int c=0; c<k; c++)
    {
      Cluster& cluster=kmeans.getCluster(c);

      output<<"----第"<<(c+1)<<"个聚类----\n";   //显示第 c 个聚类
      output<<"聚类中心:";
      printVector(output, cluster.center);

      for(int m=0; m<cluster.memberNum; m++)
      {
        int id=cluster.member[m];
        printVector(output, obs[id]);
        output<<"\n";
      }
      output<<endl;
    }
    delete[] obs;
}
int main()
{
  const char * fileName="observations.txt";
  ifstream obIn(fileName);
  if(obIn.is_open())
    partitionObservations(obIn);
  else
    cout<<"open "<<fileName<<" is fail!"<<endl;
  return 0;
}
```

结果分析：运行结果如图 8-4 所示。共有 9 个数据，数据的维度是 3，9 个数据分别为 $(2.1,3.0,10.0)$，$(4.0,5.2,-1.0)$，$(5.1,1.5,2.3)$，$(10.5,12.6,10.8)$，$(12.1,10.9,11.0)$，$(4.2,5.3,-9.8)$，$(5.4,1.6,8.7)$，$(-1.0,-2.1,-0.9)$，$(0.5,0.3,0.4)$。目标为输出 4 个聚类，满足平方误差准则函数收敛。首先程序任意选择 4 个数据对象作为初始聚类中心，计算每个剩余对象到 4 个初始聚类中心点的距离，将剩余对象归类给离它最近的中心点所表示的簇，得到中心点的分布情况。然后程序更新簇的平均值，即计算每个对象簇中对象的平均值，得到新的聚类中心，同时计算误差平方和准则函数的值，判断是否收敛，再将数据对象指派到最近的簇中，如此反复迭代，最终准则函数值不再变化，得到 4 个聚类如下：

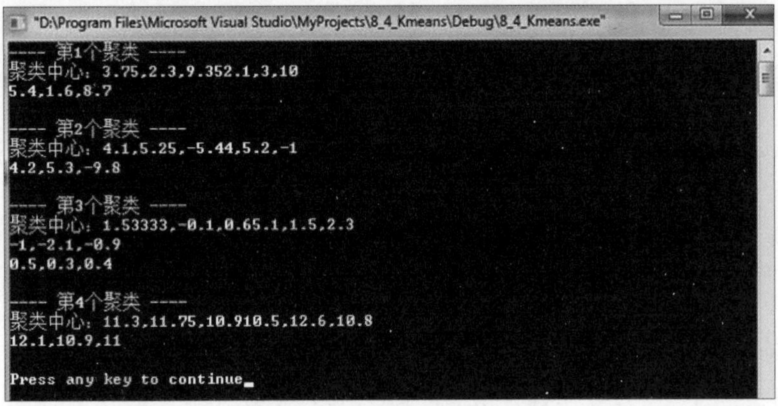

图 8-4　程序运行结果

第一个聚类。

聚类中心为 $(3.75,2.3,9.35)$，划分到聚类中的数据为 $(2.1,3,10)$，$(5.4,1.6,8.7)$。

第二个聚类。

聚类中心为 $(4.1,5.25,-5.4)$，划分到聚类中的数据为 $(4,5.2,-1)$，$(4.2,5.3,-9.8)$。

第三个聚类。

聚类中心为 $(1.53333,-0.1,0.6)$，划分到聚类中的数据为 $(5.1,1.5,2.3)$，$(-1,-2.1,-0.9)$，$(0.5,0.3,0.4)$。

第四个聚类。

聚类中心为 $(11.3,11.75,10.9)$，划分到聚类中的数据为 $(10.5,12.6,10.8)$，$(12.1,10.9,11)$。

8.5　K-means 聚类算法的特点及应用

8.5.1　K-means 聚类算法的特点

1. 优点

K-means 聚类算法的优点如下。

（1）K-means 聚类算法是解决聚类问题的一种经典算法,算法简单、快速。

（2）对处理大数据集,该算法是相对可伸缩的和高效率的,因为它的复杂度大约是 $O(nKt)$,其中,n 是所有对象的数目,K 是簇的数目,t 是迭代的次数,通常 $K \ll n$。这个算法经常以局部最优结束。

（3）算法尝试找出使平方误差函数值最小的 K 个划分。当簇是密集的、球状或团状的,而簇与簇之间的区别明显时,它的聚类效果较好。

2. 缺点

K-means 聚类算法的缺点如下。

（1）K-means 聚类算法只有在簇的平均值被定义的情况下才能使用,不适用于某些应用,如涉及有分类属性的数据不适用。

（2）要求用户必须事先给出要生成的簇的数目 K。

（3）对初值敏感,对于不同的初值,可能会导致不同的聚类结果。

（4）不适合发现非凸面形状的簇,或者大小差别很大的簇。

（5）对噪声和孤立点数据敏感,少量的该类数据能够对平均值产生极大的影响。

8.5.2　K-means 聚类算法的应用

1. K-means 聚类算法在散货船代货运系统中的应用

在散货船代货运系统使用的过程中,动态业务数据的处理及实时分析有助于决策者制订有效的策略。航线是船代公司考虑成本时着重考虑的因素,航线的繁忙程度对船代公司的资源分配和经营策略的制订十分重要。K-means 聚类算法简单、快速而且能有效地处理大型数据库,是数据挖掘中解决聚类问题的一种经典算法,在实际应用中,将其用于散货船代货运方面的航线繁忙度的分析,能够得出较好的航线繁忙度的分析结果。

2. K-Means 聚类算法在客户细分中的应用

传统意义上,客户细分往往根据客户的一维属性来进行,如金融行业根据客户资产多少,可以将客户分为高、中、低端客户,该细分方法最大的优点是简单,在实践中简便易行。但是,随着技术的进步与客户需求的日趋多样化,以及企业产品的不断创新,传统的客户细分方法显现出了明显的缺点,即使同是高端客户,客户对同一产品或服务的需求也存在着明显差别,客户对产品或服务的要求日趋理性和严格。因此需要一种新的细分方法。K-Means 聚类算法是实践中最为常用的数据挖掘算法之一,在处理大数据量方面有绝对优势,而且可以取得较好的效果。

8.6　小结

本章详细地介绍了 K-means 聚类算法的基本概念、基本原理,并用实例进行了说明。同时还分析了 K-means 聚类算法的一个具体源程序,并介绍了该算法的特点。最后介绍了 K-means 聚类算法的应用,从中可以看出 K-means 聚类算法的应用非常广泛。

思考题

1. 简述 K-means 聚类算法的工作流程。

2. K-means 聚类算法的优缺点是什么?

3. 分别取 $K = 2$ 和 3,利用 K-means 聚类算法对以下的点聚类:$(2,1),(1,2),$ $(2,2),(3,2),(2,3),(3,3),(2,4),(3,5),(4,4),(5,3)$,并讨论 K 值以及初始聚类中心对聚类结果的影响。

第9章 K-中心点聚类算法

9.1 简介

第 8 章提到 K-means 聚类算法对于离群点是敏感的,因为一个具有很大的极端值的对象可能显著地扭曲数据的分布。平方误差函数的使用更是严重恶化了这一影响。为了降低这种敏感性,可以不采用簇中对象的均值作为参照点,而是在每个簇中选出一个实际的对象来代表该簇。其余的每个对象聚类到与其最相似的代表性对象所在的簇中。这样,划分方法仍然基于最小化所有对象与其对应的参照点之间的相异度之和的原则来执行。通常,该算法重复迭代,直到每个代表对象都成为它的簇的实际中心点,或最靠中心的对象。这种算法称为 K-中心点聚类算法。

对于 K-中心点聚类,首先随意选择初始代表对象(或种子)。只要能够提高聚类质量,迭代过程就继续用非代表对象替换代表对象。聚类结果的质量用代价函数来评估,该函数量度对象与其簇的代表对象之间的平均相异度。

9.2 K-中心点聚类算法原理

K-中心点聚类算法的基本思想:选用簇中位置最中心的对象,试图对 n 个对象给出 k 个划分,代表对象也称中心点,其他对象则称为非代表对象。最初随机选择 k 个对象作为中心点,该算法反复地用非代表对象来代替代表对象,试图找出更好的中心点,以改进聚类的质量;在每次迭代中,所有可能的对象对被分析,每个对中的一个对象是中心点,而另一个是非代表对象。每当重新分配发生时,平方误差所产生的差别对代价函数有影响。因此,如果一个当前的中心点对象被非中心点对象代替,代价函数将计算平方误差值所产生的差别。替换的总代价是所有非中心点对象所产生的代价之和。如果总代价是负的,那么实际的平方误差将会减小,代表对象 O_i 可以被非代表对象 O_h 替代。如果总代价是正的,则当前的中心点 O_i 被认为是可接受的,在本次迭代中没有变化。

在 K-中心点聚类算法中需要计算所有非选中对象与选中对象之间的相异度作为分组的依据。针对不同的数据类型有不同的相异度或距离函数。因此,相异度或距离函数的选择依据数据对象的数据类型。一般情况下,数据对象为数值型,选用曼哈顿距离:

$$d(i,j) = |x_{i1} - x_{j1}| + |x_{i2} - x_{j2}| + \cdots + |x_{in} - x_{jn}| \tag{9-1}$$

此处:$i = (x_{i1}, x_{i2}, \cdots, x_{in})$ 和 $j = (x_{j1}, x_{j2}, \cdots, x_{jn})$ 是两个 n 维的数据对象。具体应用中应根据不同的数据类型选用不同的距离函数。

为了判定一个非代表对象 O_h 是不是当前一个代表对象 O_i 的好的替代,对于每个非中心点对象 O_j,有以下 4 种情况需要考虑。

(1) 假设 O_i 被 O_h 代替作为新的中心点,O_j 当前隶属于中心点对象 O_i。如果 O_j

离某个中心点 O_m 最近，$i \neq m$，那么 O_j 被重新分配给 O_m，替换代价为 $C_{jih} = d(j, m) - d(j, i)$。

（2）假设 O_i 被 O_h 代替作为新的中心点，O_j 当前隶属于中心点对象 O_i。如果 O_j 离这个新的中心点 O_h 最近，那么 O_j 被分配给 O_h，替换代价为 $C_{jih} = d(j, h) - d(j, i)$。

（3）假设 O_i 被 O_h 代替作为新的中心点，但是 O_j 当前隶属于另一个中心点对象 O_m，$m \neq i$。如果 O_j 依然离 O_m 最近，那么对象的隶属不发生变化，替换代价为 $C_{jih} = 0$。

（4）假设 O_i 被 O_h 代替作为新的中心点，但是 O_j 当前隶属于另一个中心点对象 O_m，$m \neq i$。如果 O_j 离这个新的中心点 O_h 最近，那么 O_j 被重新分配给 O_h，替换代价为 $C_{jih} = d(j, h) - d(j, m)$。

K-中心点聚类算法描述如下。

输入：簇的数目 k 和包含 n 个对象的数据库。

输出：k 个簇，使得所有对象与其最近中心点的相异度总和最小。

（1）任意选择 k 个对象作为初始的簇中心点。

（2）Repeat。

（3）指派每个剩余对象给离它最近的中心点所表示的簇。

（4）Repeat。

（5）选择一个未被选择的中心点 O_i。

（6）Repeat。

（7）选择一个未被选择过的非中心点对象 O_h。

（8）计算用 O_h 代替 O_i 的总代价并记录在 S 中。

（9）Until 所有非中心点都被选择过。

（10）Until 所有中心点都被选择过。

（11）If 在 S 中的所有非中心点代替所有中心点后，计算出的总代价有小于 0 的存在，then 找出 S 中的用非中心点替代中心点后代价最小的一个，并用该非中心点替代对应的中心点，形成一个新的 k 个中心点的集合。

（12）Until 没有再发生簇的重新分配，即所有的 S 都大于 0。

9.3　K-中心点聚类算法实例分析

【例 9.1】　假如空间中的 5 个点 $\{A, B, C, D, E\}$，各点之间的距离关系如表 9-1 所示，根据所给的数据对其运行 K-中心点聚类算法实现聚类划分（设 $K = 2$）。

表 9-1　样本点间距离

样本点	A	B	C	D	E	样本点	A	B	C	D	E
A	0	1	2	2	3	D	2	4	1	0	3
B	1	0	2	4	3	E	3	3	5	3	0
C	2	2	0	1	5						

算法执行步骤如下。

（1）建立阶段。设从 5 个对象中随机抽取的 2 个中心点为 $\{A, B\}$，（C 到 A 与 B 的距离相同,均为2,故随机将其划入 A 中,同理,将 E 划入 B 中)则样本被划分为 $\{A,C,D\}$ 和 $\{B,E\}$。

(2)交换阶段。假定中心点 A,B 分别被非中心点 $\{C,D,E\}$ 替换,根据 K-中心点聚类算法需要计算下列代价: TC_{AC},TC_{AD},TC_{AE},TC_{BC},TC_{BD},TC_{BE}。其中,TC_{AC} 表示中心点 A 被非中心点 C 代替后的总代价。下面以 TC_{AC} 为例说明计算过程。

当 A 被 C 替换以后,看各对象的变化情况。

(1) A： A 不再是一个中心点,C 称为新的中心点,因为 A 离 B 比 A 离 C 近,A 被分配到 B 中心点代表的簇,属于9.2节的第(1)种情况。$C_{AAC}=d(A,B)-d(A,A)=1-0=1$。

(2) B： B 不受影响,属于9.2节的第(3)种情况。$C_{BAC}=0$。

(3) C： C 原先属于 A 中心点所在的簇,当 A 被 C 替换以后,C 是新中心点,属于9.2节的第(2)种情况。$C_{CAC}=d(C,C)-d(A,C)=0-2=-2$。

(4) D： D 原先属于 A 中心点所在的簇,当 A 被 C 替换以后,离 D 最近的中心点是 C,属于9.2节的第(2)种情况。$C_{DAC}=d(D,C)-d(D,A)=1-2=-1$。

(5) E： E 原先属于 B 中心点所在的簇,当 A 被 C 替换以后,离 D 最近的中心点仍然是 B,属于9.2节的第(3)种情况。$C_{EAC}=0$。

因此,$TC_{AC}=C_{AAC}+C_{BAC}+C_{CAC}+C_{DAC}+C_{EAC}=1+0-2-1+0=-2$。同理,可以计算出 $TC_{AD}=-2$,$TC_{AE}=-1$,$TC_{BC}=-2$,$TC_{BD}=-2$,$TC_{BE}=-2$。在上述代价计算完毕后,要选取一个最小代价,显然有多种替换可以选择,选择第一个最小代价的替换(也就是 A 替换 C),这样,样本被重新划分为 $\{A,B,E\}$ 和 $\{C,D\}$ 两个簇。通过上述计算,已经完成了 K-中心点聚类算法的第一次迭代。在下一次迭代中,将用其他的非中心点 $\{A,B,E\}$ 替换中心点 $\{C,D\}$,找出具有最小代价的替换。一直重复上述过程,直到代价不再减少为止。

9.4 K-中心点聚类算法源程序分析

```
#include <iostream>
#include "time.h"
using namespace std;

struct mem                      //成员结构体包含符号和一个表示是不是中心点的属性
{
    bool isMedoid;
    char symbol;
};

struct Node;                            //队列节点
typedef struct Node * PNode;            //队列节点指针
struct Node                             //队列节点结构体
```

```
{
    mem info;
    PNode link;
};
struct LinkQueue{                               //队列数据结构
    PNode f;
    PNode r;
};
typedef struct LinkQueue * PLinkQueue;          //队列指针

PLinkQueue createEmptyQueue_link()              //创建空队列函数
{
    PLinkQueue plqu;
    plqu=(PLinkQueue)malloc(sizeof(struct LinkQueue));
    if(plqu!=NULL)
    {
        plqu->f=NULL;
        plqu->r=NULL;
    }
    else
        cout<<"Out of space!"<<endl;
    return plqu;
}

int isEmptyQueue_link(PLinkQueue plqu)          //判断队列是否为空函数
{
    return(plqu->f==NULL);
}

void enQueue_Link(PLinkQueue plqu, mem x)       //元素入队函数
{
    PNode p;
    p=(PNode)malloc(sizeof(struct Node));
    if(p==NULL)cout<<"Out of space!"<<endl;
    else
    {
        p->info=x;
        p->link=NULL;
        if(plqu->f==NULL)plqu->f=p;
        else plqu->r->link=p;
        plqu->r=p;
    }
}

void deQueue_link(PLinkQueue plqu)              //队列元素出队并打印函数
{
    PNode p;
    if(plqu->f==NULL)cout<<"Empty Queue"<<endl;
```

```
        else
        {
            p=plqu->f;
            cout<<p->info.symbol;
            plqu->f=p->link;
            free(p);
        }

}
void showCase(double linjiebiao[5][5])                //打印邻接矩阵函数
{
    int i,j;
    char tmp;
    cout<<"目前的邻接矩阵形式如下:"<<endl;
    cout<<"============================================="<<endl;
    cout<<"        A       B       C       D       E      "<<endl;
    for(i=0;i<5;i++)
    {
        switch(i)
        {
        case 0: tmp='A';break;
        case 1: tmp='B';break;
        case 2: tmp='C';break;
        case 3: tmp='D';break;
        case 4: tmp='E';break;
        }
        cout<<tmp;
        for(j=0;j<5;j++)
            cout<<"       "<<linjiebiao[i][j];
        cout<<endl;
    }
    cout<<"============================================="<<endl;
}

void arbStart(struct mem memlist[5])                //起初时随机确定两个为中心点
{
    int i,j;
    for(i=0;i<5;i++)
        if(memlist[i].isMedoid!=false)
            memlist[i].isMedoid=false;
    srand((unsigned)time(NULL));
    i=rand()%5;
    memlist[i].isMedoid=true;
    j=rand()%5;
    while(j==i)
    {
        j=rand()%5;
    }
    memlist[j].isMedoid=true;
```

```
}
double distance(int j, int i, int k, double linjiebiao[5][5])
                //求解点 j、i、k 中心点中较近的那个点的距离,参考邻接矩阵 linjiebiao
{
    if(linjiebiao[j][i]<linjiebiao[j][k])
    return linjiebiao[j][i];
    else
    return linjiebiao[j][k];
}
double TC(int index[2],int i,int h, double linjiebiao[5][5])
                                    //求中心点 i 和 h 交换后,距离代价 TC 的变化值
{
    int j;
    double sum=0;
    int tmp;
    if(i==index[0])
        tmp=index[1];
    else if(i==index[1])
        tmp=index[0];
    for(j=0;j<5;j++)
    {
        sum+=distance(j,h,tmp,linjiebiao)-distance(j,index[0],index[1],
linjiebiao);
    }
    return sum;
}


int smallest_distance_index(int index[2],int h,double linjiebiao[5][5])
//判断点 h 属于哪个中心点以便形成簇
{
    int i,result=index[0];
    for(i=0;i<2;i++)
        if(linjiebiao[index[i]][h]<linjiebiao[index[0]][h])
            result=index[i];
        return result;
}


void showQueue(PLinkQueue pq)                //打印出队列并释放队列占用的内存空间
{
    cout<<"{";
    while(!isEmptyQueue_link(pq))
    {
        deQueue_link(pq);
        cout<<",";
    }
    cout<<'\b';
    cout<<"}"<<endl;
}
```

```
    void reposition(mem memlist[5], double linjiebiao[5][5])
                           //K-中心点聚类算法关键函数,是该算法的核心体现
    {
        int count,count1,h,i,k,holdi,holdh,index[2];
        double tempdif;
        bool tmp;
        do
        {
//------------------------每次循环计算更新后的两个中心点的序号
            count1=0;
            for(k=0;k<5;k++)
            {
                if(memlist[k].isMedoid==true)
                {
                    index[count1]=k;
                    count1++;
                }
            }
//------------------------
            count=0;
            for(h=0;h<5;h++)
            {
                for(i=0;i<5;i++)
                {
                    if(memlist[h].isMedoid==false&&memlist[i].isMedoid==true)
                    {
                        if(count==0)
                        {
                            tempdif=TC(index,i,h,linjiebiao);
                            holdi=i;
                            holdh=h;
                            count++;
                        }
                        else if(TC(index,i,h,linjiebiao)<tempdif)
                        {
                            tempdif=TC(index,i,h,linjiebiao);
                            holdi=i;
                            holdh=h;
                            count++;
                        }
                    }
                }
            }

            if(tempdif<0)
            {
                tmp=memlist[holdi].isMedoid;
```

```
            memlist[holdi].isMedoid=memlist[holdh].isMedoid;
            memlist[holdh].isMedoid=tmp;


        }
        else if(tempdif>=0)
            break;
        //-----------------------test--------
//if(test==1)
//cout<<"Yes"<<endl;
        //-----------------------test----------
    }
    while(1);
}

void main()          //主函数,提供邻接矩阵,出示成员集合等 K-中心点聚类算法需要的输入项
{
    int i,h,count;
    int index[2];                       //用来存储为中心点的两个点的索引
    PLinkQueue pq[2];                   //预备两个队列用以存储,表示两个簇
    pq[0]=createEmptyQueue_link();      //队列 0 的创建
    pq[1]=createEmptyQueue_link();      //队列 1 的创建
    double linjiebiao[5][5]={{0,1,2,2,3},{1,0,2,4,3},{2,2,0,1,5},{2,4,1,0,
    3},{3,3,5,3,0}};                    //初始化邻接矩阵
    struct mem memlist[5]={{false,'A'},{false,'B'},{false,'C'},{false,'D'},
    {false,'E'}};                       //初始化成员集合
    showCase(linjiebiao);
    cout<<"期望得到的簇的数目暂定为 2 例。"<<endl;
    cout<<endl<<endl<<endl;
    arbStart(memlist);                  //随意确定两个点作为中心点

    cout<<"初始化后的中心点分布情况:"<<endl;

    int k;
    for(k=0;k<5;k++)
        cout<<memlist[k].symbol<<"       "<<memlist[k].isMedoid<<endl;

    reposition(memlist,linjiebiao);  //K-中心点聚类算法处理
    cout<<endl<<endl<<endl;

    cout<<"经过 K-中心点聚类算法处理后的中心点分布情况:"<<endl;
    for(k=0;k<5;k++)
        cout<<memlist[k].symbol<<"       "<<memlist[k].isMedoid<<endl;
    cout<<endl<<endl<<endl;

    count=0;
    for(i=0;i<5;i++)
    {
        if(memlist[i].isMedoid==true)
        {
            //cout<<memlist[i].symbol<<"是最终得到的中心点"<<endl;
            enQueue_Link(pq[count], memlist[i]);
```

```
            index[count]=i;
            count++;
        }
    }

    for(h=0;h<5;h++)
    {
        if(memlist[h].isMedoid==false)
        {
            if(smallest_distance_index(index,h,linjiebiao)==index[0])
                enQueue_Link(pq[0], memlist[h]);
                else if(smallest_distance_index(index,h,linjiebiao)==index[1])
                enQueue_Link(pq[1], memlist[h]);
        }
    }

    cout<<"以上两个中心点为中心的两个簇:"<<endl;

    showQueue(pq[0]);
    showQueue(pq[1]);
}
```

结果分析：运行结果如图 9-1 所示。程序提供邻接矩阵,出示成员集合等 K-中心点聚类算法需要的输入项。期望得到的簇的数目暂定为 2。目标为输出两个簇,使得所有对象与其最近中心点的相异度总和最小。首先进行初始化,起初时随机确定两个点为中心点,指派每个剩余对象给离它最近的中心点所表示的簇,得到中心点分布情况。然后经

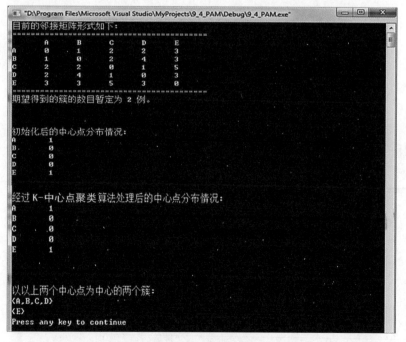

图 9-1　程序运行结果

过K-中心点聚类算法处理,所有可能的对象对被分析,每个对中的一个对象是中心点 A 或 E,而另一个是非代表对象 B、C、D 中的一个,计算用非中心点代替中心点的总代价并记录,如果在记录中有小于 0 的存在,找出用非中心点替代中心点后代价最小的一个,并用该非中心点替代对应的中心点,形成两个新的簇,如此反复迭代,直到不再发生簇的重新分配,最终得到以 A、E 为中心点的两个簇:$\langle A,B,C,D \rangle$、$\langle E \rangle$。

9.5 K-中心点聚类算法的特点及应用

9.5.1 K-中心点聚类算法的特点

K-中心点聚类算法的优势:对噪声点/孤立点不敏感,具有较强的数据健壮性;聚类结果与数据对象点的输入顺序无关;聚类结果具有数据对象平移和正交变换的不变性等。

该算法的缺陷在于聚类过程的高耗时性。对于大数据集,K-中心点聚类算法聚类过程缓慢的主要原因:通过迭代来寻找最佳的聚类中心点集时,需要反复地在非中心点对象与中心点对象之间进行最近邻搜索,从而产生大量非必需的重复计算。

9.5.2 K-中心点聚类算法的应用

K-中心点聚类算法的应用如下。

(1)K-中心点聚类算法在暂住人口分析中的应用。人口资源是最具战略性的资源,作为世界上口第二大国,加强人口管理现代化,对于我们国家各项事业的发展至关重要,其中,暂住人口管理就关系着治安管理。把 K-中心点应用到暂住人口的挖掘中,可以发现不同特征的暂住人群,对暂住人口的调整和控制有很大的帮助。

(2)K-中心点聚类算法在软件测试中的应用。在软件测试过程中,测试用例集的好坏直接决定了软件测试的效率高低。如何在约减率和错误检测率中寻找到平衡点依然是一个有待解决的难题。采用聚类分析中的划分方法 K-中心点聚类算法对原始测试用例集进行聚类,根据聚类产生的结果和测试需求集从各簇中选择测试用例,以此构成约简后测试用例集,能大幅度地降低测试运行代价。

9.6 小结

本章详细地介绍了 K-中心点聚类算法的基本概念、基本原理,并用实例进行了说明。同时,还分析了 K-中心点聚类算法的一个具体的源程序,并介绍了该算法的优势和存在的缺陷。最后介绍了 K-中心点聚类算法的应用,从中可以看出 K-中心点聚类算法的应用非常广泛。

思考题

1. K-中心点聚类算法的核心思想是什么？如何确定初始的聚类中心点？

2. K-中心点聚类算法的优点和缺点各是什么？与其他聚类算法相比，它有哪些特点？

3. 如何对 K-中心点聚类算法的聚类结果进行评估？

4. 假设空间中有 5 个点，即 $A(2,1),B(1,2),C(1,1),D(3,2),E(2,3)$，各点之间的距离采用欧氏距离，利用 K-中心点聚类算法对其进行聚类(设 $K=2$)。

第 10 章　神经网络聚类算法 SOM

10.1　简介

生物学研究表明,在人脑的感觉通道上,神经元的组织原理是有序排列的。当外界的特定时空信息输入时,大脑皮层的特定区域兴奋,而且类似的外界信息在对应的区域是连续映像的。生物视网膜中有许多特定的细胞对特定的图形比较敏感,当视网膜中有若干接收单元同时受特定模式刺激时,就会使大脑皮层中的特定神经元开始兴奋,输入模式接近,与之对应的兴奋神经元也接近;在听觉通道上,神经元在结构排列上与频率的关系十分密切,对于某个频率,特定的神经元具有最大的响应,位置相邻的神经元具有相近的频率特征,而远离的神经元具有的频率特征差别也较大。大脑皮层中神经元的这种响应特点不是先天安排好的,而是通过后天的学习自组织形成的。

据此,芬兰 Helsinki 大学的 Kohonen 教授提出了一种自组织特征映射(Self-Organizing Feature Map,SOFM)网络,又称自组织映射(SOM)网络或 Kohonen 网络。Kohonen 认为,一个神经网络接收外界输入模式时,将会分为不同的对应区域,各区域对输入模式有不同的响应特征,而这个过程是自动完成的。SOM 网络正是根据这一看法提出的,其特点与人脑的自组织特性类似。SOM 的目标是用低维(通常是二维或三维)目标空间的点来表示高维源空间中的所有点,尽可能地保持点间的距离和邻近关系(拓扑关系)。

10.2　竞争学习算法基础

10.2.1　SOM 网络的结构

1. 定义

SOM 网络是无导师学习网络。它通过自动寻找样本中的内在规律和本质属性,自组织、自适应地改变网络参数与结构。

2. 结构

SOM 为层次型结构。典型结构:输入层加竞争层,如图 10-1 所示。
输入层:接收外界信息,将输入模式向竞争层传递,起观察作用。
竞争层:负责对输入模式进行分析比较,寻找规律并归类。

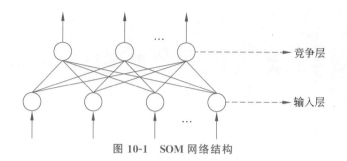

图 10-1 SOM 网络结构

10.2.2 SOM 网络的原理

1. 分类与输入模式的相似性

分类是在类别知识等导师信号的指导下,将待识别的输入模式分配到各自的模式类中的,无导师指导的分类称为聚类,聚类的目的是将相似的模式样本划归为一类,而将不相似的分离,实现模式样本的类内相似性和类间分离性。由于无导师学习的训练样本中不含期望输出,因此对于某一输入模式样本应属于哪类并没有任何先验知识。对于一组输入模式,只能根据它们之间的相似程度分为若干类,因此,相似性是输入模式的聚类依据。

2. 相似性测量

神经网络的输入模式向量的相似性测量可用向量之间的距离来衡量。常用的方法有欧氏距离法和余弦法两种。

1) 欧氏距离法

设 $\boldsymbol{X}, \boldsymbol{X}_i$ 为两个向量,其间的欧氏距离为

$$d = \| \boldsymbol{X} - \boldsymbol{X}_i \| = \sqrt{(\boldsymbol{X} - \boldsymbol{X}_i)(\boldsymbol{X} - \boldsymbol{X}_i)^{\mathrm{T}}} \tag{10-1}$$

d 越小,$\boldsymbol{X}$ 与 $\boldsymbol{X}_i$ 就越接近,二者也越相似;当 $d=0$ 时,$\boldsymbol{X}=\boldsymbol{X}_i$;以 $d=T$(常数)为判据,可对输入向量模式进行聚类分析。

由于 d_{12}, d_{23}, d_{31} 均小于 T,d_{45}, d_{56}, d_{64} 均小于 T,而 $d_{1i}>T(i=4,5,6), d_{2i}>T(i=4,5,6), d_{3i}>T(i=4,5,6)$,故将输入模式 $\boldsymbol{X}_1, \boldsymbol{X}_2, \boldsymbol{X}_3, \boldsymbol{X}_4, \boldsymbol{X}_5, \boldsymbol{X}_6$ 分为类 1 和类 2 两类,如图 10-2 所示。

2) 余弦法

设 $\boldsymbol{X}, \boldsymbol{X}_i$ 为两个向量,其间的夹角余弦为

$$\cos\varphi = \frac{\boldsymbol{X}\boldsymbol{X}^{\mathrm{T}}}{\| \boldsymbol{X} \| \| \boldsymbol{X}_i \|} \tag{10-2}$$

φ 越小,$\boldsymbol{X}$ 与 $\boldsymbol{X}_i$ 就越接近,二者也越相似;当 $\varphi=0$ 时,$\cos\varphi=1$,$\boldsymbol{X}=\boldsymbol{X}_i$;同样以 $\varphi=\varphi_0$ 为判据可进行聚类分析。

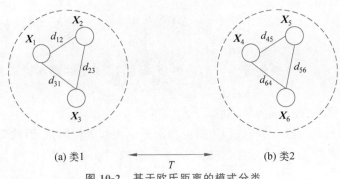

(a) 类1 T (b) 类2

图 10-2   基于欧氏距离的模式分类

3. 竞争学习规划

竞争学习规则的生理学基础是神经细胞的侧抑制现象。当一个神经细胞兴奋后,会对其周围的神经细胞产生抑制作用。最强的抑制作用是竞争获胜的"唯我独兴",这种做法称为"胜者为王"(Winner-Take-All,WTA)。竞争学习规则就是从神经细胞的侧抑制现象获得的,它的学习步骤如下。

1) 向量归一化

对 SOM 网络中的当前输入模式向量 $\boldsymbol{X}$、竞争层中各神经元对应的内星权向量 $\boldsymbol{W}_j(j=1,2,\cdots,m)$,全部进行归一化处理,如图 10-3 所示,得到 $\hat{\boldsymbol{X}}$ 和 $\hat{\boldsymbol{W}}_j$。

$$\hat{\boldsymbol{X}} = \frac{\boldsymbol{X}}{\|\boldsymbol{X}\|}, \quad \hat{\boldsymbol{W}}_j = \frac{\boldsymbol{W}_j}{\|\boldsymbol{W}_j\|} \tag{10-3}$$

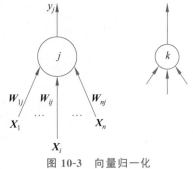

图 10-3   向量归一化

2) 寻找获胜神经元

将 $\hat{\boldsymbol{X}}$ 与竞争层所有神经元对应的内星权向量 $\hat{\boldsymbol{W}}_j(j=1,2,\cdots,m)$ 进行相似性比较。最相似的神经元获胜,权向量为 $\hat{\boldsymbol{W}}_{j^*}$。

$$\|\hat{\boldsymbol{X}} - \hat{\boldsymbol{W}}_{j^*}\| = \min_{j\in\{1,2,\cdots,n\}}\{\|\hat{\boldsymbol{X}} - \hat{\boldsymbol{W}}_j\|\}$$

$$\Rightarrow \|\hat{\boldsymbol{X}} - \hat{\boldsymbol{W}}_{j^*}\| = \sqrt{(\hat{\boldsymbol{X}} - \boldsymbol{W}_{j^*})(\hat{\boldsymbol{X}} - \boldsymbol{W}_{j^*})^{\mathrm{T}}} = \sqrt{\hat{\boldsymbol{X}}\hat{\boldsymbol{X}}^{\mathrm{T}} - 2\hat{\boldsymbol{W}}_{j^*}\hat{\boldsymbol{X}}^{\mathrm{T}} + \hat{\boldsymbol{W}}_{j^*}\hat{\boldsymbol{W}}_{j^*}^{\mathrm{T}}}$$

$$= \sqrt{2(1 - \hat{\boldsymbol{W}}_{j^*}\hat{\boldsymbol{X}}^{\mathrm{T}})}$$

$$\Rightarrow \hat{\boldsymbol{W}}_{j^*}\hat{\boldsymbol{X}}^{\mathrm{T}} = \max_j(\hat{\boldsymbol{W}}_j\hat{\boldsymbol{X}}^{\mathrm{T}}) \tag{10-4}$$

3) 网络输出与权调整

按 WTA 学习法则,获胜神经元输出为 1,其余为 0,即

$$y_j(t+1) = \begin{cases} 1, & j = j^* \\ 0, & j \neq j^* \end{cases} \tag{10-5}$$

只有获胜神经元才有权调整其权向量 $\boldsymbol{W}_{j^*}$,其权向量学习调整如下:

$$\begin{cases} \boldsymbol{W}_{j^*}(t+1) = \hat{\boldsymbol{W}}_{j^*}(t) + \Delta \boldsymbol{W}_{j^*} = \hat{\boldsymbol{W}}_{j^*}(t) + \alpha(\hat{\boldsymbol{X}} - \hat{\boldsymbol{W}}_{j^*}) \\ \boldsymbol{W}_j(t+1) = \hat{\boldsymbol{W}}_j(t) \quad j \neq j^* \end{cases} \quad (10\text{-}6)$$

α 为学习率($0 < \alpha \leqslant 1$),一般随着学习的进展而减小,即调整的程度越来越小,趋于聚类中心。

4) 重新归一化处理

归一化后的权向量经过调整后,得到的新向量不再是单位向量,因此要对学习调整后的向量重新进行归一化,循环运算,直到学习率 α 衰减到 0。

10.3 SOM 算法原理

10.3.1 SOM 网络的拓扑结构

从网络结构上来说,SOM 网络最大的特点是神经元被放置在一维、二维或者更高维的网络节点上。图 10-4 就是最普遍的 SOM 二维网络模型。

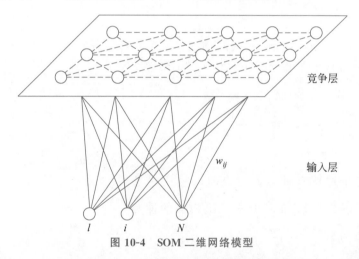

图 10-4 SOM 二维网络模型

SOM 网络的一个典型特性就是可以在一维或二维的处理单元阵列上,形成输入信号的特征拓扑分布,因此 SOM 网络具有抽取输入信号模式特征的能力。SOM 网络一般只包含一维阵列和二维阵列,但也可以推广到多维处理单元阵列中。下面只讨论应用较多的二维阵列。

输入层是一维的神经元,具有 N 个节点,竞争层的神经元处于二维平面网络节点上,构成一个二维节点矩阵,共有 M 个节点。输入层与竞争层的神经元之间都通过连接权值进行连接,竞争层邻近的节点之间也存在着局部的互连。SOM 网络中具有两种类型的权值,一种是神经元对外部输入的连接权值,另一种是神经元之间的互连权值,它的大小控制着神经元之间相互作用的强弱。在 SOM 网络中,竞争层又是输出层。SOM 网络通过引入网格形成了 SOM 的输出空间,并且在各个神经元之间建立了拓扑连接关系。神经元之间的联系是由它们在网格上的位置所决定的,这种联系模拟了人脑中的神经元之间的侧抑制功能,成为网络实现竞争的基础。

10.3.2　SOM 权值调整域

SOM 网络采用的算法称为 Kohonen 算法,它是在 WTA 学习规则的基础上加以改进的,主要区别是调整权向量与侧抑制的方式不同。

WTA:侧抑制是"封杀"式的。只有获胜神经元可以调整其权值,其他神经元都无权调整。

Kohonen 算法:获胜的神经元对其邻近神经元的影响是由近及远,由兴奋逐渐变为抑制的。换句话说,不仅获胜神经元要调整权值,它周围的神经元也要不同程度地调整权向量。常见的调整方式有以下 3 种。

(1)墨西哥草帽函数:获胜节点有最大的权值调整量,邻近的节点有稍小的调整量,离获胜节点距离越大,权值调整量就越小,直到某一距离 d_0 时,权值调整量为 0;当距离再远一些时,权值调整量为负,更远又回到 0,如图 10-5(a)所示。

(2)大礼帽函数:是墨西哥草帽函数的一种简化,如图 10-5(b)所示。

(3)厨师帽函数:是大礼帽函数的一种简化,如图 10-5(c)所示。

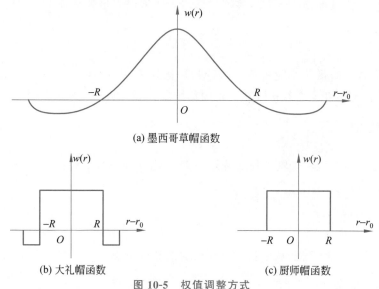

(a) 墨西哥草帽函数

(b) 大礼帽函数　　　　　　　(c) 厨师帽函数

图 10-5　权值调整方式

以获胜神经元为中心设定一个邻域半径 R,该半径固定的范围称为优胜邻域。在 SOM 网络学习方法中,优胜邻域内的所有神经元,均按其离开获胜神经元距离的远近不同程度地调整权值。优胜邻域开始定得较大,但其大小随着训练次数的增加不断收缩,最终收缩到半径为 0。

10.3.3　SOM 网络运行原理

SOM 网络的运行分训练和工作两个阶段。在训练阶段,网络随机输入训练集中的样本,对某个特定的输入模式,输出层会有某个节点产生最大响应而获胜,而在训练开始阶段,输出层哪个位置的节点将对哪类输入模式产生最大响应是不确定的。当输入模式的类别改变时,二维平面的获胜节点也会改变。获胜节点周围的节点因侧向相互兴奋作用也产生较大影响,于是获胜节点及其优胜邻域内的所有节点所连接的权向量均向输入方向进行不同程度的调整,调整力度依邻域内各节点距离获胜节点的远近而逐渐减小。网络通过自组织方式,用大量训练样本调整网络权值,最后使输出层各节点成为对特定模式类敏感的神经元,对应的内星权向量成为各输入模式的中心向量。并且当两个模式类的特征接近时,代表这两类的节点在位置上也接近。从而在输出层形成能反映样本模式类分布情况的有序特征图。

10.3.4　学习方法

对应上述运行原理,SOM 网络采用的学习算法按以下步骤进行。

1. 初始化

对输出层各权向量赋小随机数并进行归一化处理,得到 $\hat{W}_j (j=1,2,\cdots,m)$,建立初始优胜邻域 $N_{j^*}(0)$ 和学习率 η 初值。m 为输出层神经元数目。

2. 接收输入

从训练集中随机取一个输入模式并进行归一化处理,得到 $\hat{X}^p (p=1,2,\cdots,n)$,$n$ 为输入层神经元数目。

3. 寻找获胜节点

计算 $\hat{X}^P$ 与 $\hat{W}_j$ 的点积,从中找到点积最大的获胜节点 j^*。

4. 定义优胜邻域 $N_{j^*}(t)$

以 j^* 为中心确定 t 时刻的权值调整域,一般初始邻域 $N_{j^*}(0)$ 较大(大约为总节点的 $50\%\sim80\%$),训练过程中 $N_{j^*}(t)$ 随训练时间收缩,如图 10-6 所示。

5. 调整权值

对优胜邻域 $N_{j^*}(t)$ 内的所有节点调整权值。

$$w_{ij}(t+1)=w_{ij}(t)+\alpha(t,N)[x_i^P-w_{ij}(t)] \quad i=1,2,\cdots,n,j\in N_{j^*}(t)$$

$$(10\text{-}7)$$

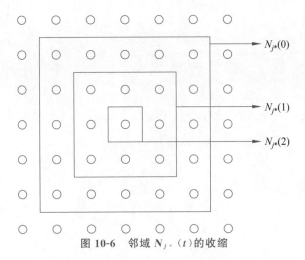

图 10-6　邻域 $N_{j^*}(t)$ 的收缩

其中，$\alpha(t,N)$ 是训练时间 t 和邻域内第 j 个神经元与获胜神经元 j^* 之间的拓扑距离 N 的函数，该函数一般有以下规律：

$t\uparrow\rightarrow\alpha\downarrow,N\uparrow\rightarrow\alpha\downarrow$；如 $\alpha(t,N)=\alpha(t)\mathrm{e}^{-N}$，$\alpha(t)$ 可采用 t 的单调下降函数也称退火函数。

6. 结束判定

当学习率 $\alpha(t)\leqslant\alpha_{\min}$ 时，训练结束；不满足结束条件时，转到步骤 2 继续。

10.4　SOM 算法实例分析

10.4.1　问题描述

用 32 个字符作为 SOM 输入样本，包括 26 个英文字母和 6 个数字（1～6）。每个字符对应一个五维向量，各字符与向量 $\boldsymbol{X}$ 的关系如表 10-1 所示。由表 10-1 可以看出，代表 A、B、C、D、E 的各向量中有 4 个分量相同，即 $x_i^{\mathrm{A}},x_i^{\mathrm{B}},x_i^{\mathrm{C}},x_i^{\mathrm{D}},x_i^{\mathrm{E}}=0(i=1,2,3,4)$，因此，A、B、C、D、E 应归为一类；代表 F、G、H、I、J 的向量中有 3 个分量相同，同理也应归为一类；以此类推。这样就可以由表 10-1 中输入向量的相似关系，将对应的字符标在如图 10-7 所示的树状结构图中，用 SOM 网络对其他进行聚类分析。

表 10-1　字符与向量 $\boldsymbol{X}$ 的关系

	A	B	C	D	E	F	G	H	I	J	K	L	M	N	O	P	Q	R	S	T	U	V…
$\boldsymbol{X}_0$	1	2	3	4	5	3	3	3	3	3	3	3	3	3	3	3	3	3	3	3	3	3…
$\boldsymbol{X}_1$	0	0	0	0	0	1	2	3	4	5	3	3	3	3	3	3	3	3	3	3	3	3…
$\boldsymbol{X}_2$	0	0	0	0	0	0	0	0	0	0	1	2	3	4	5	3	3	3	3	3	3	3…
$\boldsymbol{X}_3$	0	0	0	0	0	0	0	0	0	0	0	0	0	0	0	1	2	3	4	5	3	3…
$\boldsymbol{X}_4$	0	0	0	0	0	0	0	0	0	0	0	0	0	0	0	0	0	0	0	1	2…

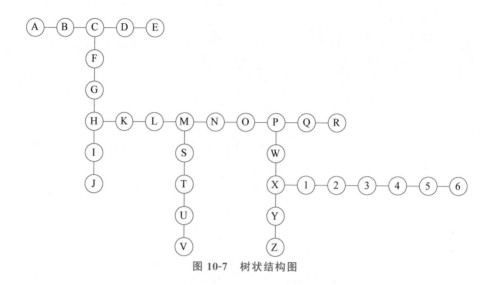

图 10-7　树状结构图

10.4.2　网络设计及学习结果

1. 表格分析

A、B、C、D、E 的各向量有 4 个分量相同——同类。

F、G、H、I、J 的各向量有 3 个分量相同——同类。

$\vdots$

2. SOM 网络设计

(1) 输入层节点数 n：样本维数$=5$。

(2) 输出层节点数：取 70 个神经元，二维平面阵。

(3) 权值初始化：随机小数。

(4) $N_j \cdot (t)$ 领域半径：$r(t) = 10(1 - t/t_m)$。

(5) 学习率 $\alpha(t) = C_2(1 - t/t_m)0.5(1 - t/t_m)$。

3. 训练

将训练集中代表各字符的输入向量 $\boldsymbol{X}^P$ 随机选取后训练，经 10 000 步训练，各权向量趋于稳定。对网络输出，进行核准，即根据输出神经元阵列与训练集中已知模式向量对应关系的标号来核准。结果：70 个神经元中，有 32 个神经元有标号，另外 38 个为未用神经元。

10.4.3　结果输出

图 10-8 给出了自组织学习后的输出结果。SOM 网络完成学习训练后，对于每个输

入字符,输出平面中都有一个特定的神经元对其敏感,这种输入输出的映射关系在输出特征平面中表现得非常清楚。SOM 网络经自组织学习后在输出层形成了有规则的拓扑结构,在神经元阵列中,各字符之间的相互位置关系与它们在树状结构中的相互位置关系类似,二者结构特征上的一致性是非常明显的。

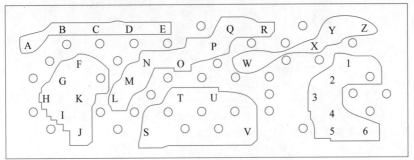

图 10-8 自组织学习后的输出结果

10.5 SOM 算法源程序分析

```cpp
#include <fstream.h>
#include <iomanip.h>
#include <stdio.h>
#include <stdlib.h>
#include <math.h>

#define InputLayerNum 35
#define OutputLayerRow 8
#define OutputLayerColumn 12
#define total_iteration_Num 80//10000//80//100//1000
#define error_limit 0.0000000000008//0.1//0.0000000000008//0.000000000000008//0.0001
#define efficiency 0.9//0.3//0.9//0.3//0.9


int i,j,k,l,m,n;
int inputMode[26][7][5];
double weight[OutputLayerRow * OutputLayerColumn][InputLayerNum];
int current_iteration_num=0;
double study_efficiency=efficiency;
long double distance[OutputLayerRow * OutputLayerColumn];
int neighbor_width=OutputLayerColumn;
int neighbor_height=OutputLayerRow;
int row[OutputLayerRow],column[OutputLayerColumn];
int flag[OutputLayerRow][OutputLayerColumn];
int temp_row,temp_column;
```

```
int winner_row,winner_column;
long double min_distance=1000.0;

/*****************************************************************/
//该函数初始化距离变量为 0,初始化保存胜出节点的位置的变量
/*****************************************************************/
void init_distance()
{
    for(i=0;i<OutputLayerRow;i++)
    for(j=0;j<OutputLayerColumn;j++)
    distance[i * OutputLayerColumn+j]=0.0;
}
/*****************************************************************/
//该函数用于计算欧氏距离,并找到获胜神经元
/*****************************************************************/
void eula_distance()
{
    int ttLow,ttUp,ppLow,ppUp;
    ttLow=winner_column-neighbor_width/2;
    ttUp=winner_column+neighbor_width/2;
    ppLow=winner_row-neighbor_height/2;
    ppUp=winner_row+neighbor_height/2;
    if(ttLow<0)
        ttLow=0;
    if(ttUp>=OutputLayerColumn)
        ttUp=OutputLayerColumn-1;
    if(ppLow<0)
        ppLow=0;
    if(ppUp>=OutputLayerRow)
        ppUp=OutputLayerRow-1;
    for(i=ppLow;i<=ppUp;i++)
    for(j=ttLow;j<=ttUp;j++)
    {
        if(!(flag[i][j]==100))
        {
            for(m=0;m<7;m++)
            for(n=0;n<5;n++)
                distance[i * OutputLayerColumn+j]+=
                pow((inputMode[l][m][n]-weight[i * OutputLayerColumn+j][m * 5
                    + n]),2);
            if(distance[i * OutputLayerColumn+j]<min_distance)
            {
                min_distance=distance[i * OutputLayerColumn+j];
                temp_row=i;
                temp_column=j;
            }
        }
    }
```

```
    if(current_iteration_num>0)
    {
        if(min_distance<=error_limit)
        {
            row[temp_row]=temp_row;
            column[temp_column]=temp_column;
            flag[temp_row][temp_column]=100;
        }

    }
}
/*******************************************************************/
//调整权值
/*******************************************************************/
void weight_change()
{
    int ttLow,ttUp,ppLow,ppUp;
    winner_row=temp_row;
    winner_column=temp_column;
    ttLow=winner_column-neighbor_width/2;
    ttUp=winner_column+neighbor_width/2;
    ppLow=winner_row-neighbor_height/2;
    ppUp=winner_row+neighbor_height/2;
    if(ttLow<0)
        ttLow=0;
    if(ttUp>=OutputLayerColumn)
        ttUp=OutputLayerColumn-1;
    if(ppLow<0)
        ppLow=0;
    if(ppUp>=OutputLayerRow)
        ppUp=OutputLayerRow-1;
    for(i=ppLow;i<=ppUp;i++)
    for(j=ttLow;j<=ttUp;j++)
    {
        if(!(flag[i][j]==100))
        {
            for(m=0;m<7;m++)
            for(n=0;n<5;n++)
            weight[i*OutputLayerColumn+j][m*5+n]=
            weight[i*OutputLayerColumn+j][m*5+n]+
            study_efficiency*(inputMode[l][m][n]-weight[i*OutputLayerColumn+j]
                [m*5+n]);
        }
    }
}
/*******************************************************************/
//调整学习效率以及获胜节点的邻域大小
```

```
/*****************************************************************/
void paraChange()
{

    study_efficiency= study_efficiency * (1.0- ((double) current_iteration_
    num)/total_iteration_Num);
    neighbor_width= int(neighbor_width * (1.0- ((double) current_iteration_
    num)/total_iteration_Num));
    neighbor_height= int(neighbor_height * (1.0- ((double) current_iteration_
    num)/total_iteration_Num));
}
/*****************************************************************/
//该函数用于将所有输入模式从文件中读入,并存放到数组 inputMode 中
//同时进行权值的初始化,采用随机赋值的方法
/*****************************************************************/
void initialize()
{
    for(i=0;i<OutputLayerRow;i++)
        row[i]=100;
    for(j=0;j<OutputLayerColumn;j++)
        column[j]=100;
    for(i=0;i<OutputLayerRow;i++)
    for(j=0;j<OutputLayerColumn;j++)
        flag[i][j]=0;
    //从文件中将所有输入模式读入,并存放到数组 inputMode 中
    FILE * pf=fopen("相关数据\\输入数据\\input.txt","a+");
    if(pf==NULL)
    {
        cout<<"Can not open input file!\n";
        exit(0);
    }

    for(i=0;i<26;i++)
    for(j=0;j<7;j++)
    for(k=0;k<5;k++)
    fscanf(pf,"%d",&inputMode[i][j][k]);
    /////////////////////////////////////////////////////
    //用于测试是否能够正确读入输入模式
    char  character[26];
    for(i=0;i<26;i++)
        character[i]=(65+i);
    ofstream mode("相关数据\\输出数据\\向量模式.txt",ios::out);
    for(i=0;i<26;i++)
    {
        mode<<character[i]<<"\n"<<endl;
        for(j=0;j<7;j++)
        {
            for(k=0;k<5;k++)
                mode<<inputMode[i][j][k]<<" ";
```

```
                mode<<"\n";
        }
        mode<<"\n\n\n";
    }
    /////////////////////////////////////////////////////
    //权值初始化,采用随机赋值的方法
    for(i=0;i<OutputLayerRow;i++)
    for(j=0;j<OutputLayerColumn;j++)
    for(k=0;k<InputLayerNum;k++)
        weight[i*OutputLayerColumn+j][k]=(double(rand()%101))/100.0;
    /////////////////////////////////////////////////////
    //用于测试是否能够正确初始化权值
    ofstream quan("相关数据\\输出数据\\初始的权值.txt",ios::out);
    for(i=0;i<OutputLayerRow;i++)
    for(j=0;j<OutputLayerColumn;j++)
        {
            quan<<"\n\n\n"<<"Node["<<i+1<<"]["<<j+1<<"]"<<"\n";
            for(k=0;k<InputLayerNum;k++)
            {
                if(k%5==0)
                    quan<<"\n";
    quan<<setprecision(6)<<setiosflags(ios::fixed)<<weight[i*
    OutputLayerColumn+j][k]<<"        ";
            }
            quan<<"\n\n\n";
        }
    /////////////////////////////////////////////////////
}
void main(void)
{
    int iteration_numbers[26];
    int total_num=0;
    char character[26];
    void test_netWork_1();//函数声明
    void test_netWork_2();//函数声明
    for(l=0;l<26;l++)
    {
        iteration_numbers[l]=0;
        character[l]=(65+l);
    }
    initialize();
    for(l=0;l<26;l++)
    {
        winner_row=OutputLayerRow/2;
        winner_column=OutputLayerColumn/2;
        while(current_iteration_num<total_iteration_Num)
        {
            init_distance();
            eula_distance();
```

```
        weight_change();
        if(min_distance<=error_limit)
            break;
        ++current_iteration_num;
        paraChange();
    };
    iteration_numbers[l]=current_iteration_num+1;
    neighbor_width=OutputLayerColumn;
    neighbor_height=OutputLayerRow;
    study_efficiency=efficiency;
    current_iteration_num=0;
    min_distance=1000.0;
}
for(l=0;l<26;l++)
    total_num+=iteration_numbers[l];
ofstream iteration_num("相关数据\\输出数据\\迭代次数.txt",ios::out);
for(l=0;l<26;l++)
{
    iteration_num<<character[l]<<" 迭代"<<iteration_numbers[l]<<"次!\n"<<endl;
    if(l==25)
    iteration_num<<"整个训练过程共迭代"<<total_num<<"次!\n"<<endl;
}
ofstream all_weight("相关数据\\输出数据\\训练后所有权值.txt",ios::out);
ofstream winner_weight("相关数据\\输出数据\\训练后胜出权值.txt",ios::out);
for(i=0;i<OutputLayerRow;i++)
for(j=0;j<OutputLayerColumn;j++)
{
    printf("\n\n\n");
    all_weight<<"\n\n\n"<<"Node["<<i+1<<"]["<<j+1<<"]"<<"\n";
    for(k=0;k<InputLayerNum;k++)
    {
        if(k%5==0)
        {
            printf("\n");
            all_weight<<"\n";
        }
    /*////////////////////////////////////////////////
        if(weight[i*OutputLayerColumn+j][k]>0.9999999)
            weight[i*OutputLayerColumn+j][k]=1.0;
        if(weight[i*OutputLayerColumn+j][k]<0.0000001)
            weight[i*OutputLayerColumn+j][k]=0.0;
    *////////////////////////////////////////////////
        printf("%f    ",weight[i*OutputLayerColumn+j][k]);
all_weight<<setprecision(8)<<setiosflags(ios::fixed)<<weight[i*
OutputLayerColumn+j][k]<<"        ";
    }
}
ofstream winner_node("相关数据\\输出数据\\获胜节点.txt",ios::out);
```

```
    for(i=0;i<OutputLayerRow;i++)
    for(j=0;j<OutputLayerColumn;j++)
    {
        if(flag[i][j]==100)
        {
            printf("\n\n\n");
            winner_weight<<"\n\n\n"<<"Node["<<i+1<<"]["<<j+1<<"]"<<"\n";
            for(k=0;k<InputLayerNum;k++)
            {
                if(k%5==0)
                {
                    printf("\n");
                    winner_weight<<"\n";
                }
            /* ///////////////////////////////////////////////
                if(weight[i*OutputLayerColumn+j][k]>0.9999999)
                weight[i*OutputLayerColumn+j][k]=1.0;
                if(weight[i*OutputLayerColumn+j][k]<0.0000001)
                weight[i*OutputLayerColumn+j][k]=0.0;
             * ///////////////////////////////////////////////
                printf("%f   ",weight[i*OutputLayerColumn+j][k]);
    winner_weight<<setprecision(8)<<setiosflags(ios::fixed)<<weight[i*
    OutputLayerColumn+j][k]<<"     ";
            }
            winner_node<<"Node["<<i+1<<"]["<<j+1<<"]"<<endl;
        }
    }
    printf("\n");
    ///////////////////////////////////////////////////
    //网络测试
    test_netWork_1();
    test_netWork_2();
}
/*************************************************************/
//利用标准数据测试训练后的网络
/*************************************************************/
void test_netWork_1()
{
    ofstream test1("相关数据\\输出数据\\标准测试.txt",ios::out);
    char character[26];
    for(i=0;i<26;i++)
        character[i]=(65+i);
    for(l=0;l<26;l++)
    {
        for(i=0;i<OutputLayerRow;i++)
        for(j=0;j<OutputLayerColumn;j++)
        distance[i*OutputLayerColumn+j]=0.0;
        min_distance=1000;
        for(i=0;i<OutputLayerRow;i++)
```

```
            for(j=0;j<OutputLayerColumn;j++)
            {
                for(m=0;m<7;m++)
                for(n=0;n<5;n++)
                    distance[i*OutputLayerColumn+j]+=(long double)
                    pow(((long double)inputMode[l][m][n]-(long double)weight[i*
                    OutputLayerColumn+j][m*5+n]),2);
                if(distance[i*OutputLayerColumn+j]<min_distance)
                {
                    min_distance=distance[i*OutputLayerColumn+j];
                    temp_row=i;
                    temp_column=j;
                }
            }
            test1<<character[l]<<"'s winner is Node["<<temp_row+1<<"]["<<temp_
            column+1<<"]"<<endl<<endl;
    }
}
/****************************************************************/
//利用非标准数据测试训练后的网络
/****************************************************************/
void test_netWork_2()
{
    ofstream test2("相关数据\\输出数据\\非标准测试.txt",ios::out);
    char character[26];
    FILE * pf=fopen("相关数据\\输入数据\\非标准数据测试.txt","a+");
    if(pf==NULL)
    {
        cout<<"Can not open input file!\n";
        exit(0);
    }
    for(i=0;i<26;i++)
    for(j=0;j<7;j++)
    for(k=0;k<5;k++)
    fscanf(pf,"%d",&inputMode[i][j][k]);
    for(i=0;i<26;i++)
        character[i]=(65+i);
    for(l=0;l<26;l++)
    {
        for(i=0;i<OutputLayerRow;i++)
        for(j=0;j<OutputLayerColumn;j++)
        distance[i*OutputLayerColumn+j]=0.0;
        min_distance=1000;
        for(i=0;i<OutputLayerRow;i++)
        for(j=0;j<OutputLayerColumn;j++)
        {
            for(m=0;m<7;m++)
            for(n=0;n<5;n++)
                distance[i*OutputLayerColumn+j]+=(long double)
```

```
            pow(((long double)inputMode[l][m][n]-(long double)weight[i *
            OutputLayerColumn+j][m * 5+n]),2);
         if(distance[i * OutputLayerColumn+j]<min_distance)
         {
             min_distance=distance[i * OutputLayerColumn+j];
             temp_row=i;
             temp_column=j;
         }
      }
      test2<<character[l]<<"'s winner is Node["<<temp_row+1<<"]["<<temp_
      column+1<<"]"<<endl<<endl;
   }
}
```

结果分析：运行结果如图 10-9 所示。程序对输出层各权向量赋小随机数并进行归一化处理，然后初始化距离变量为 0，建立初始优胜邻域和学习率的初值。从训练集中随

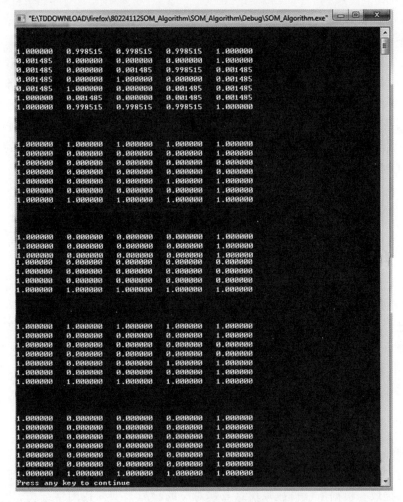

图 10-9　程序运行结果

机取一个输入模式并进行归一化处理，计算竞争层每个节点和输入模式的欧氏距离，欧氏距离最小的节点即为获胜节点。以获胜节点为中心确定 t 时刻的权值调整域，训练过程中权值调整域随训练时间收缩。对优胜邻域内的所有节点调整权值。

$$w_{ij}(t+1) = w_{ij}(t) + \alpha(t,N)[x_i^P - w_{ij}(t)] \quad i = 1,2,\cdots,n, j \in N_{j*}(t)$$

$$(10\text{-}8)$$

其中，$\alpha(t,N)$ 是训练时间 t 和邻域内第 j 个神经元与获胜神经元 j^* 之间的拓扑距离 N 的函数。当学习率 $\alpha(t) \leqslant \alpha_{\min}$ 时，训练结束。然后利用标准数据测试训练后的网络，再利用非标准数据测试训练后的网络。

10.6　SOM 算法的特点及应用

10.6.1　SOM 算法的特点

优点：它将相邻关系强加在簇质心上，所以，互为邻居的簇之间比非邻居的簇之间更相关。这种联系有利于聚类结果的解释和可视化。

缺点：①用户必选选择参数、邻域函数、网格类型和质心个数。②一个 SOM 簇通常并不对应单个自然簇，可能有自然簇的合并和分裂。例如，像其他基于原型的聚类技术一样，当自然簇的大小、形状和密度不同时，SOM 倾向于分裂或合并它们。③SOM 缺乏具体的目标函数。SOM 受限于质心之间的地形约束（为了更好地近似数据的质心集合）；但是 SOM 的成功不能用一个函数来表达。这可能使得比较不同的 SOM 聚类的结果是困难的。④SOM 不保证收敛，尽管实际中它通常收敛。

10.6.2　SOM 算法的应用

1. 汽轮发电机多故障诊断的 SOM 网络方法

汽轮发电机组的振动故障具有多样性的特点，经常出现多种故障同时发生的情况。传统的 BP 神经网络方法可对单一故障有效诊断，若要对多故障进行诊断，则需对各种多故障样本进行学习，使输入空间在训练过程中被样本空间完全覆盖，将大大增加样本空间及学习训练负担，同时网络归纳、联想能力随之大幅度下降，诊断难以实施。因此，可以将 SOM 网络用于汽轮发电机组的振动多故障诊断，用单一故障样本对网络进行训练，根据输出神经元在输出层的位置对多故障进行判断。

2. 基于 SOM 网络的柴油机故障诊断

利用神经网络的非线性映射及其高度的自组织和自学习能力，将 SOM 网络应用于柴油机的故障诊断。利用传感器获得柴油机喷射系统的燃油压力波形，对波形进行时域分析和特征提取。根据所取得故障信息及其对应的故障类型构造网络结构，用单一故障样本对网络进行训练，根据输出神经元在输出层的位置对故障进行判断。

10.7 小结

Kohonen 1982 年提出的 SOM 网络是一个巧妙的神经元网络,它建立在一维、二维或三维的神经元网络上,用于捕获包含在输入模式中感兴趣的特征,描述在复杂系统中从完全混乱到最终出现整体有序的现象。

SOM 也可以看成向量量化器,从而提供一个导出调整权值向量的更新规则的原理性方法。此方法明确地强调邻域函数作为概率密度函数的作用。

本章讨论竞争算法的学习过程,在此基础上进一步介绍了 SOM 网络的结构、工作原理。最后介绍了 SOM 网络在聚类分析、故障诊断中的具体应用。

思考题

1. 介绍 SOM 网络的基本结构及工作原理。

2. SOM 网络由输入层和竞争层组成,设初始权向量已归一化为

$$\hat{\boldsymbol{W}}_1 = \begin{bmatrix} 1 & 0 \end{bmatrix}, \quad \hat{\boldsymbol{W}}_2 = \begin{bmatrix} 0 & -1 \end{bmatrix}$$

现有 4 个输入模式,均为单位向量。

$$\boldsymbol{X}_1 = 1\angle 45°, \quad \boldsymbol{X}_2 = 1\angle -135°, \quad \boldsymbol{X}_3 = 1\angle 90°, \quad \boldsymbol{X}_4 = 1\angle -180°$$

用 WTA 学习算法调整权值,给出前 20 次的权值学习结果。

3. 给定 5 个四维输入模式如下:

$$\boldsymbol{X}_1 = \begin{bmatrix} 1 & 0 & 0 & 0 \end{bmatrix}, \quad \boldsymbol{X}_2 = \begin{bmatrix} 1 & 1 & 0 & 0 \end{bmatrix}, \quad \boldsymbol{X}_3 = \begin{bmatrix} 1 & 1 & 1 & 0 \end{bmatrix},$$
$$\boldsymbol{X}_4 = \begin{bmatrix} 0 & 1 & 0 & 0 \end{bmatrix}, \quad \boldsymbol{X}_5 = \begin{bmatrix} 1 & 1 & 1 & 1 \end{bmatrix}$$

设计一个具有 5×5 神经元的平面 SOM 网络,学习率 $\alpha(t)$ 在前 1000 步训练中从 0.5 线性下降到 0.04,然后在训练到 10 000 步时减小到 0,优胜邻域半径初值设为相邻的两个节点,1000 个训练步时降为 0,即只含获胜神经元。每训练 200 步记录一次权值,观察其在训练过程中的变化情况。给出训练结束后,5 个输入模式在输出平面上的映射图,并观察下列输入向量映射区间。

$$\boldsymbol{F}_1 = \begin{bmatrix} 1 & 0 & 0 & 1 \end{bmatrix}, \quad \boldsymbol{F}_2 = \begin{bmatrix} 1 & 1 & 0 & 1 \end{bmatrix}, \quad \boldsymbol{F}_3 = \begin{bmatrix} 0 & 1 & 1 & 0 \end{bmatrix},$$
$$\boldsymbol{F}_4 = \begin{bmatrix} 0 & 1 & 0 & 1 \end{bmatrix}, \quad \boldsymbol{F}_5 = \begin{bmatrix} 0 & 1 & 1 & 1 \end{bmatrix}$$

4. 介绍一例 SOM 网络的具体应用。

第 11 章　数据挖掘的发展

11.1　Web 数据挖掘

随着互联网上的信息不断呈现爆炸式的增长,互联网企业在这些海量的数据信息面前显得更加手足无措。合理地利用网络上面的数据信息来提高网站的用户体验成为首要需求。有需求就有进步,数据挖掘技术就这样被引入了互联网领域,从而发展成为一个独立的研究方向——Web 数据挖掘。

11.1.1　Web 数据挖掘定义

Web 数据挖掘是传统数据挖掘技术在互联网领域的应用,它的目标是从海量的、含噪声的、无结构化的网络数据中提取潜藏在其背后的、有价值的知识。

在如今互联网技术飞速发展的年代,传统的数据挖掘技术已经远远不能满足现在 Web 数据挖掘的要求了。Web 数据挖掘面临着更加严峻的挑战,首先,网络上面收集的数据信息是无结构或非结构化的,差异化的数据源给数据预处理加大了难度;其次,互联网上的信息时刻都以 GB 为单位在不断增长,并且是在动态变化的,所以在做 Web 数据挖掘系统时应考虑系统的实时性;最后,互联网的用户形形色色各不相同,他们有着不同的知识背景、年龄、收入和兴趣爱好等,这就决定了他们感兴趣的内容是有差别的。总而言之,现在互联网实际需求给 Web 数据挖掘提出了更高的要求,主要包括系统的并行性、更高的挖掘效率、实时动态性和有效地组织和管理数据的能力。

11.1.2　Web 数据挖掘分类

Web 数据挖掘根据研究的对象不同,可以分为基于网页内容的挖掘、基于用户使用习惯的挖掘和基于网页结构的挖掘 3 类。它们各自所使用的算法和应用领域不同,如图 11-1 所示。

1. 基于网页内容的挖掘

基于网页内容的挖掘是指通过对网页中的文档、数据和内容进行挖掘并获取知识的过程。目前的 Web 数据挖掘要求对网页中的各类内容信息都能加以处理,从网页内容的角度来讲,基于网页内容的挖掘可以分为多媒体信息挖掘和文档信息挖掘两种;按照采用方法的不同,它又可以分为信息抽取方法和数据库方法两种。信息抽取方法指的是利用信息抽取技术来处理无结构或半结构的网页数据,提高和优化搜索信息的质量。数据库方法指的是首先利用数据转换技术将无结构的数据转换成数据库对应的有结构的数据,

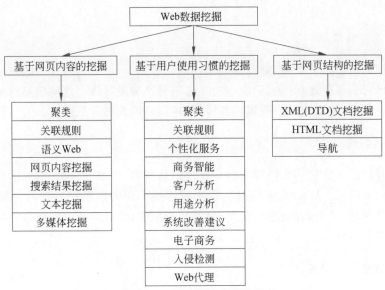

图 11-1　Web 数据挖掘的分类

然后再利用数据挖掘技术对数据进行挖掘。

2. 基于用户使用习惯的挖掘

用户日常访问网络时会产生大量的记录信息,而网络服务器会自动记录并存储下这些信息。这些信息中记录了用户的访问网址、访问时间、传输的内容和用户的 IP 地址等数据。这些数据都被存储在用户的访问日志文件中,它通常能够反映出用户的访问规律、个人兴趣和整个上网行为。基于用户使用习惯的挖掘对象就是用户访问日志文件,通过挖掘日志数据来预测用户的上网行为和趋势等。基于用户使用习惯的挖掘可以分为个性化挖掘和用户访问模式挖掘两类:个性化挖掘主要针对研究个人的偏好,其目的就是为不同访问模式的用户提供不同的动态化服务建议;而用户访问模式挖掘主要是通过分析用户的访问日志,总结用户的访问习惯和倾向,发现网页空间最高效的逻辑结构。

3. 基于网页结构的挖掘

基于网页结构的挖掘就是通过研究站点之间的组织关系、相互引用和链接的关系以及网页文档结构来挖掘知识。基于网页内容的挖掘对象主要是内部网页文档,而基于网页结构的挖掘对象主要是外部引用和超链接的结构。它的挖掘目的是寻找潜藏在网页结构背后的有用模式,通过对网页的应用和超链接进行分析找出权威的页面,并发现网页的结构,以便更有利于用户阅读。

11.1.3　Web 数据挖掘的数据源

Web 数据挖掘的数据源一般具有多类型、无规律、无结构和多噪声的特点。数据源的巨大差异性决定必须对其进行分类,并加以区别地处理和对待。数据源信息主要包括以下 6 类。

1. 用户的注册信息

用户的注册信息是最直接、最简单的数据源信息,它一般是用户注册时主动留下的信息,通常包括性别、居住地、姓名、职业、收入、邮箱和兴趣爱好等。这些信息通常和用户的访问日志一起使用,来定位用户所属的群体,描述用户的大概背景情况。

2. 网页内容信息

网页内容信息主要包括文档信息和多媒体信息两类,再细分包括文章、图片、音频、视频、广告、评论等内容。Web 数据挖掘通常会对这些不同的信息进行提取标签和单词向量,以便描述内容的种类,方便进行聚类、分类或相似度比较,网页内容信息是推荐系统最常用的数据源。

3. 网页站点结构信息

网页站点结构信息是 Web 数据挖掘最主要的对象之一,它包括网站之间的引用和链接关系,网站的组织结构信息等。通过研究网页站点结构信息可以发现用户的浏览规律和习惯,帮助优化网页站点的组织结构,提高超链接的合理性,形成清晰的站点导航视图。

4. 用户搜索数据

用户在互联网上的行为已经离不开搜索引擎(包括站内搜索和互联网搜索)。搜索引擎可以帮助用户快速地找到他们感兴趣的信息,达到上网的目的,所以用户每次提交给搜索引擎的查询信息会反映用户的兴趣、偏好和上网目的等。通过对这些搜索数据信息的分析和挖掘,就可以更加了解用户的需求和使用习惯,并通过挖掘搜索的关键字优化内容的标签和单词向量,提高搜索的准确性。

5. 网页日志信息

网页日志信息是记录用户访问站点情况的数据信息,它一般保存在网页服务器或代理服务器中。网页服务器又包含服务器和客户端,保存在客户端的网页日志文档就是cookie logs,而保存在服务器的网页日志文档包含 error logs 和 server logs 两种,例如常用的日志格式是 Apache 的扩展日志格式(Extended Common Log Format,ECLF)。

6. 代理服务器数据

代理服务器是用来缓存用户与站点服务器之间交互数据的中介服务器,其目的是缓解网络压力,提高网页浏览的速度。在代理服务器端一般存储了所有用户访问网站的记录信息,通过对这些数据进行挖掘就能有效地得到用户的访问模型信息,为用户提高个性化的推荐和营销策略。

11.1.4 Web 数据挖掘中知识的分类

总体来说,Web 中的知识可以分为 3 类(见图 11-2):①隐性知识,它一般存在于非结构化的文本当中,如用户发表的留言和博文等;②显性知识,它显性地以结构化的方式存在于网页中,如用户资料、标签和评分等;③衍生知识,是指对收集到的数据进行挖掘得到的知识,是隐性知识和显性知识衍生出来的知识,如搜索和聚类等。

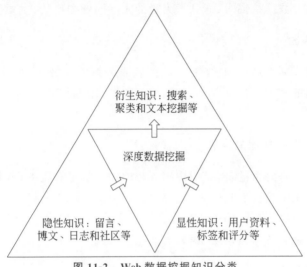

图 11-2　Web 数据挖掘知识分类

1. 隐性知识

隐性知识是以非结构化的形式隐藏在站点中或站点外的知识,它一般包括博文、社区、论坛、日志和留言等内容。隐性知识的非结构特性决定了其一般不能被直接使用,需要事先对其进行相应的数据预处理才能做进一步的深度数据挖掘。

2. 显性知识

显性知识一般是用户直接传递给站点的结构化的知识,一般包括评论、评分、投票、标签、推荐和用户资料等内容。这些数据的结构化特性方便网站研究人员进一步分析处理,一般只要对其做相应的数据收集和整理工作就可以作为后续深度数据挖掘的材料。

3. 衍生知识

衍生知识一般是对隐性知识和显性知识进行进一步深度数据挖掘的成果,它处于数据挖掘金字塔的顶端,一般包括聚类、预测分析、搜索、文本挖掘、推荐引擎和发现模式等内容。衍生知识是数据挖掘过程的最终结果,体现着数据挖掘得到的智慧,研究人员一般都会对衍生知识做进一步的可视化处理,然后对其进行相应的知识部署,提出相应的应用建议,并将知识部署到能解决现实问题的方案中,完成对知识的最终利用。

11.1.5 Web 数据挖掘的关键问题

Web 数据挖掘技术就是传统数据挖掘技术在互联网中的具体应用。传统数据挖掘技术面向的是有组织、有结构的数据库中的数据,而 Web 数据挖掘技术面向的是庞大的、分布广泛的互联网络信息服务系统。对于这个特殊的领域,具有很多其他领域所不具有的特点,在进行 Web 数据挖掘时,遇到了大量的实际问题和挑战,主要包含以下 5 方面。

1. 网页的动态性

互联网是实时不断更新的、动态变化的信息服务系统在做 Web 数据挖掘时,目标数据是时刻更新变换的。如何保证 Web 数据挖掘的结果是最新的且符合实时性的需求,值得我们考虑和研究。

2. 提取用户真正感兴趣的信息

互联网上的信息是海量的,但是用户感兴趣的内容又是有限的,这就意味着绝大多数的网页内容对用户来说是没有吸引力的。如何规避网页上用户不感兴趣的内容,而将用户感兴趣的内容呈现在用户面前,是 Web 数据挖掘要解决的主要问题之一,特别是对于搜索引擎这样的信息服务检索系统,信息的抽取显得尤为重要。

3. 面对广泛的用户群

Web 数据挖掘所面对的是形形色色的用户群,他们的兴趣、身份背景、年龄层次、知识结构、上网目的等千差万别。如何正确而合理地对用户进行聚类和分类,并给不同的用户群体提供不同的服务,达到互联网服务用户满意度的最大化,是 Web 数据挖掘的核心问题。

4. Web 网页文档结构复杂

Web 网页文档并没有统一的结构,它们是由风格各异、排版各不相同的内容组成的。这就像是在一个没有任何索引分类的混乱的大型图书馆中要收集整理某部分图书,难度可想而知,所以这对 Web 数据挖掘过程中的数据收集技术和数据预处理技术提出了更高的要求。

5. 海量的数据源

互联网中的信息是以 GB 为单位来计算的,并且随时都在不断增长,对于如此大的信息量,不可能用一个数据仓库来存储,这对 Web 数据挖掘的挖掘算法和系统提出了更高的要求。

11.2　空间数据挖掘

空间数据是人们借以认识自然和改造自然的重要数据。空间数据库有空间数据和非空间数据两种：空间数据可以是地表在地理信息系统（Geography Information System，GIS）中的二维投影，也可以是分子生物学中的蛋白质分子结构等；非空间数据则是除空间数据以外的一切数据。所以，也可以认为空间数据库是通用的数据库，其他数据库是空间数据库的特殊形态。

由于雷达、红外、光电、卫星、电视摄像、电子显微成像、CT 成像等各种宏观与微观传感器的使用，空间数据的数量、大小和复杂性都在飞速增长，已经远远超出了人的解译能力，终端用户不可能详细地分析所有这些数据，并提取感兴趣的空间知识。因此，利用空间数据挖掘和知识发现（Spatial Data Mining and Knowledge Discovery，SDMKD）从空间数据库中自动或半自动地挖掘隐藏在空间数据库中的不明确的、隐含的知识，变得越来越重要。

11.2.1　空间数据挖掘的定义与特点

空间数据挖掘（Spatial Data Mining，SDM），也称基于空间数据库的数据挖掘，作为数据挖掘的一个新的分支，是在空间数据库的基础上，综合利用统计学、模式识别、人工智能、神经网络、粗糙集、模糊数学、机器学习、专家系统等技术和方法，从大量的空间数据（例如，生产数据、管理数据、经营数据或遥感数据）中分析获取人们可信的、新颖的、感兴趣的、隐藏的、事先未知的、潜在有用的和最终可理解的知识。简单地讲，空间数据挖掘是指从空间数据库中提取隐含的、用户感兴趣的空间和非空间模式、普遍特征、规则和知识的过程。由于空间数据的复杂性，空间数据挖掘不同于一般的事务数据挖掘，它有以下一些特点。

（1）数据源十分丰富，数据量非常庞大，数据类型多，存取方法复杂。

（2）涉及领域十分广泛，凡与空间位置相关的数据，都可对其进行挖掘。

（3）挖掘方法和算法非常多，而且大多数算法比较复杂，难度大。

（4）知识的表达方式多样，对知识的理解和评价依赖于人对客观世界的认知程度。

11.2.2　空间数据挖掘的体系结构

空间数据挖掘系统可以分为 3 层结构，如图 11-3 所示。

（1）数据源，指利用空间数据库或数据仓库管理系统提供的索引、查询优化等功能获取和提炼与问题领域相关的数据，或直接利用存储在空间数据立方体中的数据，这些数据可称为数据挖掘的数据源或信息库。在这个过程中，用户直接通过空间数据库（数据仓库）管理工具交互地选取与任务相关的数据，并将查询和检索的结果进行必要的可视化分析，多次反复，提炼出与问题领域相关的数据，或通过空间数据立方体的聚集、上钻、下翻、

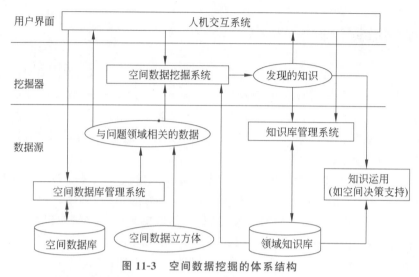

图 11-3　空间数据挖掘的体系结构

切块、旋转等分析操作,抽取与问题领域相关的数据,然后再开始进行数据挖掘和知识发现过程。

(2) 挖掘器,利用空间数据挖掘系统中的各种数据挖掘方法分析被提取的数据,一般采用交互方式,由用户根据问题的类型以及数据的类型和规模,选用合适的数据挖掘方法,但对于某些特定的专门的数据挖掘系统,可采用系统自动选用的挖掘方法。

(3) 用户界面,使用多种方式(如可视化工具)将获取的信息和发现的知识以便于用户理解和观察的方式反映给用户,用户对发现的知识进行分析和评价,并将知识提供给空间决策支持使用,或将有用的知识存入领域知识库内,在整个数据挖掘过程中,用户能够控制每步。

一般来说,数据挖掘和知识发现的多个步骤相互连接,需要反复进行人机交互,才能得到最终满意的结果。显然,在整个数据挖掘过程中,良好的人机交互用户界面是顺利进行数据挖掘并取得满意结果的基础。

11.2.3　空间数据挖掘可获得的知识类型

作为空间数据挖掘的主要研究内容,首先要明确从空间数据库中可以发现哪些知识。尽管数据挖掘中常见的广义知识、关联知识、分类知识、聚类知识和预测型知识 5 类知识同样可以概括从空间数据库发现的知识,但从应用的角度将知识类型划分得更加具体,使其更便于理解和应用。由于 GIS 数据库是空间数据库的主要类型,且可以包含遥感图像数据,所以将 GIS 数据库与空间数据库等同起来,并认为从 GIS 数据库中发现知识(Knowledge Discovery from GIS Database)与 SDMKD 有相同的内涵。空间数据挖掘所能发现的知识类型主要包括以下 8 种。

1. 普遍的几何知识

普遍的几何知识(General Geometric Knowledge)是指某类目标的数量、大小、形态特征等普遍的几何特征。我们既可以计算和统计空间目标几何特征量的最小值、最大值、均值、方差等信息,还可以统计特征量的直方图。在样本足够多的情况下,直方图数据可转换为先验概率使用,在此基础上,可根据背景知识归纳出高水平的普遍的几何知识。

2. 空间特征规则

空间特征规则(Spatial Characteristic Rule)是指对某一类或几类空间目标的几何和属性的普遍特征的描述,即对共性的描述。空间几何特征是指目标的位置、形态特征、走向、连通性、坡度等普遍的特征,空间属性特征指目标的数量、大小、面积、周长、名称等定量或定性的非几何特性。空间特征规则是最基本的,也是发现其他类型知识的基础。

3. 空间聚类规则

空间聚类规则(Spatial Clustering Rule)是指根据空间目标特征的聚散程度将它们划分到不同的组中,组与组之间的差别尽可能大,组内的差别尽可能小,可用于空间目标信息的概括和综合,如根据距离将大量散布的居民点聚类成几个居民区。在地震地区监测中,通过对不同的空间对象进行聚类,发现地震损害的分布规律。

4. 空间分类规则

空间分类规则(Spatial Classification Rule)是指根据目标的空间或非空间特征,利用分类分析将目标划分为不同类别的规则。空间分类和空间聚类的区别在于前者事先知道类别数和各类的典型特征,而后者则事先不知道,即分类是有监督的(Supervised)而聚类是无监督的(Unsupervised)。

5. 空间区分规则

空间区分规则(Spatial Discriminate Rule)是指两类或几类空间目标之间几何或属性的不同特性,即可以区分不同类目标的特征,是对个性的描述。空间分类规则与空间区分规则有所不同:空间分类规则对空间对象进行明确分类,强调的是分类精度,规则的后件是类别,为了保证分类精度,一般在较低的概念层次进行分类;而空间区分规则是对已知类别的对象的对比,规则的前件是类别,一般是在较高概念层次上的描述。

6. 空间分布规律

空间分布规律(Spatial Distribution Rule)是指地理目标(现象)在地理空间的分布规律。分为在水平方向、垂直方向、水平和垂直方向的联合分布规律以及其他分布规律。水平方向分布指地物(现象)在水平区域的分布规律,如不同区域农作物的差异;垂直方向分布即地物沿高程带的分布,如高山植被沿坡度、坡向的分布规律。另外,许多现象在空间都具有复杂的分布特征,它们常常呈现为不规则的曲面。想要研究这些现象的空间分布趋势,首先要用合适的数学模型将现象的空间分布及其区域变化趋势模拟出来,如公用设施的城乡差异、异域地物的坡度和坡向分布等规律。

7. 空间关联规则

在自然和人文界中,各种地理要素(现象)的分布并不是孤立的,它们相互影响、相互制约,彼此之间存在着一定的联系。空间关联规则(Spatial Association Rule)主要是指空间目标之间相离、相邻、相连、共生、包含、被包含、覆盖、被覆盖、交叠等规则,也称空间相关关系。例如,居民地(城镇)与道路相连,道路与河流的交叉口是桥梁。空间关联规则的形式有多种,目前最常见的一种空间关联规则形如 $A \Rightarrow B [s\%, c\%]$,其中,$A$ 和 B 是空间和非空间谓词的集合,$s\%$ 表示规则的支持度,$c\%$ 表示规则的置信度。

8. 空间演变规律

如果空间数据库(数据仓库)中存有同一地区不同时期数据的快照(Snapshot),将这些不同时间的数据进行挖掘处理,就可以发现地理要素(现象)随时间动态发展的规律,即目标的空间演变规律(Spatial Evolution Rule)。换言之,空间演变规律是指空间目标随时间变化的规则,如哪些地区易变,哪些地区不易变,哪些目标易变、怎么变,哪些目标固定不变等,人们可以利用这些规律进行预测预报。

这些知识、规则和规律从信息内涵上讲是有区别的,但从形式上讲又是密切联系的,对于空间分布的图形描述,既传递了空间分布信息,又传递了空间趋势和空间对比信息。如从中国人口分布图上,既可以了解人口分布情况,又可以感受人口分布的基本趋势,同时,各区域之间的人口密度对比也反映得一清二楚。这些不同类型的知识之间不是相互孤立的,在解决实际问题时,经常要同时使用多种规则。

11.2.4 空间数据挖掘的方法

空间数据挖掘的方法并不是某一种具体的全新的方法,它的许多方法在地理信息系统、地理空间认知、地图数据处理、地学数据分析等领域内早已广泛应用。可以说空间数据挖掘是多学科和多种技术交叉融合的新兴边缘学科,汇集了人工智能、专家系统、机器学习、数据库和统计学等学科的成果,因而数据挖掘的方法是丰富多彩的。针对空间数据库的特点,空间数据挖掘的方法主要有以下 8 种。

1. 统计分析方法

统计分析方法(Statistical Analysis Approach)一直是分析空间数据的常用方法,有着较强的理论基础,拥有大量的算法,可有效地处理数值型数据。这类方法有时需要数据满足统计不相关的假设,但很多情况下这种假设在空间数据库中难以满足,另外,统计分析方法难以处理字符型数据。应用统计分析方法需要有领域知识和统计知识,一般由具有统计经验的领域专家来完成。

以变差函数(Variogram)和克里金(Kriging)法为代表的地学统计(Geostatistics)方法是地学领域特有的统计分析方法,由于考虑了空间数据的相关性,地学统计在空间数据统计和预测方面比传统统计学方法更加合理有效,因而在空间数据挖掘中也可以充分发挥作用。

2. 空间分析方法

空间分析方法(Spatial Analysis Approach)是 GIS 的关键技术,是 GIS 区别于一般数字制图系统的主要标志之一。目前,常用的 GIS 的空间分析功能有综合属性数据分析、拓扑分析、缓冲区分析、密度分析、距离分析、叠置分析、网络分析、地形分析、趋势面分析、预测分析等,应用这些方法可以交互式地发现目标在空间上的相连、相邻和共生等关联关系以及目标之间的最短路径、最优路径等辅助决策的知识。空间分析往往是应用领域知识产生新的空间数据,所以常作为预处理和特征提取方法与其他数据发掘方法结合起来从空间数据库发现知识。

3. 归纳学习方法

归纳学习方法(Induction Learning Approach)是从大量的经验数据中归纳抽取一般的规则和模式,其大部分算法来源于机器学习领域,其中最著名的是 Quinlan 提出的 C4.5 算法。C4.5 是一种决策树分类算法,由 ID3 算法发展而来,采用熵来选择属性,分类速度快,适合大数据库的学习,而 C4.5 在 ID3 的基础上增加了将决策树转换为等价的产生式规则的功能,并解决了连续取值数据的学习问题。韩家炜教授等提出了一种面向属性的归纳(Attribute Oriented Induction,AOI)方法,专门用于从数据库中发现知识,通过概念树的提升对数据进行概括和综合,归纳高层次的模式或特征。裴健等 AOI 方法进行了扩展,形成了面向空间属性的归纳(Spatial Attribute Oriented Induction,SAOI)方法。

4. 关联规则挖掘方法

关联规则挖掘方法(Association Rule Mining Approach)首先由 Agrawal 等提出,主要是从超级市场销售事务数据库中发现顾客购买多种商品的搭配规律。最著名的关联规则挖掘算法是 Agrawal 提出的 Apriori 算法,其主要思路是统计多种商品在一次购买中共同出现的频数,然后将出现频数多的搭配转换为关联规则。Agrawal 等还提出了 AIS、AprioriTid、Cumulate 和 Stratify 等算法,Houtsma 等提出 SETM 算法,Park 等提出 DHP 算法,韩家炜等在 AOI 的基础上,提出了多层次关联规则的挖掘算法 ML_T2L1 等,先求出高概括层的频繁模式(Frequent Itemset),逐渐具体化,挖掘低概括层的频繁模式,最后由频繁模式求解关联规则。为提高挖掘的效率,AprioriTid 算法在事务中记录支持的模式;ML_T2L1 算法也采用了类似 AprioriTid 算法的结构,在事务中记录支持的概括层的模式,减少了冗余匹配和对事务数据的访问。空间数据库同事务型数据库一样,也可进行空间关联规则的挖掘。K. Koperski 提出了一种逐步求精的空间关联规则挖掘算法。

5. 聚类方法

聚类是指按一定的距离或相似性系数将数据分成一系列相互区分的组。常用的经典聚类方法(Clustering Approach)有 K-means、K-medoids、ISODATA 等。在空间数据挖掘中,R.Ng 等提出了基于面向大数据集的 CLARANS 算法,Ester M 提出了 DBSCAN 算法,周成虎等将信息熵的概念引入 SDM 中,提出了基于信息熵的时空一体化的地学数据分割聚类模型等。

6. 分类方法

分类就是假定数据库中的每个对象(在关系数据库中对象是元组)属于一个预先给定的类,从而将数据库中的数据分配到给定的类中。研究者根据统计学和机器学习提出了很多分类方法(Classification Approach)。大多数分类方法用的是决策树方法,它用一种自上而下分而治之的策略将给定的对象分配到小数据集中,在这些小数据集中,叶节点通常只连着一个类。许多研究者研究了空间数据的分类问题。Fayyad 等人用决策树方法对恒星的影像数据进行了分类,总共有 3TB 的栅格数据。训练数据集由天文学家进行分类,在此基础上建立了用于决策树分类的 10 个训练数据集,接着用决策树进行分类,发现模式,这个方法不适合 GIS 中的矢量数据。Ester 等人利用邻近图提出了空间数据的分类方法,该方法是基于 ID3 而来的,它不但考虑了分类对象的非空间属性,而且考虑了邻近对象的非空间属性。K. Koperski 等人用决策树进行空间数据分类,接着分析了空间对象的分类问题和数据库中空间对象之间的关系,最后提出了一个能处理大量不相关的空间关系的算法,并针对假设和真实数据进行了空间数据分类实验。

分类和聚类都是对目标进行空间划分,划分的标准是类内差别最小而类间差别最大,分类和聚类的区别在于分类事先知道类别数和各类的典型特征,而聚类则事先不知道。

7. 粗糙集方法

粗糙集方法(Rough Set Approach)是被广泛应用于处理不精确、不确定和不完全的信息分类分析和知识获取的一种智能数据决策分析工具。粗糙集从集合论的观点出发,在给定论域中以知识足够与否作为实体分类的标准,并给出划分类型的精度。上近似集中的实体具有足够必要的信息和知识,确定属于该类别;论域全集以内且下近似集以外的实体没有必要的信息和知识,确定不属于该类别;上近似集和下近似集的差集为类别的不确定边界,其中的实体没有足够必要的信息和知识,无法确切地判断是否属于该类别,为类别的边界。若两个实体有完全相同的信息,则它们为等价关系,不可区分。根据利用统计信息与否,现存的粗糙集模型及其延伸可以分为代数型和概率型两类。粗糙集的基本单位为等价类,类似栅格数据的栅格、矢量数据的点或影像的像素。等价类划分越细,粗糙集描述实体就越精确,但存储空间和计算时间也越大。

8. 云理论

云理论(Cloud Theory)是用于处理不确定性的一种新理论,由云模型(Cloud Model)、虚拟云(Virtual Cloud)、云运算(Cloud Operation)、云变换(Cloud Transform)和不确定性推理(Reasoning under Uncertainty)等主要内容构成。云模型将模糊性和随机性结合起来,解决了作为模糊集理论基石的隶属函数概念的固有缺陷,为 SDMKD 中定量与定性相结合的处理方法奠定了基础;虚拟云和云变换用于概念层次结构生成和概念提升,不确定性推理用于不确定性预测等。云理论在知识表达、知识发现、知识应用等方面都可以得到充分的应用。另外,神经网络(Neural Network)、证据理论(Evidence Theory)、模糊集(Fuzzy Set)理论、遗传算法(Genetic Algorithm)等也可用于 SDMKD。

11.3　流数据挖掘

传统的数据管理系统,只能用于处理永久的数据和进行瞬时的查询,早已不能满足这个信息时代对于数据库技术的要求。随着计算机硬件、网络通信等技术的飞速发展,产生了一种新型的数据类型,即流数据。与传统的数据管理系统相比,流数据具有一系列的优越性,使得对流数据进行数据挖掘非常重要且必要。近年来,流数据挖掘技术已发展成为现代数据库技术研究的一个重要方向,引起了众多科研学者的关注和进一步研究。

11.3.1　流数据的特点

流数据是一个没有界限的数据序列,数据产生的速度非常快。它在任何时刻都有大量的数据产生,数据产生速度之快,以至于数据挖掘的速度赶不上产生的速度,且这些数据的产生可以认为是没有休止的。总的来讲,一个流数据是连续、有序、实时、无限的元组序列,与传统的数据集相比,流数据具有以下一些主要特点:①数据连续不断到达。数据量非常大,存储所有数据的代价是极大的。②有序性、实时性。流数据中的元组按时间有序地到达并实时变化,且变化的速率是无法控制的。③概要性。处理流数据时,要求构造概要数据结构。④近似性。流数据查询以及挖掘处理得到的结果是近似的。⑤单遍处理性。由于内存的限制,只能对流数据进行单遍扫描,而且数据一经处理,就不能被再次取出处理。⑥即时性。用户要求得到即时的处理结果。可以说,流数据的这些特点为基于流数据的数据挖掘关键技术及其应用带来了新的机遇和挑战,具有非常重要的现实意义。

11.3.2　流数据挖掘关键技术

流数据挖掘技术已成为数据挖掘领域的一个新的研究方向。对于流数据挖掘技术来说,为了有效地挖掘出流数据中潜在的知识,就必须对其进行更加深入的研究,下面给出了流数据挖掘的 4 个关键技术。

1. 流数据频繁模式挖掘技术

流数据频繁模式挖掘任务主要是在有限的计算和存储资源条件下,流数据通过近似算法的模式进行计数,可以支持这种满足几个条件频繁模式的频率。依据挖掘结果的完整性,挖掘问题可分为 4 种类型:最大频繁项集挖掘、闭频繁项集挖掘、完全频繁项集挖掘以及 Top-k 频繁项集挖掘;依据相对误差计数的频率范围内的随机挖掘算法可以分为两种类型:基于概率的近似算法和确定误差区间的近似算法。总体来说,在流数据频繁模式挖掘方面,可以利用流数据的时效性和流中心的偏移性特征,使界标窗口与时间衰减这两种模型有效结合。这种频繁模式挖掘技术主要是通过一个动态体系来形成整体模式支持数,再按照时间衰减模型对每个模式支持数进行合理统计,从而计算界标窗口内模式的频繁程度。该算法挖掘精度高,内存开销小,对于高速流数据处理要求也能够有效满足,并能适应不同数量的交易、不同的服务和不同的最大潜在频繁模式的流数据平均长度的挖掘。

2. 流数据相似性搜索技术

目前,在流数据相似性搜索方面的研究仍不多见。相似性搜索可描述为:在设置一些功能的基础上找到相似的序列,并给定一个查询序列的子集在序列集合的措施。在一般情况下,流数据的子序列相似性量度与之相匹配,在相似性量度中,主要有 LP 范数、动态扭曲距离以及最长公共子序列距离 3 种相似性量度函数。其中,LP 范数对时间扭曲的标准是很敏感的,同时只限于相等长度的序列之间的比较;动态扭曲距离对局部时间位移的处理效果较佳,但复杂性过高且容易受孤立点的干扰;最长公共子序列距离能够克服很多缺陷和不足,而且其相似性搜索标准是最长公共子序列的长度。针对流数据上难以建立索引结构的特征,可以利用动态时间扭曲距离函数,充分运用数学中的分段、填充元和行列约束度等基本概念,构造一组适应不同场景的流数据相似性量度函数及其配套的上下界精化函数,这样可以得出相应的流数据相似性搜索算法,可以说这种算法在流数据相似性搜索中的应用前景相当可观。

3. 流数据任意形状聚类技术

目前,国内对流数据任意形状聚类的研究还比较少,将会是流数据挖掘未来研究的一个重要方向。流数据任意形状聚类就是通过单遍扫描流数据,将低密度区域与其他簇相分离(密度通常由对象个数决定)。基于密度的集群被认为是包含一个相对高密度连通区域的一组对象的多维空间,在同一群集的数据对象且不同簇之间拥有一个很高的相似度。最重要的是,不同的流数据任意形状聚类算法是从传统的数据聚类算法上归纳总结而来的,流数据任意形状聚类可以归纳为 4 个主要方法,即分层方法、划分方法、基于密度方法以及基于网络方法,并且大部分的流数据任意形状聚类是基于这 4 类算法的扩展。在流数据任意形状聚类方面,可以利用流数据的时效性和概念漂移特性,使滑动窗口与时间衰减这两种模型有效结合。在流数据挖掘关键技术中,这种任意形状聚类技术主要是通过时间衰减模型,用历史的元组密度指数衰减,聚类速度极快且空间开销小,并能适应不同的长度、尺寸和任意形状的流数据的自然集群数量的聚类。在衰变微集群密度的统计窗口的边界,描绘滑动窗口的密度,可以开发一个多组织结构的集群功能,有效地降低维护代价。但同时对非凸形状聚类效果不好,无法发现任意形状的聚类,而且当噪声数据增多时,聚类质量也会随之下降,因此在这方面还需进一步研究和扩展。

4. 流数据分类技术

流数据分类技术是一个非常重要的数据挖掘技术,其主要目的是根据现有的数据集构造一个分类函数,其分类功能可以在一个特定的类别上映射新的样本。实际上,流数据分类拥有一个独立的单扫描功能,通过流数据和连续使用分类功能的流数据将被映射到一个特定的对象,在一个给定的类别和特定的频率中重新校正功能,以消除旧样本的影响。对于流数据分类技术,主要有两个步骤:①根据训练样本建立数据来描述和分类类别之间的区分;②建立一个分类,使用类标签的测试数据预测一个未知的类,并评估分类精度。在流数据分类方面,基于核主成分分析算法,可以针对增量化求解方法,构造一种旨在降低分类处理量的维数约减算法。更可以结合 BP 神经网络构造相应的流数据分类算法。该算法的时间和空间复杂度低,收敛性能稳定,分类精度高,能够较好地满足流数据分类算法的实时处理要求,有效地解决高速数据挖掘的时间、内存和样本对流数据的局限性。

综上所述,从频繁模式、相似性搜索、任意形状聚类、分类这 4 个角度全面研究流数据挖掘技术,可以说为流数据挖掘未来的研究方向和发展前景提供了良好的保障,为了促进流数据挖掘技术的广泛应用和不断发展,还需要对其进行更加深入的研究。

11.3.3　流数据挖掘的实际应用及前景

可以说,在人们的现实生活中,流数据挖掘是很常见的,尤其是随着信息技术的不断发展,流数据以不同的方式出现在许多领域的应用中,主要包括网络监控、传感器等航天科技、股票市场、金融市场等,目前,流数据挖掘主要是用在上述领域中需要处理大量数据的关键部门。例如,用于零售业交易中的流数据挖掘,可以对促销活动的有效性、顾客的忠诚度等进行全面分析;用于股票市场的流数据挖掘,可以帮助人们预测股市的起伏;用于航天科技中的流数据挖掘,可以从空间对象的实时图像中提取模式,从而利用高度自动化的航天器以及传感器进行空间探测;用于移动车辆的监控和信息提取的流数据挖掘,可以对驾驶员进行行为分析等。可以相信,随着我国计算机和通信等信息技术的快速发展,流数据挖掘技术将在更多的领域得到广泛应用。

在现阶段,流数据挖掘技术与相关知识的研究已成为国际数据挖掘领域的一大热点,其在众多领域中的应用前景相当广阔。对于流数据挖掘技术,其未来的研究将会主要集中在以下两方面:①高维度实时流数据的挖掘。由于大多数真实流数据都具有高维性,高维空间中对象分布稀疏,很难识别噪声,因而是一个较难解决的问题,仍需深入研究。②基于资源约束的自适应实时流数据任意形状聚类。主要是针对无线传感网络等资源约束环境进行流数据任意形状聚类,由于涉及的知识领域极广,目前对这方面的研究还处于初级阶段,还需要进一步研究。总而言之,流数据上的数据挖掘还有许多问题值得我们去进一步研究和探讨,为此,我们将继续对流数据领域进行进一步研究。

11.4　数据挖掘与可视化技术

11.4.1　什么是可视化

科学计算可视化(Visualization In Scientific Computing,VISC)是在 20 世纪 80 年代

后期提出并发展起来的一个新的研究领域。通过科学计算可视化来启发和促进对自然规律更深层的认识,从而发现规律并应用于生产领域。科学计算可视化运用计算机图形学和图像处理技术,将科学计算过程中产生的数据及计算结果转换为图形或图像在屏幕上显示,并进行交互处理的理论、方法和技术。

实际上,随着相关技术的发展,科学计算可视化的含义已经逐渐被扩展。它不仅包括科学计算数据可视化,而且包括工程计算数据的可视化,如有限元分析的结果等。同时,也包括测量数据的可视化,如用于医疗领域的计算机断层扫描数据及核磁共振数据的可视化等应用领域。科学计算可视化也覆盖了多门学科的研究领域,它融合了计算机图形学、图像处理学、科学与符号计算、计算机视觉等领域的知识。

为了理解数据之间的相互关系及发展趋势,促使人们开始研究用于表示抽象信息的可视化技术。可视化不仅用图像来显示多维的非空间数据,而且用形象直观的图像来指引检索过程,加快检索速度。在科学计算可视化中,显示的对象涉及标量、矢量及张量等不同类别的空间数据,研究的重点放在如何真实、快速地显示三维数据场。而在可视化中,显示的对象主要是多维的标量数据,目前的研究重点在于,设计和选择什么样的显示方式才能便于用户了解庞大的多维数据及它们相互之间的关系,其中更多地涉及心理学、人机交互技术等问题。

可视化就是将数据、程序、复杂系统的结构及动态行为用图形、图像、动画等可视化的形式表示。可视化的内涵是将数据通过图形化、地理化形象真实地表现出来,并且找出数据背后蕴含的信息,其本质是从抽象数据到可视结构的映射。可以用两个标准来评价可视化的效果:表现力和有效性。表现力是指可视化的结果使所有的数据得到表现,而且没有其他的东西被引入;有效性是指可视化能够使用户充分发现数据之间的关系和理解数据。可视化相关技术能够实现对信息数据的分析和提取,然后以图形、图像、虚拟现实等易为人们所辨识的方式展现原始数据间的复杂关系,潜在信息以及发展趋势,以便我们能够更好地利用所掌握的信息资源。一般来说,数据可视化技术包含以下5个基本概念。

(1) 数据空间(Data Space):也称多维数据空间,是由 P 维属性和 n 个元素组成的数据集所构成的多维空间。

(2) 映射空间(Mapping Space):也称投影空间,是将多维数据按一定的函数或规则转换后得到的低维可视空间。

(3) 多维数据分析(Multidimensional Data Analysis):是指对多维数据进行切片、切块、旋转等动作剖析数据,从而能多角度、多侧面地观察数据。

(4) 多维数据探索(Multidimensional Data Exploration):是指利用一定的算法和工具对多维数据蕴含的信息进行搜索,得到有用、新颖的信息。

(5) 多维数据可视化(Multidimensional Data Visualization):是指将大型数据集中的数据以图形图像的形式表示,并利用数据分析和挖掘工具开发其中未知信息的处理过程。

11.4.2 数据可视化技术分类

数据可视化涉及数据类型、可视化,以及交互和变形等技术,这 3 个要素构成了对数据的可视化。图 11-4 描述了 3 个要素各自所包含的内容。

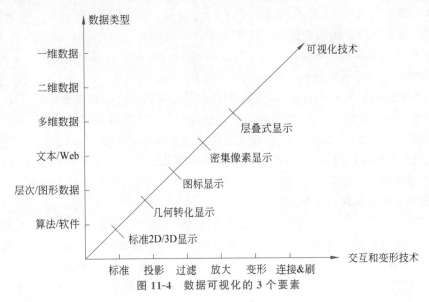

图 11-4　数据可视化的 3 个要素

下面对这 3 个要素进行简要介绍。

1. 数据类型

(1)一维数据。一维数据通常有一个密度维,典型的一维数据的例子是时序数据。在每个时间点有一个或多个数据相关联。

(2)二维数据。二维数据有两个不同维。一个典型的例子是地理数据,有两个不同的维:经度和纬度。x-y 坐标是典型的显示二维数据的方法,尽管看起来可以很容易地处理时序或地理数据,但是当数据量很大时,这种方法不是很容易理解数据。

(3)多维数据。许多数据集包括超过三个维度的属性,这样就不能简单地作为二维或三维数据显示。多维数据的典型例子是关系数据库中的表,表的每列都表示一个属性。可以对多维数据进行描述的方法:平行坐标、密集像素显示技术、散点图矩阵、星形坐标等。

(4)文本和超文本。不是所有的数据都可以靠维数来表示,在网络时代,一种重要的数据类型是文本和超文本,这些数据不能轻易地被描述为数字,因此许多标准的可视化技术不能被应用。多数情况下,首先把该数据转化为向量描述,然后再应用可视化技术。

(5)其他数据类型。这些数据类型包括图形、层次数据、算法和软件等。图形可以表示一般数据之间的内部依赖关系,而大量的信息集合都有严格的层次结构,如企业员工的组织、产品分类图等,层次数据类型可视化的一种常见方法是将相关数据转化成一棵树,因为层次结构和树有着很好的对应关系,树有着从上到下的顺序,内节点有子节点,叶节点是最终节点,从根到每个节点存在唯一的路径。算法和软件的可视化目的是帮助对算法的理解,以此支持软件的开发,如流程图、代码结构图等。

2. 可视化技术

可视化技术包含 5 方面,下面逐个介绍每种数据可视化技术。

(1) 标准 2D/3D 显示技术:如 x-y(x-y-z)坐标,条形图(Bar Chart),线条图(Line Graph)等,这也是最常用到的数据可视化表达方式。

(2) 几何转化显示(Geometrically-Transformed Display)技术:旨在发现多维数据集的有趣的转化。其据研究统计主要包括以下 4 种。

① 散点图矩阵(Scatterplots Matrices)。散点图是较流行的数据挖掘可视化工具,它帮助我们发现簇(聚类)、外层、趋势和关系。掠过的点和分类着色的点被用来获得对数据的额外洞察。当数据点过多、彼此交叠或数据的分解使大量的数据点位于同一个坐标系时,放大、扫视全景以及抖动就可被用来提高视图效果。当要显示的维数较多时,散点图就很难表现出好的效果了,而散列图矩阵解决了这个问题,它使散点图用矩阵的方式排列以表达多维数据集属性彼此间的关系。

② 解剖视图(Prosection View)。把投影(Projection)和截面(Section)组合起来称为解剖(Prosection),这样就可以显示中间维的结构面貌。投影能够容易地显示低维的结构,截面能够容易地显示较低的余维数,如具有高维对象的子空间的交集。

③ 平行坐标法(Parallel Coordinates)。平行坐标法是最早提出的在二维平面 s 上显示 n 维空间的数据可视化技术之一。它的基本思想是将 n 维数据属性空间用 n 条等距离的平行轴映射到二维平面上,每条轴线对应一个属性维,坐标轴的取值范围从对应属性的最小值到最大值均匀分布。这样,每个数据项就都可以用一条折线表示在 n 条平行轴上。这个视图能够使用户对每个属性的数据分布有一个粗略的认识,尤其是当不同类型的数据以不同颜色显示,能够更清晰地表示不同类型数据之间的差异。

④ 星形坐标法(Star Coordinates)。星形坐标法是一种新的可视化方法,它也是在二维平面上显示 n 维空间的数据可视化技术之一。它的基本思想是将 n 维数据属性以坐标轴的形式映射到二维平面上,每条坐标轴对应一个数据属性,这些轴线相交于一个中心点,n 维数据空间中的点被表示成这个二维平面上的一个点。

(3) 图标显示技术(Icon Displays)。图标显示技术是基于图标的技术,其核心思想是把每个多维数据项画成一个图标。图标可以被任意定义,它们可以是"小脸""针图标""星图标""棍图标",这些都是曾经被人们用过的图标形状。例如,在星图标显示技术中,每维数据用一条射线表示,数据的大小由射线的长短来表示,属性的个数就是射线的条数,所有射线的起点相同,彼此的夹角也相同,射线的端点由折线段彼此相连。

(4) 密集像素显示技术(Dense Pixel Displays)。密集像素显示技术的基本思想是把每维数据映射到一个彩色的像素上,并把属于每维的像素归入邻近的区域。因为密集像素显示技术用每个像素相应地显示每个数据,所以此技术允许可视化大量的数据,大概能够在同一屏幕上显示超过 1 000 000 个数据。如果每个数据都由一个像素表示,那么主要的问题就是如何在屏幕上安排这些像素。密集像素显示技术针对不同的目的采取不同的方式安排像素,显示的结果可以为局部关系、依赖性和热点提供详细的信息。著名的例子是递归模式技术(Recursive Pattern Technique)和圆周分段技术(Circle Segments Technique)。递归模式技术基于普通的递归来回地安排像素,其目标尤其在于按照一个属性以自然的顺序表示数据集,用户可以为每个递归层指定参数,随之可以控制像素的安排,以形成语义上有意义的子结构。圆周分段技术的思想是将圆周分成若干部分,每部分对应一个属性。在每部分中,每个属性值由一个有颜色的像素显示。

(5) 层叠式显示技术(Stacked Displays)。层叠式显示技术以分层的方式将数据分开表示在子空间中。将 n 维属性空间划分成二维平面上的子区域,子区域彼此嵌套,对这些子区域仍以层次结构的方式组织并以图形方式表示。其基本思想是将一个坐标系统嵌入另外的坐标系统中,属性数值被划分为几个类。结果视图的有效性很大程度上依赖于外层坐标数据的分布,因此,用来定义外层坐标系统的维数必须仔细地选择,一个首要的规则是先选择最重要的维。

3. 交互和变形技术

除了数据可视化技术,对于有效的数据研究还需要一些交互和变形技术。交互和变形技术可以使数据分析人员直接和视图交互,并且按照研究对象动态地改变视图。用户根据领域知识和主观判断利用交互和变形技术可以使视图以不同的效果显示,从不同的角度对数据进行分析观察,达到很好的数据分析效果。不同的数据可视化方法,对视图的交互和变形技术也有所不同,如上面介绍的各个数据可视化方法,都有各自的可视化技术供用户在与数据视图进行交互时使用。

11.4.3　数据挖掘可视化技术的应用

数据挖掘和可视化技术是两个相对独立的研究领域,但它们又联系密切。数据挖掘过程需要可视化技术的支持,可视化分析本身就是挖掘知识的过程。

数据挖掘可视化是指使用可视化技术在大量的数据中发现潜在有用的知识的过程。其中,可视是指将某些不可见的或抽象的事物表示成看得见的图形或图像;可视化是指使用计算机创建可视图像,从而为理解那些大量的复杂数据提供帮助。它包含了数据挖掘生命周期的 3 个阶段(数据准备、模型生成、知识使用)的创造性的可视化表达。这也就暗示了将数据挖掘可视化分成 4 部分,其中前 3 部分对应一个阶段,最后一部分就是对数据挖掘整个应用过程的可视化,所有 4 部分的目标都是为了提高信息和知识在工程师和数据挖掘流程之间交流的方便性,更进一步的描述如下。

(1) 数据准备。数据准备阶段的可视化目标就是将数据预处理的功能以可视化的形式进行,这里可视化操作的内容包括缺失值的处理、数据转换、数据采样和修剪等。

(2) 模型生成。模型生成阶段的目标就是将模型创建的整个细节以一种可视化形式呈现出来。训练集、模型的选择、参数的设定、训练过程的细节、结果的存储都是这个阶段的工作。数据挖掘可视化工作的目的就是可视化运用,也就是以一种可视化的形式评估、监督、指导数据挖掘模块。评估包括对训练集、测试集、模型在不同数据中的表现和对于特定情况的数据和学习算法的选择等的有效性验证。监督包括跟踪算法的进程、评估模型随着数据库更新之后的情况等。指导的内容包括用户初始观点的设定、输入的变化、得到的模式和其他的系统决定。可视化的呈现应该存在于所有这些任务中,以提高用户和数据挖掘模块之间信息的交互性。

(3)知识使用。该阶段的可视化呈现目标是通过将数据挖掘过程的结果以可视化的形式呈现出来,从而帮助用户获取知识的。在大多数情况下,数据挖掘算法的结果如关联、分类等,都是以一种人类的视觉系统很难理解的方式存在的。已经有一些可视化技术用于解决这个问题,如以树的形式展示规则,但是只有极少一部分能够展示出重要的结果特征。在大多数情况下,如果生成了大量的结果,对于知识分析师来说,还是很难获取有用的信息。在验证阶段,数据挖掘可视化的工作就是数据可视化,其中包括的数据有原始数据、汇总数据、配置数据或者是抽取得到的知识信息。这个阶段的数据往往太多,超过了人能处理的范围,此阶段数据挖掘可视化的基本想法就是将在数据空间中隐藏的信息尽量多地呈现在视觉空间中。这里的映射工作包括将数据库中可以获得的信息映射到可以用可视化技术呈现的信息上。

(4)流程可视化。数据挖掘流程可视化的目标就是将数据挖掘的整个过程用一种可视化的形式展现在用户面前。这样,也可以给知识分析师更多的自信以指导下一步的工作。通过将数据挖掘过程用可视化的方式呈现出来,从而帮助用户以一种具体和简明的方式掌握知识获取和决策分析的进程,并让用户充分地融入其中。

所有前面的努力都是为了产生可视化的结果,帮助知识分析师从数据中获取尽可能多的信息。只要有利于知识的获取,可以对任何数据进行可视化。可视化方法不仅可以帮助我们理解数据中隐藏的信息,同时可以帮助我们理解数据挖掘分析的结果。在整个数据挖掘过程中,选取合理的可视化工具是发现高质量知识和规则的基础和保障。

11.5 小结

本章介绍了数据挖掘的新发现,具体介绍了 Web 数据挖掘、空间数据挖掘、流数据挖掘、数据挖掘与可视化技术。

思考题

1. 什么是 Web 数据挖掘? Web 数据挖掘的分类有哪些?
2. 空间数据挖掘的特点和体系结构是什么?
3. 流数据的特点是什么? 流数据挖掘的实际应用有哪些?
4. 什么是可视化?

参 考 文 献

[1] 罗森林,马俊,潘丽敏. 数据挖掘理论与技术[M]. 北京:电子工业出版社,2013.

[2] 西安美林电子有限责任公司. 大话数据挖掘[M]. 北京:清华大学出版社,2013.

[3] 张兴会,等. 数据仓库与数据挖掘技术[M]. 北京:清华大学出版社,2011.

[4] 陈文伟. 数据仓库与数据挖掘教程[M]. 北京:清华大学出版社,2011.

[5] 朱明. 数据挖掘[M]. 合肥:中国科学技术大学出版社,2008.

[6] 刘世平. 数据挖掘技术及应用[M]. 北京:高等教育出版社,2010.

[7] 李爱国,厍向阳. 数据挖掘原理、算法及应用[M]. 西安:西安电子科技大学出版社,2012.

[8] 陈燕. 数据挖掘技术与应用[M]. 北京:清华大学出版社,2011.

[9] DUNHAM M H. 数据挖掘教程[M]. 北京:清华大学出版社,2005.

[10] 陈捷,孟春梅. 关联分析频繁模式挖掘 Apriori 算法简介及其应用[J]. 软件导刊,2012,11(11):
49-50.

[11] 郭涛,张代远. 基于关联规则数据挖掘 Apriori 算法的研究与应用[J]. 计算机技术与发展,2011,
21(6):101,103-107.

[12] 郭春丽,李明东,赵刚. ID3 算法在汽车售后服务中的应用[J]. 通化师范学院学报,2011,32(10):
19-20,23.

[13] 黄文. 决策树的经典算法:ID3 与 C4.5[J]. 四川文理学院学报(自然科学),2007,17(5):16-18.

[14] 刘耀南. C4.5 算法的分析及应用[J]. 东莞理工学院学报,2012,19(5):47-52.

[15] 李如平. 数据挖掘中决策树分类算法的研究[J]. 东华理工大学学报(自然科学版),2010,33(2):
192-196.

[16] 叶磊,骆兴国. 支持向量机应用概述[J]. 电脑知识与技术,2010,6(34):153-154.

[17] 余世银,乐嘉锦,张侃. 数据挖掘可视化研究[J]. 东华大学学报(自然科学版),2001,27(2):
102-106.

[18] 胡永刚. 数据挖掘中可视化技术综述[J]. 计算机与现代化,2004(10):32-34.

[19] 桂现才,彭宏,王小华. C4.5 算法在保险客户流失分析中的应用[J]. 计算机工程与应用,2005(17):
198-214.

[20] 刘芝怡. 关联规则挖掘算法的分析、优化及应用[D]. 苏州:苏州大学,2007.

[21] 周文秀. 关联规则挖掘算法的研究与改进[D]. 武汉:武汉理工大学,2008.

[22] 史珊珊. 基于决策树 C4.5 算法的网络入侵检测研究[D]. 苏州:苏州大学,2012.

[23] 赵翔. 数据挖掘中决策树分类算法的研究[D]. 镇江:江苏科技大学,2005.

[24] 徐枫. 浅析数据挖掘分类方法中的决策树算法[J]. 商场现代化,2010(23):54-55.

[25] 郑默. 贝叶斯分类算法的研究与应用[D]. 重庆:重庆大学,2011.

[26] 覃光华. 人工神经网络技术及其应用[D]. 成都:四川大学,2003.

[27] 卢金秋. 数据挖掘中的人工神经网络算法及应用研究[D]. 杭州:浙江工业大学,2005.

[28] 范昕炜. 支持向量机算法的研究及其应用[D]. 杭州:浙江大学,2003.

[29] 李忠伟. 支持向量机学习算法研究[D]. 哈尔滨:哈尔滨工程大学,2005.

[30] 刑留伟. K-means 算法在客户细分中的应用研究[D]. 成都:西南财经大学,2007.

[31] 冯丽娜. 并行 K-means 聚类方法及其在简历数据中的应用研究[D]. 云南:云南大学,2010.

[32] 吴文亮. 聚类分析中 K-均值与 K-中心点算法的研究[D]. 广州:华南理工大学,2011.

［33］ 卢明泰. Web 数据挖掘及其在社交网络的应用研究［D］. 成都：电子科技大学，2012.

［34］ 施惠娟. 可视化数据挖掘技术的研究与实现［D］. 上海：华东师范大学，2009.

［35］ 李国锋. 空间数据挖掘技术研究［D］. 西安：西安电子科技大学，2005.

［36］ 于洋. 数据挖掘可视化技术的研究与应用［D］. 长春：吉林大学，2008.

［37］ 罗文静. 数据挖掘中可视化技术研究与实现［D］. 西安：西安电子科技大学，2007.

［38］ YANG J，LI Y，LIU Q，et al. Brief introduction of medical database and data mining technology in big data era［J］. Journal of Evidence-Based Medicine，2020，13(1)：57-69.

［39］ MINAEE S，KALCHBRENNER N，CAMBRIA E，et al. Deep learning-based text classification：a comprehensive review［J］. ACM Computing Surveys (CSUR)，2021，54(3)：1-40.

［40］ HAN J，PEI J，TONG H. Data mining：concepts and techniques［M］. Morgan kaufmann，2022.

图书资源支持

感谢您一直以来对清华版图书的支持和爱护。为了配合本书的使用，本书提供配套的资源，有需求的读者请扫描下方的"书圈"微信公众号二维码，在图书专区下载，也可以拨打电话或发送电子邮件咨询。

如果您在使用本书的过程中遇到了什么问题，或者有相关图书出版计划，也请您发邮件告诉我们，以便我们更好地为您服务。

我们的联系方式：

清华大学出版社计算机与信息分社网站：https://www.shuimushuhui.com/

地　　址：北京市海淀区双清路学研大厦 A 座 714

邮　　编：100084

电　　话：010-83470236　010-83470237

客服邮箱：2301891038@qq.com

QQ：2301891038（请写明您的单位和姓名）

资源下载：关注公众号"书圈"下载配套资源。

资源下载、样书申请

书圈

图书案例

清华计算机学堂

观看课程直播